城市更新规划与管理创新

◎程茂吉　张　峰　施旭栋　著

东南大学出版社
SOUTHEAST UNIVERSITY PRESS
·南京·

图书在版编目（CIP）数据

城市更新规划与管理创新 / 程茂吉,张峰,施旭栋著 .

南京：东南大学出版社，2025.2. --ISBN 978-7

-5766-1912-6

Ⅰ . TU984.2

中国国家版本馆 CIP 数据核字第 2025HP7659 号

责任编辑：许　进　责任校对：子雪莲　封面设计：王　玥　责任印制：周荣虎

城市更新规划与管理创新

Chengshi Gengxin Guihua Yu Guanli Chuangxin

著　　者：程茂吉　张　峰　施旭栋

出版发行：东南大学出版社

出 版 人：白云飞

社　　址：南京四牌楼 2 号　邮编：210096

网　　址：http://www.seupress.com

电子邮件：press@seupress.com

经　　销：全国各地新华书店

印　　刷：广东虎彩云印刷有限公司

开　　本：787 毫米 ×1092 毫米　1/16

印　　张：20

字　　数：420 千

版　　次：2025 年 2 月第 1 版

印　　次：2025 年 2 月第 1 次印刷

书　　号：ISBN 978-7-5766-1912-6

定　　价：188.00 元

本社图书若有印装质量问题,请直接与营销部联系。电话（传真）：025-83791830

序 言

顺应我国城市化进入下半场的阶段特征,满足国土空间高质量利用和人民美好生活的需要,党的十九届五中全会提出要实施城市更新行动。随着生态文明思想、粮食安全国策的深入落实及国土空间"三区三线"的划定和严格管控,我国城市用地的扩张惯性将得到进一步遏制,以存量空间改造提升为内核的城市更新成为推进城市高质量发展的关键路径。

城市更新是针对已建成或基本建成的城镇建设空间范围开展的持续改善功能结构、优化空间布局、提升空间品质的建设和治理活动。要有序推进城市更新行动,除了法律法规政策支持引导外,必须注重城市更新行动的总体谋划、路径设计、规划引导、实施方案的制定和相关管理政策的创新。西方发达国家基于其土地私有制和国家管理体制,对于城市更新活动大部分采取国家层面间接干预或立法的方式,放松对待更新地区的规划管控,具体的城市更新规划和管理措施由地方政府制定,用以指导更新活动和空间规划许可。有关引导城市更新行动的规划方法,国内深圳、广州、上海等先发城市做了积极探索,通过编制全市层面的城市更新规划对城市更新的目标、重点和布局进行引导;通过编制区级层面的更新规划,划定城市更新单元,细化城市更新引导措施;最后通过编制微观层面的项目实施方案进行改造方案、资金安排等方面的谋划引导,指导更新项目的实施和规划许可。

城市更新作为针对存量空间的改造提升活动,有着特殊的土地利用、空间设计问题,需要有与其相适应的规划和管理制度作指导。我国原先的城乡规划体系以"总规+控规+专项规划+修规"为基本框架,主要对城市新增建设用地进行规划管理,现行的国土空间规划和管理体系对于存量建设用地的更新活动适应性和引导性不足。为引导城市更新工作科学有序开展,有必要借鉴国内外先发地区的经验,衔接我国国土空间规划体系和用途管制制度,建立从宏观指导到中观策划再到微观实施的渐次深化的城市更新规划体系,以"城市更新单元"为基本空间单位,建立"市区城市更新专项规划、城市更新单元规划、城市更新项目实施方案"三级规划编制体系。其中,宏观层次的市区城市更新专项规划与国土空间市区级总体规划衔接,中观层次的城市更新单元规划与单元层次的详细规划衔接,微观层次的城市更新项目实施方案与街区尺度的详细规划衔接。2023年,自然资源部出台的《支持城市更新的规划与土地政策指引(2023版)》也提出了更新单元和更新实施单元两个层次详细规划的要求。市区级更新规划属于宏观引导,侧重于城市更新潜力、目标、策略、规模、布局、政策等方面的指引。区级层面更新专项规划,细化落实城市更新规划的要求,划定城市更新单元。在我国,特大、超大城市更新对象复杂,更新类型多,涉及更新规模大,市区应分级编制专项规划。中小城市更新任务相对简单,市区两个层面可以一并编制。在市区专项规划指导下,更新单元规划或策划的编制应强调实施性,更侧重在一定更新范围内的公共要素配置、拆除新建容量和经济平衡等方面的统筹,对接好相关规划,制定单元详细规划。更新项目实施方案的重点在于确定各实施项目的更新范围和具体空间设计方案,对项目实施所涉及的拆迁补偿、人员安置、投资估算和资金筹措、土地权属调整、项目实施组织与管理、项目效益及分配、长期维护运营方案等的具体安排。

在进行城市更新规划体系构建的同时,也应注重相应空间规划制度的创新。城市更新对象一般包括老旧住区、老旧商业区、历史街区等老旧地区,低效工业、物流等产业园区、用地、厂房、楼宇,低品质的绿色空间、滨水空间、街道空间、慢行系统等公共空间等,作为存量空间改造,实施城市更新的难点在于无法简单通过拆旧建新的方式实施更新,如何在有限空间内既要改善功能和空间品质,又要考虑更新改造的经济长短期平衡,需要在建筑间距、消防安全、公共设施配建、产权重组、经济平衡、实施政策等方面研究提出适应城市存量更新的空间管制制度,推动城市更新工作稳步开展。

当前,我国城市更新规划编制尚处于实践探索阶段,各地区有关城市更新活动的规划引导体系也不尽相同。本书根据国家关于城市更新有关政策要求,在很多城市更新规划编制和有关城市更新导则等基础上,主要结合南京市及各区城市更新专项规划编制工作的实践,按照自然资源部、住建部有关城市更新工作的管理思路,对城市更新规划的基本理论、基本方法和基本内容进行了初步探讨,明确不同层次的城市更新规划主要内容,并就城市更新中面临的一些关键空间管理和支持政策,如日照、消防、产权管理、资金平衡、实施体制机制等方面提出改革创新的意见建议。

本书共分为十一章,第一章阐述了城市更新的概念和基本理论,第二章简述了西方发达城市更新历程,总结了他们在城市更新规划和管理方面的经验,第三章梳理了国内主要先发城市更新的历程、特点和更新规划体系,第四章分析了当代我国城市更新面临的宏观环境背景,分析了国家有关城市更新的规划和管理政策导向,第五章基于我国国土空间规划体系的特点和国内外经验,提出了我国城市更新规划体系的建议,第六章阐述了市（区）级城市更新规划的框架内容和编制重点，第七章简述了城市更新单元划定原则和规划主要内容，第八章介绍了城市更新项目实施方案层次规划的主要内容，第九章基于不同类型地段的城市更新特征，提出了不同类型城市更新项目的规划设计重点，第十章分析了我国推进城市更新中需要重点进行建筑间距、消防安全、产权登记等管理政策方面的创新建议，第十一章重点提出了保障城市更新实施的体制机制和资金支持方面的政策建议。本书可供从事国土空间规划和城市建设管理的专业技术人员使用，也可供各级国土空间规划与城市建设的管理人员参考。

本书主要结合南京市规划和自然资源局、南京市城乡建设委员会组织编制的《南京市城市更新专项规划（2023—2035年）》和南京市各区城市更新专项规划进行编写，得到了南京市规划和自然资源局何流局长、冯雪渔副局长、黄勇处长、陈俊杰副处长和南京市城乡建设委员会董文量处长、顾志明副处长的指导，很多观点、方法和思路也来源于本次南京市城市更新专项规划编制合作团队南京市城市规划编制研究中心的技术骨干。城市更新规划是一个涉及多专业的设计咨询工作，需要国土空间规划、国土空间管制、历史文化保护、经济学等众多专业共同支撑。本书在编写过程中引用的南京市、其他城市的城市更新专项规划成果和相关研究的观点、图片、图表、数据，支撑了本书的编写工作，丰富了本书的内容，对此深表谢意。

本书由南京市规划设计研究院有限责任公司程茂吉拟定框架，各章编写者分别为：第一、第二章程茂吉，第三章施旭栋，第四、第五章程茂吉，第六章施旭栋、程茂吉，第七章施旭栋，第八章张峰、程茂吉，第九章张峰，第十章张峰、程茂吉，第十一章程茂吉，全书由程茂吉统稿和定稿。本书也借鉴了南京市规划设计研究院有限责任公司童本勤总规划师及汪毅、陶修华、张道华、孙静、石洁、林彤、冒丹、王康、韩四阳、林曼青、王敬地等同志负责的院内城市更新专题研究和南京市、区城市更新专项规划成果，南京市规划设计研究院有限责任公司的李雅卫、夏博等同志协助进行了部分文字、图片资料整理工作。本书在编写过程中，东南大学出版社在本书的结构和选材方面做了大量工作，并提出了许多有益的建议，特表示感谢。

由于编者水平有限，书中的缺点、不足在所难免，敬请广大读者批评指正。

目　录

城市更新作为一项伴随着城市建设行为几乎同时进行的针对存量空间进行的改造建设活动,在城市化初期,其规模和影响相对于城市新建活动来说还很小,但进入城市化中期,其规模和对城市发展的影响越来越大。总体来看,大规模的城市更新改造活动发生在工业革命之后,尤其是第二次世界大战之后的城市恢复重建时期。但伴随着工业化和城市化进程的不断推进,城市更新的对象、方式和理念不断发生变化,城市更新的概念也不断更新,并随着社会的变革、经济的发展、技术的进步而不断被赋予新的内涵。

1.1 城市更新概念

1.1.1 学者视角

城市更新是一项复杂的综合性系统工程。国内外众多城市规划、地理学、公共管理、经济学等相关学科的专家学者对这个话题进行了研究。关于城市更新的概念,许多专业组织及学者提出了不同的看法。城市更新一词较早由美国住宅经济学家Miles Colean 在 1953 年提出,主要含义是维系城市的生命力,促进城市土地更加有效地利用[①]。较权威概念是在1958年荷兰海牙召开的城市更新研讨会上提出的,"生活在城市中的人,对于自己所居住的建筑物、周围的环境……及其他生活活动有各种不同的期望和不满;对于自己所居住的房屋的修理改造……环境的改善有要求及早施行,对形成舒适的生活环境和美丽的市容抱有很大的希望。这些种种诉求、希望所形成的城市建设活动都属于城市更新"。可见,城市更新的主要内容是对城市中的建筑物、街道、公园、绿地、购物、游乐等周围环境和生活的改善,尤其是对土地利用的形态或地区制度的改善,以便形成舒适的生活和美丽的市容[②]。

第一章 城市更新的概念和基本理论

---

① 邓堪强.城市更新不同模式的可持续性评价——以广州为例[D].武汉:华中科技大学,2011:22.
② 刘伯霞,刘杰,程婷,等.中国城市更新的理论与实践[J].中国名城,2021(7):2.

国内学者对"城市更新"这一概念的使用最早可追溯到20世纪80年代。20世纪80年代初期,陈占祥将城市更新定义为城市"新陈代谢"的过程,既包括了拆除重建的模式,也有对历史街区的保护和旧建筑修复,目标主要是振兴城市中心地区经济、改善其建筑环境、吸引居民返回市区,最终目的是追求社会稳定和环境改善。谈锦钊比较了城市更新和城市扩展概念,认为城市更新是城市的内涵发展,即老化的城区已不适应经济、社会的需要,要将老旧损坏和严重阻碍城市发展需要的建筑物拆除,代之以新的建筑物、街区和公园,以改善经济、社会条件和生态环境;相较之下,城市扩展是外延式发展。刘俊认为城市更新不能简单地理解为不良住宅的改建,而是考虑以何种方式重建,是在科学预见的基础上解决城市发展的根本矛盾的手段,是将老化的市区予以有效的改善,使其具有现代化的都市本质[①]。

吴良镛先生给出较为权威的定义:"城市更新包括改造、改建或再开发、整治和保护三方面的内容。"由此可知,吴良镛对"城市更新"的定位比其他概念更为宽泛。吴良镛先生从城市保护与发展的角度,提出了"有机更新"理论,主张城市建设应该按照城市内在的秩序和规律,顺应城市的肌理,采用适当的规模和合理的尺度,妥善处理好现在和未来的关系,主要目标是对城市历史环境的有机更新[②]。

阳建强认为中国现阶段城市更新的实质就是基于工业化进程开始加速、经济结构发生明显变化、社会进行全方位深刻变革这一宏观背景下的物质空间和人文空间的大变动和重新建构。它不仅面临着过去大量存在的物质性老化问题,而且更交织着结构性和功能性衰退,以及与之相伴而随的传统人文环境和历史文化环境的继承和保护问题。城市更新的主要目的在于防止、阻止和消除城市衰退,并通过调整城市功能结构、改善城市物质环境、更新城市基础设施等手段,增强城市活力,使城市能够适应经济和社会发展需求。

张京祥提出超越物质规划的城市更新,认为要明确超越物质规划的社会经济目标,需要构建整体有序的都市区空间发展策略,并且采取综合系统的更新行动,塑造具有特色文化的城市形象[③]。

陶希东认为,所谓"城市更新"就是在城市转型发展的不同阶段和过程中,为解决其面临的各种城市问题,如经济衰退、环境脏乱差、建筑破损、居住拥挤、交通拥堵、空间隔离、历史文物破坏、社会危机等,由政府、企业、社会组织、民众等多元利益主体紧密合作,

① 梁城城.城市更新:内涵、驱动力及国内外实践——评述及最新研究进展[J].兰州财经大学学报,2021(5):101.
② 程则全.城市更新的规划编制体系与实施机制研究——以济南市为例[D].济南:山东建筑大学,2018:8.
③ 易志勇.城市更新效益评价与合作治理研究——以深圳为例[D].重庆:重庆大学,2018:12,13.

对微观、中观和宏观层面的衰退区域，如城中村、街区、居住区、工厂废旧区、褐色地块、滨河区乃至整个城市等，通过采取拆除重建、旧建筑改造、房屋翻修、历史文化保护、公共政策制度等手段和方法，不断改善城市建筑环境、经济结构、社会结构和环境质量，是构建有特色、有活力、有效率、公平健康的城市的一项综合战略行动[①]。

有的研究则把城市更新内涵定义得更为广泛，认为：城市更新的内涵早已从城市发展的某个阶段、某种理念成为城市发展的主要内容。毫无疑问，当下的城市更新是一个系统性过程，它以空间为载体，是城市社会、经济、文化等多重要素的"进化过程"[②]。城市更新目标已经发展为兼具物质与非物质环境层面的改善和复兴，城市更新方式不只局限于拆除重建，对历史文化保护、城市特色和肌理综合整治等方面也愈加注重[③]。

城市更新是一种将城市中不适应现代化城市社会生活的地区进行必要的、有计划的改建活动[④]。城市更新是针对城市的物质性、功能性或社会性衰退地区，以及不适应当前或未来发展需求的建成环境进行的保护、整治、改造或拆建等系列行动，其经历了城市重建、城市再开发、城市振兴、城市复兴、城市再生等一系列概念迭代，内涵随着社会经济发展和人们认知的提升而不断丰富[⑤]。

综上，当前主流学界对城市更新可定义为：针对城市发展过程中物质老化、功能衰退、结构滞后和人文与生态的破坏等问题，通过空间优化与功能调整、环境治理与设施改善、文化引领与形象重塑等手段，实现整治、改善、活化、提升，使城市重新保持健康发展活力，不断提高综合竞争力的过程。

1.1.2 政府部门视角

在美国，早期的城市更新概念是指对社区环境差、标准低、规划落后、人口贫困的地区或者过时的景观进行自我改造的过程。1959年《城市重建手册》对城市更新给出较规范的定义：为了世界范围内的新生活，小到一个楼梯和一扇门的修复，大到改变一个地区的土地利用方式和规划分区，都属于城市重建。

1985年荷兰《城市和村庄重建法案》指出，城市重建是在规划和建设以及生活的社会、经济、文化和环境标准等领域中进行的系统努力，以此来保存、修复、改善、重建，或是清除市区范围内的建成区[⑥]。

1977年英国《内政政策》白皮书认为：城市更新是一种综合解决城市问题的方式，

① 刘伯霞,刘杰,程婷,等.中国城市更新的理论与实践[J].中国名城,2021(7):2.
② 陈易.转型期中国城市更新的空间治理研究——机制与模式[D].南京:南京大学,2016:17.
③ 程则全.城市更新的规划编制体系与实施机制研究——以济南市为例[D].济南:山东建筑大学, 2018:8.
④ 刘伯霞,刘杰,程婷,等.中国城市更新的理论与实践[J].中国名城,2021(7):1.
⑤ 唐燕.我国城市更新制度建设的关键维度与策略解析[J].国际城市规划,2022,37(1):1-2.
⑥ 高见.系统性城市更新与实施路径研究[D].北京:首都经济贸易大学,2020:5.

涉及经济、社会文化、政治与物质环境等方面,其概念和内涵在不断扩展。2000年英国《城市更新手册》提出:"城市更新定义是综合协调和统筹兼顾的目标和行动。这种综合协调和统筹兼顾的目标和行动引导着城市问题的解决,这种综合协调和统筹兼顾的目标和行动持续改善亟待发展地区的经济、物质、社会和环境条件。"[①]

我国台湾地区的《都市更新条例》中对城市更新的定义是:在城市规划区范围内,根据《都市更新条例》规定程序,对存量建设地区实施重建、整建或维护措施的行为。城市更新是具有公共利益性质的城市开发,其目的不是使开发商或土地产权所有者能够赚钱,而是促进整个城市的土地更有效利用,进而复苏城市机能,促使公共利益和社会价值的提升。城市更新的内容和处理方式主要有三种:一是重建,即拆除更新地区内的旧有建筑物,建设新建筑,完善区内公共设施,同时变更土地使用性质或使用密度;二是整建,指改建、修建更新地区内建筑物或完善其配套设备,并完善区内的公共设施;三是维护,加强更新地区内土地使用及建筑管理、完善区内公共设施,以保持其良好状况。

我国香港特别行政区政府将城市更新定义为:在衰退区域通过大规模破坏和清除方式进行环境质量友好型再开发活动的计划、过程和项目[②]。

2021年9月开始实行的《上海市城市更新条例》所称城市更新,是指在城市建成区内开展持续改善城市空间形态和功能的活动,具体包括:(1)加强基础设施和公共设施建设,提高超大城市服务水平;(2)优化区域功能布局,塑造城市空间新格局;(3)提升整体居住品质,改善城市人居环境;(4)加强历史文化保护,塑造城市特色风貌;(5)市人民政府认定的其他城市更新活动。

2021年3月开始实行的《深圳经济特区城市更新条例》所称城市更新,是指对城市建成区内具有下列情形之一的区域,根据该条例规定进行拆除重建或者综合整治的活动:(1)城市基础设施和公共服务设施急需完善;(2)环境恶劣或者存在重大安全隐患;(3)现有土地用途、建筑物使用功能或者资源、能源利用明显不符合经济社会发展要求,影响城市规划实施;(4)经市人民政府批准进行城市更新的其他情形。

2022年6月征求意见的《北京市城市更新条例》所称城市更新,是指对城市建成区内城市空间形态和城市功能的持续完善和优化调整,具体包括:(1)以保障老旧平房院落、危旧楼房、老旧小区等房屋安全,提升居住品质为主的居住类城市更新;(2)以推动老旧厂房、低效产业园区、老旧低效楼宇、传统商业设施等存量空间资源提质增效为主的产业类城市更新;(3)以更新改造老旧市政基础设施、公共服务设施、公共安全设施,保障安全、补足短板为主的设施类城市更新;(4)以提升绿色空间、滨水空间、慢行系统等

① 易志勇.城市更新效益评价与合作治理研究——以深圳为例[D].重庆:重庆大学,2018:11.
② 邓堪强.城市更新不同模式的可持续性评价——以广州为例[D].武汉:华中科技大学,2011:4.

环境品质为主的公共空间类城市更新；（5）以统筹存量资源配置，优化功能布局，实现片区可持续发展为主的区域综合性城市更新；（6）市人民政府确定的其他城市更新活动。城市更新活动不包括土地储备、房地产一级开发等项目。

2022年颁布的《广州市城市更新条例》规定的城市更新，是指对市人民政府按照规定程序和要求确定的地区进行城市空间形态和功能可持续改善的建设和管理活动。经确定的城市更新地区应当具有下列情形之一：（1）历史文化遗产需保护利用；（2）城市公共服务设施和市政基础设施急需完善；（3）环境恶劣或者存在安全隐患；（4）现有土地用途、建筑物使用功能或者资源利用方式明显不符合经济社会发展要求；（5）经市人民政府认定的其他情形。

2023年7月出台的《南京市城市更新办法》所称城市更新，是指坚持"留改拆"并举、以保留利用提升为主，开展的优化空间形态、完善片区功能、增强安全韧性、改善居住条件、保护传承历史文化、促进经济社会发展、提升环境品质的活动。具体包括下列类型：（1）对建筑密度较大、安全隐患较多、使用功能不完善、配套设施不齐全，以居住功能为主的城市地段进行的居住类城市更新；（2）对不符合发展导向、利用效率低下、失修失养的老旧厂区、园区、校区、楼宇等进行的生产类城市更新；（3）对生态环境受损、配套设施陈旧、服务效能低下的城市山体、绿地广场、城市公园、滨水空间、道路街巷等进行的公共类城市更新；（4）对城市生产、生活、生态混杂的复合空间进行的综合类城市更新；（5）市人民政府确定的其他城市更新活动。

2023年自然资源部出台的《支持城市更新的规划与土地政策指引（2023版）》更是将城市更新活动对象扩大到全域国土空间，明确城市更新是一项在国土空间全域针对已建成或基本建成的空间范围开展的持续改善功能结构、优化空间布局、提升空间品质的建设和治理活动。城市更新对象一般包括老旧住区、老旧厂区、老旧商业区、历史街区等老旧地区，低效工业、商业、物流等产业园区、用地、厂房、楼宇，低品质的绿色空间、滨水空间、街道空间、慢行系统等公共空间和需要改造提升的公共服务设施、市政和交通基础设施、公共安全设施等保障设施，以及为实现地区发展新定位而通过空间和功能重构的再开发地区等。

总体上，为便于加强政策支持和指导，各级政府有关城市更新的定义多采用分类列举法，主要根据更新对象的功能类别分类，并往往结合分类制定不同的更新政策。从政府管理视角看，城市更新是指对特定的城市旧城区域，以改善原产权人生活条件、提升社会包容性为目的，在与其有明确利益关系的地方政府、地产开发商和原产权人等多个相关者的共同参与合作下，从利益相关者协调的视角进行的系统性更新活动。

1.1.3　演变方向

随着城市的发展，城市更新的定义也在不断丰富。其基本内涵是建立在过去半个世纪以来发达国家城市的发展变化和政策调整之上的。从最早的城市美化运动、消灭贫民窟、旧城改造等逐步发展为城市更新。特别是相对于之前的旧城改造理论和实践,城市更新的目标更为广泛,内容更为丰富,更注重运用综合手段实现繁荣经济、增加就业机会、完善城市基础设施、美化改善城市市容、恢复旧城区活力等多重目标,最终使城市变得更有生机和竞争力。

城市更新主要含义是维系城市的生命力,促进城市土地利用更加有效。但是,自20世纪50年代以来,随着城市的发展,与城市更新相关的概念发生了多次明显的变化,使城市更新在不同的时空环境下具有不同的说法和意义[①]。

20世纪50年代,国外城市的城市更新以大规模改造为特征,同时与解决住房短缺、清理贫民窟、建设基础设施等联系在一起,因而被称为"清除贫民窟"。20世纪60年代中期到70年代,以城市再利用为新思维,着重于社会保存、整饬,对城市各类住宅或历史建筑视需要分别采取改建、扩建、部分拆除、维修养护、装饰等方式予以完善,以保留其旧有风貌、提高土地利用价值。20世纪80年代,城市更新转为再开发的新思维,以城市土地再利用为主,将工业区、码头区转变为商业区等,着重于经济的发展,强调私人部门和政府专门机构合作,对环境更加关注。20世纪90年代,可持续发展思想开始被重视并广泛应用于指导城市更新政策和运动中,城市更新的内涵除了单纯改善城市内部环境外,进一步发展到综合考虑经济、社会、环境可持续发展的全面更新[②]。

城市更新的理念在不断发生变化。在工业化时代,城市更新更加注重城市卫生改善和环境美化,采取大规模清理贫民窟与拆旧建新举措;但与此同时存在着城市中心土地的过度商业化与衰败并存现象。到了后工业化时代,城市更新主要关注虚拟空间、居家工作、空间结构整合、公共参与和社区规划。城市更新作为一项复杂的社会系统工程,涉及社会、经济和生态环境等多个重要因素,已经不能局限于经济增长、竞争力提升、效率优化,而要形成"以人为本"的新思维,着力于改善民众生活、提升城市品质、延续历史肌理与保护生态环境的包容性更新。在更新目标上,开始从注重物质环境的建设,向注重社会、经济、生态、文化等转变,更加侧重于改善民众生活条件、提升包容性;更新方式上变得更加丰富,既有宏观尺度的城市空间优化和产业更新,也有中观尺度的旧居住区、城中村等的整体改造,还有微观尺度的侧重社区环境改善的社区微更新;更新对象上更加广泛,有传统商业街区复兴改造、旧工业区更新改造、旧居住区更新、城中村改造、历史街区的保护等;根据参与治理的利益相关者的构成不同,城市更新的治理模式更加多样化,有政府主导型、公私合作型、协作治理型和自主治理

---

① 邓堪强.城市更新不同模式的可持续性评价——以广州为例[D].武汉:华中科技大学,2011:22.
② 邓堪强.城市更新不同模式的可持续性评价——以广州为例[D].武汉:华中科技大学,2011:22-23.

型等①。

　　从经济学角度分析，城市更新是对中心城区或者具备吸引力区域的稀缺土地资源的高效利用，能够提高城市竞争力，是推动经济发展的重要措施，城市更新投入产出效率是需要着重考虑的方面②。例如伦敦规划顾问委员会的利歇菲尔德在《为了90年代的城市复兴》一文中，将"城市复兴"一词定义为：以全面及融汇的观点与行动为导向来解决城市问题，以寻求使一个地区得到在经济、物质环境、社会及自然环境条件上的持续改善。从公共政策角度分析，城市更新是一种社会价值再分配的公共政策，城市有序发展带来了土地价值的提升，更新产生社会价值如何合理分配的问题，涉及城市参与主体各个方面③。

1.2　城市更新相关概念

　　与"城市更新"紧密相关的有五个术语，分别是：Urban Renewal、Urban Redevelopment、Urban Revitalization、Urban Renaissance 和 Urban Regeneration。城市更新被定义为贫民窟清除和自然重建的过程，并考虑了遗产保护等其他因素。而 Urban Regeneration 是愿景和行动的全面融合，旨在解决城市贫困地区的多方面问题，以改善其经济、自然、社会和环境条件。相比之下，Urban Redevelopment 更具体、规模更小，是指将已经存在用途的任何建筑，例如将一栋联排别墅重建为大型公寓楼。Roberts 等在其著作《城市更新》一书中将 Urban Regeneration 定义为"全面和整合的视角和行动以寻求解决城市问题，并且使地区的经济、物理、社会和环境情况带来提升"。

　　城市更新的概念最早起源于西方，在不同历史阶段其内涵和侧重点有所不同，因此表征城市更新的术语也存在区别。20世纪50年代至今，城市更新的相关术语先后经历了"城市重建（Urban Renewal）、城市再开发（Urban Redevelopment）、城市振兴（Urban Revitalization）、城市复兴（Urban Renaissance）、城市更新（Urban Regeneration）"的演变历程。理清上述概念背景和内涵的区别有助于深入理解城市更新的内涵④。

　　城市重建（Urban Renewal）最早出现于第二次世界大战之后，为应对战争破坏和恶劣住房条件，其主要内涵是城市重建和贫民窟清除。

　　城市再开发（Urban Redevelopment）出现在20世纪50年代的美国，英文解释为"the act of improving by renewing and restoring"。其内涵是通过更新提升城市功能，为应对城市无法通过自由主义市场经济实现正常发展，强调政府主导的自上而下的政府开发行

---

① 王一鸣.城市更新过程中多元利益相关者冲突机理与协调机制研究［D］.重庆：重庆大学，2019：25.
② 易志勇.城市更新效益评价与合作治理研究——以深圳为例［D］.重庆：重庆大学，2018：13.
③ 易志勇.城市更新效益评价与合作治理研究——以深圳为例［D］.重庆：重庆大学，2018：13.
④ 高见.系统性城市更新与实施路径研究［D］.北京：首都经济贸易大学，2020：4-6.

为。其核心是对废弃的内城进行陈旧物质结构去除和更新，寻找一套可行的解决方案。同时，提出城市再开发对于促进工业再开发具有促进作用。

城市振兴（Urban Revitalization）出现在 20 世纪 70—80 年代，英文解释为 "bringing again into activity and prominence"。主要是指针对城市特定建成区，通过标志性建筑、娱乐设施和住宅建设，使之重新恢复活力。城市振兴实践中，"滨水地区振兴"已取得显著成效。城市振兴更强调政府的作用以及政府与私营企业的深入合作，折射出城市更新中不同利益主体的博弈过程。

城市复兴（Urban Renaissance）出现于 20 世纪 80—90 年代，对艺术与文化领域较为重视。城市复兴具有典型的政策含义，内容比较广泛，涉及物质、社会、思想、道德以及文化的变化过程，包含了城市可持续发展的多元目标，标志着城市政策理念和实践的重大转变。

城市更新（Urban Regeneration）出现于 20 世纪 90 年代以后，是针对存量衰退地区的再生，具体包括对已停止的经济活动进行重新开发、对已出现障碍的社会功能进行恢复、对已出现社会隔离的地方进行社会融合、对已经破坏的环境质量和生态平衡进行复原。城市更新是在原有建筑基础上的更新，很可能涉及原有用途的改变，如厂房更新为办公楼、工厂更新为商业中心等。

"城市重建""城市再开发""城市振兴""城市复兴"与"城市更新"既有区别又有联系。其主要联系在于"城市重建""城市再开发""城市振兴""城市复兴"与"城市更新"均具有"更新"的内涵，是应对不同社会背景和城市问题而提出的解决方案。其主要差别体现在不同概念各有侧重。"城市重建"强调物质手段和形式主体规划，"城市再开发"强调大量土地的再利用，"城市振兴"主要针对城市特定区域，"城市复兴"具有较强的乌托邦色彩，而"城市更新"具有更广泛的内涵，目标更加多元化，主体更加多样化[①]。

目前，国内学术界理解的城市更新主要对应于国外 Urban Renewal 和 Urban Regeneration 的概念。一般认为，城市更新是城市本身各类因素综合作用的过程，这些因素既包含物质、生态方面，也包含经济、社会方面。城市更新的主要内容也已经逐步从侧重物质的硬更新转变为集中于社会网络、邻里关系等软更新。

无论是在中文环境还是在英文环境中，旧城改造、城市改造、综合整治、棚户区改造甚至近期的"微改造"均属于城市更新范围，众多词语中对于"城市更新"均有其实施操作层面的差异，也有相应的时代符号[②]。

---

① 高见. 系统性城市更新与实施路径研究［D］. 北京：首都经济贸易大学，2020：6.
② 易志勇. 城市更新效益评价与合作治理研究——以深圳为例［D］. 重庆：重庆大学，2018：12.

1.3 城市更新基本理论

1.3.1 城市更新的作用

一是通过城市更新提升土地利用效率。在新型城镇化战略、生态文明战略和国土空间规划及"三线"划定背景下，大规模外延式、扩张型城市建设基本结束，我国城市发展逐渐由增量扩展转向存量更新，城市更新成为未来城市空间供给的重要途径。通过城市更新对低效率用地实施功能转换、结构升级、开发强度的调整，有效盘活了低效存量用地，推动用地产出效率的提升。

二是通过城市更新优化城市空间布局。随着我国经济发展和产业升级转型，新的产业不断出现和发展，同时居民的消费需求也在升级，这些变化推动着城市不断进行新陈代谢。反过来城市发展要承载这种新变化，空间结构就要进行相应的调整，以匹配新产业和新消费的需求。通过对城市更新项目的用地布局和功能引导，从区域层面统筹规划，将人口、土地、产业、生态环境、基础设施等要素纳入统一的空间系统中，进行用地平衡和综合利用，优化土地功能和空间布局。

三是通过城市更新推动产业结构升级。空间重构和土地重配，就地淘汰落后产业，引入新产业、新科技和新文化，优化城市空间布局，改善地类均衡性，促进产城融合、职住平衡，促进城市功能优化和产业转型升级，拉动地方经济增长。

四是通过城市更新促进公共服务供给均衡。城市用地的重新布局和空间的复合利用，不仅可以增进公共服务的供给，新增绿化等公共活动空间，还可丰富各类商业、居住、景观、生态功能的内涵，补齐城市功能短板，促进城乡、新旧城区间的协调发展，提高城市居住环境品质。

五是通过城市更新构建城市宜居环境。充分挖掘城市潜在资源和优势，改善区域的生态环境质量，拆除违章建筑，消除不利影响，减少安全隐患，改善人居环境，传承地方历史文脉，打造地方文化品牌，塑造独特的城市魅力[①]。

1.3.2 城市更新的基本分类

根据城市更新的方法及对更新对象的物质空间改造力度和方式，大部分等学者认为城市更新主要可以分为以下三种类型：

第一类：拆除重建类。对危破房分布相对集中、土地功能布局明显不合理或公共服务配套设施不完善的区域，按照城市更新单元规划，成片区拆除符合改造条件的建成区，包括旧工业区、旧商业区、旧住宅区及城中村等，并根据城市新规划进行建设。在这一过

---

① 秦虹.城市更新助力国内大循环（2020）[R].北京：中国人民大学国家发展与战略研究院城市更新研究中心，2021：5-6.

程中,土地所有权、使用权主体、土地用途均会发生变化,对改造地区现有的城市、社会、经济、环境等进行完全的彻底的颠覆,从根本上改变地区城市面貌,属于"大拆大建"的旧城改造方式,拆除后的土地多以协议出让和招拍挂方式出让。我国此前多数旧城改造、棚户区改造等均属于这一方式。

第二类:有机更新类。保留为主,对零散分布的危破房或部分结构相对较好但建筑和环境设施标准较低的旧住房,采取修缮排危、成套改造、高层房屋加装电梯等多种方式予以改造,消除居住安全隐患,完善各种生活设施,改善居民的生活条件。进行部分重新建设,其中土地使用权主体基本不变,基本保留主要建筑物原主体结构,但改变部分或全部建筑物使用功能。这种方式改造强度与建筑体量都较小,有利于保护其社会结构、邻里结构和城市文脉。对历史文化街区和优秀历史文化建筑的改造基本采用这种方式。

第三类:综合整治类。即基本不涉及房屋拆建项目,通过整治改善、保护、活化,完善基础设施等更新,包括沿街立面更新、环境净化美化、公共设施和基础设施完善、老旧小区改造等,这类更新主要由政府制定方案、国家财政补贴并组织实施[①]。

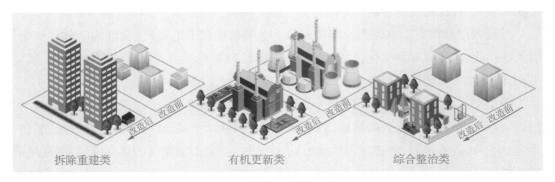

图1-1　三类城市更新模式示意图

资料来源:秦虹,苏鑫.中国城市更新论坛白皮书(2020)——城市有机更新:政企共塑的城市升级之路.[R].
北京:中国人民大学国家发展与战略研究院·高和资本联合课题组,2021:3.

唐燕从城市更新实施的经济平衡性、经济动力视角,提出城市更新可简要划分为"增值型""平衡型""投入型"三类:

第一类:更新动力强劲的"增值型"城市更新。一些城市更新项目的实施会带来可观的增值收益,如将一片老旧工业区改造为城市CBD或商住片区的拆除重建行为。政府和市场等主体参与和推动这类更新项目的潜在动力大,且政府、开发商等往往通过结成"增长联盟"来共同实施地区更新,并在此过程中获取相关收益。因此这类更新活动的管控关键在于如何更加合理地进行增值收益分配,如何避免更新改造可能造成的环境或社

① 秦虹.城市更新助力国内大循环(2020)[R].北京:中国人民大学国家发展与战略研究院城市更新研究中心,2021:4.

会等方面的负面影响,如何保障更新对地区综合长远发展的贡献等。

第二类:日常空间维护的"平衡型"城市更新。平衡型城市更新几乎每天发生在城市的不同角落,是对空间环境"老化"的一种持续性修缮和维护工作,如业主出资的房屋外立面维修等。这类城市更新的空间对象往往责权边界相对清晰,业主等通过购买服务来修缮物产并获得相应的品质回报,投入与收获达成平衡关系。针对此类投入与消费过程,更新的管控关键在于通过规范建构(如完善物业管理机制、优化相关法规建设等)进一步明晰产权关系,保障业主意愿的合理实现,确保相关服务的有效获取和供给等。

第三类:为保障民生开展的"投入型"城市更新。这类城市更新往往并不能带来直接的增值收益或经济收入,相反更多地需要资金、人力等成本投入,以保障基本民生所需和拉动落后地区的发展,如对一些老旧社区、贫困地区开展的改造和优化行动。因此这类更新通常离不开来自政府、社会组织、第三方机构等的扶助,其管控关键在于如何发动居民出资、明确责任共担机制、保障公共物品供给,以及如何通过推动社区营造、激发市场参与实现以在地居民为核心的多元主体共建共治[①]。

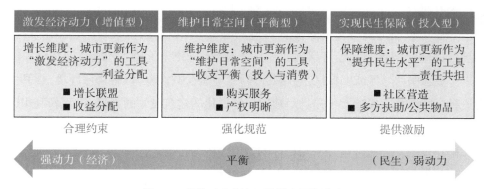

图1-2 经济动力视角下的城市更新分类

资料来源:唐燕.我国城市更新制度建设的关键维度与策略解析[J].国际城市规划,2022,37(1):6.

1.3.3 城市更新动力和目标

1. 城市更新的动因

每一座城市的发展,始终受到全球化、区域化和城市变化等诸多因素的影响,尤其是城市本身的变化,成为城市更新的内在逻辑起点和基本动因。具体而言,可以从城市变化的四个方面来看城市更新的动因。

一是经济转型和就业的变化。在经济全球化和区域化发展进程中,城市经济必然处于从工业向服务业、从低端向高端的不断转型升级之中,而旧城区或传统工业区往往因其脆弱的经济基础与结构,率先出现产业转移、就业岗位减少、经济增长乏力等衰退现

---

① 唐燕.我国城市更新制度建设的关键维度与策略解析[J].国际城市规划,2022,37(1):6-7.

象。这种因经济转型而导致的城市经济衰退,成为城市更新的首要动因。

二是社会和社区问题。主要表现为城市中心区的贫困现象,老城成为穷人和弱势群体的相对集中地,社会排斥、社会分化程度加剧,城市形象受损,吸引力下降,进一步加剧了内城地区的不稳定和衰退。

三是建筑环境退化和新需求的出现。在经济发展过程中会出现建筑破败、场地退化废弃、基础设施陈旧过时、固体废弃物污染等问题,难以满足建筑物使用者的需求,如何利用制度干预以及防止建筑环境的衰退就成为城市发展面临的一个直接挑战。

四是环境质量和可持续发展。过度注重经济增长和过度破坏环境的不可持续的发展模式,导致城市局部地区出现环境污染加剧、生态退化等问题。如何改善环境质量、构筑良好的城市环境就成为城市发展面临的一个直接挑战,成为生态文明时代城市更新的核心动因。

2. 城市更新的对象

城市更新的对象至少包括以下四方面:一是针对经济转型的城市经济的更新,即产业置换、结构升级等,同时需要一定的空间结构、土地利用以至原有建筑物内部功能的改造调整来支撑新经济的发展需求。这种更新可以创造更多的就业岗位,提升劳动力与经济结构的适应性,提高经济效率和经济活力。二是针对社会或社区问题的更新,即在解决经济问题的同时,更新中心城区或旧城区公共服务体系,完善公共设施,改善居住环境,提高生活质量,促进社会和谐稳定发展。三是针对建筑环境退化的建筑设施的更新,即重新利用废弃工业厂房、整修破败建筑等,在置换的同时提升衰退地区的建筑形象。四是针对生态环境问题的更新,即积极推动以服务型经济为目标的城市经济运行模式,并以可持续发展理念来打造服务型城市,使得更新地区获取最大程度的环境效益,提高城市可持续发展的能力和水平。

3. 城市更新的内容

城市更新的内容就是对城市中某一衰落的区域进行拆迁、改造和建设,赋予衰败的物质空间以全新的城市功能,使之重新发展和繁荣。它包括两方面的内容:一是对客观存在实体(建筑物等硬件)的改造;二是对各种生态环境、空间环境、文化环境、视觉环境等的改造与延续,包括邻里的社会网络结构、心理定势、情感依恋等的延续与更新。而在欧美国家,城市更新最初起源于二战后对不良住宅区的改造,随后扩展至对城市其他功能地区的改造,并将重点落在城市中土地使用功能需要转换的地区。

4. 城市更新的目标

城市更新的目标就是解决城市中影响甚至阻碍城市发展的问题。具体而言,城市更新所追求的目标应该是一个集经济、社会、生态等在内的目标群,即更新后的城市或城区应该是一个和谐、富有活力、可持续发展的城市或城区。首先,城市社会应包容和谐,即城市更新要满足一个城市或区域的多方要求,改善居住质量,减少社会排斥,共享城市经济增长的成果,促进社会公平。其次,激发城市活力。城市更新要对城市经济发展作出贡献,实现更新地区的产业置换、结构升级和功能拓展,增加就业岗位,创造更多税收,打造经济增长的新型空间,提升城市活力。最后,推动城市可持续发展。城市更新在改善城市形象、打造城市名片的同时,还要积极追求环境效益,实现低碳化、节能化、绿色化,逐步打造可持续发展的城市[①]。

1.3.4　城市更新方式理念[②]

1. 城市有机更新

城市有机更新源于批判20世纪50年代到20世纪60年代政府主导的大拆大建的城市更新方式。该理论认为城市是人们聚居活动的有机载体,同样具备生物新陈代谢的功能,城市更新应着重于重建城市衰败环境,改善城市机能,朝向有机活化的多元发展。Formica检讨了意大利城市旅游的衰退现象,提出应该导入多元特色如历史、艺术、文化、宗教等可以使城市从衰退期恢复到成熟期。Olanrewaju认为第三世界国家的城市公共设施不足源于快速城市化,城市更新要着重于改善及更新城市公共设施、完善城市功能。因此,有机更新成为20世纪90年代之后城市更新研究者的主要论述,也是各国政府城市更新政策的主要推动方向。在国内,有机更新理论是中国科学院院士、中国工程院院士、人居环境科学理论的创建者吴良镛教授结合北京菊儿胡同的改造实践,并通过对中西方城市发展历史、中国城市规划的借鉴与认识,以及对中国城市建设的长期研究后提出来的,拓展了中国的城市更新理论。

2. 城市更新社会论

许多社会学家认为城市在更新过程中驱离了中低阶层居民,造成社区纹理的瓦解。Mukhija认为城市贫民区改善的策略同时考虑居民财产权利、价值及外在物质特性的改善值得各国政府借鉴。Ha指出城市边缘区低收入居民住宅的更新更重要的是涉及社会层面的问题,而非仅仅是经济、环境问题。社会论呼吁政府应重视弱势群体结构及脉络的保存,不以推土机手段驱逐中低收入居民,破坏社会纹理。

3. 城市更新经济论

经济学家认为城市更新是为了维系市场供需运作,改善运输系统,创造良好城市环境,不断寻求新市场增进地方利益。事实上,一段时期内许多城市采取了以市场导向为主的城市更新策略。如英国里丁市以经济发展为导向推动城市更新,成为英国城市更新实践的典范。20世纪70—80年代英美衰败工业区的城市更新政策大都以地方经济发展为主要方向。

---

① 刘伯霞,刘杰,程婷等.中国城市更新的理论与实践[J].中国名城,2021(7):3.
② 邓堪强.城市更新不同模式的可持续性评价——以广州为例[D].武汉:华中科技大学,2011:5.

4. 城市更新生态论

按生态环境观点,城市更新是通过规划设计及变更将现存的城市区域进行调整,以符合现在及未来生活与工作的需要。Couch 和 Dennemann 回顾了利物浦的城市更新实践,指出在可持续发展的观念被政府纳入城市更新政策后,促进了衰败地区建筑物的再循环利用,减少了向外围发展的需要,有利于集约城市的发展。McCarthy 提出要重视对轻污染工业用地的利用,通过消除再利用障碍,进行环境更新,促进城市中心城区的更新[①]。

5. 系统更新理论

系统更新理论由东南大学城市规划设计学科带头人吴明伟和东南大学阳建强,针对中国城市发展以及城市更新过程中出现的问题提出来的。他们指出:传统的规划难以为继,需要建立一套目标明确、内涵丰富、执行灵活的规划体系。吴明伟教授认为城市更新应以促进城市整体协调为目的,建设优美且有活力的人居环境。面对城市更新过程中的复杂问题,要从它的层次结构入手,优化城市决策,要对各层次的目标统一权衡,选取最优方案[②]。

6. 可持续性科学理论

可持续发展是在 1992 年联合国提出的,发展至今已有 30 多年的历史,在 2012 年联合国举行的"里约 +20"会议上,提出了全球 2025—2030 年的可持续发展目标,也可以看出可持续发展理念在未来是社会经济发展的核心概念和重要原理。城市更新作为城市发展过程中的一项重要战略措施,也一直秉持可持续发展理念,必须首先考虑在城市总体承载力的环境压力下,来平衡经济和社会的关系,从人的需求出发对城市更新本源进行思考,提出以"需求更新"为核心思想的可持续更新方式,以期实现城市综合资本的最大化。城市更新是在可持续性理论引导下,通过合作治理的手段来实现更新的可持续[③]。

1.3.5 城市更新利益协调理论

1. 利益相关者理论

20 世纪中期,利益相关者理论(Stakeholder Theory)开始在西方国家出现。随着社会的发展,利益相关者理论越来越受到重视,尤其在公共部门管理领域。人们认识到越来越多的问题不是某一行动单体可以独自解决的,必须由参与的各行动体通过紧密的协同合作来更好地解决。目前,利益相关者概念广泛运用于公共管理之中,成为城市治理的一项重要工具,例如在世行和联合国发展署等研究报告中就大量使用了这一工具。

城市更新是在合理规划的基础上,对城市空间资源进行二次开发,实现利益再分配,

① 邓堪强.城市更新不同模式的可持续性评价——以广州为例[D].武汉:华中科技大学,2011:5.
② 刘伯霞.刘杰,程婷,等.中国城市更新的理论与实践[J].中国名城,2021(7):4.
③ 易志勇.城市更新效益评价与合作治理研究——以深圳为例[D].重庆:重庆大学,2018:19-20.

并创造出新价值的过程，其利益主体多元，利益格局复杂，是一种复杂的经济活动。根据利益相关者理论的定义，城市更新利益相关者指那些能够影响城市更新或者受到城市更新影响的个人或群体。广义上讲，城市政府、社区民众、私人企业都属于城市更新的利益相关者，但是，城市更新又具有很强的空间局限性，更新区内的私企和民众受城市更新影响最为直接。结合我国社会现状，迫于当前硬件条件及城市发展的压力，不得不吸引私人企业和开发商加入到城市更新活动中来，这样不仅能加快城市更新的发展还能提高空间再开发的利用效率。

从利益相关者视角来看，城市更新的本质是将有限的社会资源和利益进行再分配。在城市更新中资源产生和利益分配过程中，各利益主体难免会发生利益冲突，这样的冲突和矛盾在项目初期的规划及整个实施过程中都有不同程度的体现。许多城市更新项目不能成功的原因都在于无法从根本上解决这些冲突和矛盾。因此，探讨多元主体的城市更新项目治理就必须理清各利益相关者之间的关系。

特别是在我国一线城市，土地价值较高，在城市更新项目活动的进行中，各个利益相关者的利己性表现得尤为明显，都希望自身能获得更多的利益。城市政府往往希望以最小的代价来获取最大的开发改造空间。开发商等私人企业则以企业盈利为目的，希望能获得更多的优惠条件，追求"低投入、高回报"，且能在短时间内实现资金回笼。社区居民则主要关心拆迁补偿及安置，同时又希望不以牺牲自身利益为代价来真正意义上地"融入"城市。各方追求利益的方向不同，但根本上都是为多获取利益，冲突与矛盾的出现成为必然。

2. 空间治理的理论

治理是一个外来语汇，最初曾翻译为"管治"，并且在地理学、城市规划学界引起广泛研究。治理（Governance）的内在涵义是国家事务和资源配置的协调机制。与此前的管治概念不同，治理强调的是多方参与，其中政府仅是权威的一方，其他方面包括市场机制、社会参与、法制等。治理强调共同目标，它未必是某一组织，可以是多组织，甚至是非政府组织。

（1）空间治理——以空间为平台进行利益博弈而形成的治理结构

空间治理则是指通过资源配置实现国土空间的有效、公平和可持续的利用，以及各地区间相对均衡的发展。从地理学、城市规划的视角，空间治理可以理解为以空间为平台进行利益博弈而形成的治理结构。这一治理结构主体包括政府、非政府组织等多元化利益集团，治理内容包括了城市与区域内的各类事务。有学者就曾指出，城市规划的本质就是空间治理。

从理论脉络上，政体理论是空间治理概念的重要来源。城市在不同的发展阶段受到来自政府、企业和社会三种力的不同作用和影响，同时这三者也构成了城市发展活动的决策系统。在城市治理的定义中,强调着三种社会力的作用关系及作用在城市的空间效应[①]。

（2）城市政体理论

城市政体理论是空间治理的源理论,空间治理研究的基本范式都可直溯到城市政体理论。城市政体理论最早出现在美国。城市政体被定义为公共和私人利益之间的非正式安排,这一非正式安排的目的是让利益攸关各方在治理决策中能够共同发挥作用,最终达成目标。城市政体的重点在于公共与私人领域联盟在市政建设方面的合作,或者是公共和私营联盟跨制度边界的非正式模式。政府政体对公共资源拥有政治权力（包括行政干预等）,而市场政体（企业家、商业机构等）拥有重要的经济资源。

城市政体理论的基础是有关城市主要政体的构成。利益集团理论是城市政体理论最早的理论源头,该理论认为城市政体由三种主要利益集团构成,分别为政府代表的政治利益集团、企业代表的经济利益集团和社团代表的社会利益集团。在大部分的城市政体研究中,它们构成了城市决策系统。

政治利益集团。城市政体理论中政治利益集团是一个很广义的概念,在西方社会包括了地方政府、议会以及政党等,其中地方政府是主要研究重点。地方政府在城市政治中的博弈代表了政治集团的利益。按照理论的假设,地方政府经由选举产生,意味着地方政府的首要目的是实现整个城市的公共利益。同时,地方政府和上级政府（中央政府、联邦政府）之间有一个授权过程。上级政府通过法律、制度设计,对地方政府的决策有一定的限制制约。地方政府通过市民（选举）授权和上级政府制度授权,行使城市行政管理权。对于地方人民而言,地方政府需要为地方的社会经济（为地方创造积累财富）和社会公共秩序（上级政府及地方人民诉求）做出最大努力。

企业利益集团。企业利益集团顾名思义就是指城市里拥有人力、资本、管理资源的经营组织,包括了开发商、投资商、金融机构等。企业利益集团的最大特征就是逐利。在市场化的社会中,企业利益集团是社会经济活动的精英阶层,它们掌握了地区发展的主要经济资源。在中国从计划经济向市场经济的转化过程中,企业利益集团在城市发展中的影响力越来越显著。在城市政体中,企业利益集团通过各种经济资源利用方式参与政策过程。

社会利益集团。社会利益集团即各类公众组织,它包括各类社会组织,例如社区组织（邻里、社区委员会）、工会、行业组织（商会）等。非政府组织（NGO）和非营利组织（NPO）也是社会利益集团的重要表现形式,其主要特点是非营利性和自组织性。一方面,社会利益集团因公共的目标、态度等形成集体的利益,通过统一规则约束其成员行

[①] 陈易.转型期中国城市更新的空间治理研究——机制与模式［D］.南京:南京大学,2016.:16.

为；另一方面,借助集体表达意愿的方式增强其对政策的影响力,易于实现共同目标。虽然社会利益集团趋于通过集体的方式参与政策过程,但是较之政府利益集团和企业利益集团,它们通常只有当成员切身利益受到潜在或明显的侵害时才表现出很强的集体性。

（3）基于多元政体的经典类型及其新的探索

多元政体是城市政体理论的经典结构,研究认为不同时期政体权利结构和影响力的不同对城市发展的影响是不同的。政体间的不同组合博弈,或称政体间不同的合作关系将对城市发展和空间动态演变起到不同的作用。

英国在治理过程中最为重视的是政府与私有部门之间的合作伙伴关系,主张政府与私人部门的合作共同促进更和谐的区域治理模式。公私合作伙伴关系（Public-Private Partnership,简称PPP）逐渐在西方国家得到广泛应用。这一治理模式已经成为跨越不同组织和利益团体的合作形式,在城市与区域发展中各个层面得到了不同的应用。PPP中政府的角色主要是大力鼓励私人投资,私人部门是主要的决策者；政府监督—社区主导型组织模式（PPCC）中政府作为三方关系的主要协调者,引导和促进多方合作,是以PPP关系为基础的,由自上而下与自下而上决策模式转向综合的、全面的决策模式。

（4）基于城市发展动力的空间治理模式

中国改革开放以来经济、政治和社会等方面的变革从根本上改变了城市发展的动力基础和作用机制,其物化表现是对城市空间演化的影响。由此,很自然地可以从城市空间结构演化的内在动力变化角度分析和解释不同政体力量（利益集团）对城市与区域空间的影响。城市政体及其空间效应研究主要包括多个方向,即分权化、市场化和全球化空间类型。这三种空间类型的划分与Stone对美国政体的划分思路有着异曲同工之妙。

分权化空间治理。随着中国经济体制改革的不断深入,地方政府权限增加并开始积极介入城市经济、社会发展,通过两次政府角色转型影响城市空间结构。第一种政府角色转型是发展型地方政府。尤其是在城市增长阶段,地方政府通过行政权力调动发展要素,积极参与到城市经济发展中。在加强国有企业经营的同时大力发展乡镇工业,这一点在苏南地区非常明显。由此,在空间上主要表现为城市新区与小城镇的蓬勃发展。第二种政府角色转型是创业型地方政府。地方政府开启了所谓经营城市的策略,这个过程也是政府公司化过程。在空间上主要表现为城市空间结构的巨大变动,包括行政区划的调整。实质上是一种城市增长机器的表现。

市场化空间重塑。改革开放之后,中国历经了由计划经济向商品经济、商品经济向市场经济转型的过程。这个过程包括了资本、土地、劳动力要素市场的建立等。市场化改革,尤其是土地使用权制度和商品房的出现,完全改变了政府计划经济体制对城市空间的约束影响。市场经济力量对城市空间的影响越来越大,如居住空间分异、郊区化等现象不断出现。

全球化空间重塑。中国的经济已经在不同程度上融入世界经济大环境中。在北京、上海等世界级城市,城市空间格局正被以跨国公司为坐标的全球化经济所影响。它们给城市发展提供了更多的机遇和动力,改变传统空间格局。在全球化的影响下,城市的动力系统发生变化,进而促使政府、市场、社会结构产生变迁。城市空间结构演化呈现越来越强的经济利益驱动性。随着我国社会收入分配不均、城市移民与城市贫困等问题的凸显,政府、市场、社会三者间的综合制约关系在发生变化,政府需要维持经济发展的同时平衡社会矛盾,社会结构变化引起城市空间的变化。

(5)城市政体与空间治理相关领域研究

城市政体理论描述了城市发展政策制定是政府、企业经济组织、社会组织等多方利益博弈的结果,而非单一主体的静态作用。伴随着中国社会发展的转型,已经产生了具有独立决策能力的多元利益主体。在各个城市经济发展中,各种"利益联盟"已经出现。但是,西方城市政体是建立在西方政治制度上的,土地私有化等均与中国国情区别较大。中国城市发展资源的分配较西方呈现更强的集中性。因土地国家或集体所有,政府掌握大量土地资源,而企业集团等掌握较多的资本资源,在多元政体博弈中公众等社会力量极为薄弱。因此,在引入和借鉴城市政体理论前需更多地关注多元政体的具体构成。

现代的城市更新活动发源于西方发达国家,不仅规模大、对城市发展的影响深刻,而且更新类型丰富多样,发展中国家则是后来者。系统总结西方发达国家的城市更新的社会经济背景、法规政策支撑、理念方法以及规划制度体系,有助于系统认识城市更新的基本规律和基本特征,掌握城市更新进程中空间规划和管控政策发挥作用的方式和重点,对提出我国新时代的城市更新规划体系和管理政策创新具有重要意义。

2.1　欧美国家城市更新历程和总体特征

自城市诞生之日起,城市更新就作为城市自我调节机制存在于城市发展之中。然而,真正使城市更新这一问题突出地显示出来,则是始于18世纪后半叶在英国兴起的工业革命。工业革命的巨变,导致城市的功能与结构开始出现转型,城市中出现了大片高密度、卫生条件差的工人居住区和工业集中区,城市卫生和环境问题不断涌现和恶化。尤其在第二次世界大战后,大量被战争破坏的城市亟待重建,之后西欧一些大城市中心地区的人口和工业出现了向郊区迁移的趋势,原来的中心区开始"衰落"。面对这种整体性的城市问题,西欧许多国家对城市更新予以了高度重视,并将城市更新纳入城市发展与建设的重要议事日程,纷纷兴起了城市更新运动[①]。

欧美国家的城市更新研究是城市建设研究的重点,基于划分的标准和视角不同,不同专家对欧美国家城市更新阶段的划分则略有不同。阳建强根据城市更新的主要模式和思想,把西欧的城市更新划分为六个阶段:20世纪40—50年代的城市重建、20世纪60年代的城市复苏、20世纪70年代的城市更新、20世纪80年代的城市再开发、20世纪90年代的城市再生以及近年来提出的城市复兴[②]。秦虹等则认为,二战后,西方城市更新发展历程大致可分为四个阶段,20世纪40—50年代以清除

第二章　发达国家和地区城市更新简述

贫民窟为代表的物质更新、60—70年代更加关注社会公平的综合更新改造、80年代市场导向的旧城再开发、90年代至今以人为本和可持续发展导向的有机更新,四个阶段的每个阶段在美国、英国和其他西方国家都有所体现,尽管体现方式和推进时间有所不同[①]。

总体而言,西方发达国家的城市更新发轫于工业革命之前,更大规模和更为丰富的城市更新实践则是在第二次世界大战之后,到目前为止仍在探索和实践中。二战以前虽然城市更新活动持续了较长时间,但总体而言规模不大,不是城市空间发展变迁的主要方式,基本上可以概括为一个独立的阶段。二战后城市更新活动规模大,对城市空间形态和功能结构的影响较大,可以结合全球经济社会发展的背景、城市更新的主要对象和理念划分为五个阶段。

2.1.1 二战前的城市更新

早期的城市更新始于工业革命发源地——英国。这一时期突出的城市问题是城市人口迅速增加,人口的急剧增长造成住宅的短缺和居住条件的过分拥挤,从而导致城市的高密度发展,并带来了不卫生的生活环境。恶劣的生活条件在引发工人普遍不满的同时亦带来其他社会问题:社会犯罪率增高,经济发展速度缓慢,城市居民贫富悬殊。于是英国中央政府于1875年颁布《公共卫生法》,同年还颁布《住宅改善法》,第一次提出关于清除贫民窟的法律规定。1890年,皇家工人阶级住房委员会颁布了《工人阶级住宅法》,要求地方政府采取具体措施改善不符合卫生条件的居住区的生活环境。工业革命使英国工业结构发生较大变化,纺织业、采掘工业、重型机械工业和造船业等传统工业逐渐被电子工业、服务业、汽车制造业和建筑业等新兴工业所取代[②]。

英国城市更新最早始于20世纪30年代,1930年《格林伍德住宅法》推出,致力于消除贫民窟,采用“建造独院住宅法”和“最低标准住房”相结合的办法,提升旧城改造中的贫困阶层住房条件,20世纪30年代共建了27万套住房用于贫民窟改造。美国当时城市建设受赖特“广亩城市”思想影响,再加上高速公路的兴建与汽车的普及,使得人口外迁、城市中心区衰败,美国也于1934年推出《国家住房法》,提出清理贫民窟和社区重建计划,开始一系列贫民窟清理的行动。法国二战后为解决住房危机,推出“促进住房建设量”为首要目的住房政策,主要表现为对城市衰败地区的推倒重建,同时注重道路以及公共设施(医院、学校等)配套建设。这一阶段城市更新的主要特点是推倒重建以提升城市物质空间形象,导致城市原来有特色的建筑物、空间与肌理以及其承载的地方文化逐渐消失[③]。

2.1.2 20世纪40—50年代:以清除贫民窟为代表的物质更新

在第二次世界大战期间和结束后的一段时间里,西欧各国城市建设的重点放在战后

---

① 秦虹,苏鑫.城市更新[M].北京:中信出版社,2018:9.
② 阳建强.西欧城市更新[M].南京:东南大学出版社,2012:25.
③ 张春英,孙昌盛.国内外城市更新发展历程研究与启示[J].中外建筑,2020(8):76.

的重建与恢复工作上。同时，二战后，西方城镇化进入郊区化阶段，大城市的中产阶级和新兴产业不断向郊区迁移，中心城区逐步走向衰落，面临就业减少、环境污染、犯罪率上升、居住环境差、基础设施落后等问题。因此，西方国家在战后普遍开始了大规模的城市更新运动，更新内容主要为城市中心区改造与贫民窟清理，目的是振兴城市经济和解决住宅匮乏问题[①]。

第二次世界大战期间，以英国为代表的西欧国家住宅建设突飞猛进，但许多城市内仍遗留了大量的非标准住宅需要修复。为了改变城市形象并提高城市土地利用效率，许多城市展开了大规模的清理贫民窟行动，通过新建购物中心、高档宾馆及办公楼来取代过去的贫民窟。第二次世界大战结束后，鉴于战争对许多城市的严重破坏，毁于战火的城市与建筑亟待重建与再开发。人口在大城市的集聚以及迅速增长，引起城市快速膨胀，大量住宅的破坏使得战后"房荒"问题亦变得十分严重[②]。20世纪50年代的战后重建主要是为了解决住房紧张问题。英国的重建工作侧重于重建和再开发遭受战争毁坏的城市和建筑、改造老城区。法国则主要集中于生产性经济实体——市政基础设施、道路、交通通信设施和住宅重建。德国（指西德，下同）是当时住房短缺最为严重的国家之一，在1936—1945年间损失了大约550万套住宅[③]，将重建工作集中于市中心和已有城市街区，应对住房短缺的大规模住宅建设和城市基础设施建设的问题，如交通、供水、学校、医院的恢复等，在一定程度上扭转了城市的衰退，城市功能亦得以部分恢复；而一向以文物保护作为发展重点的意大利，在城市重建的同时，更为强调对建筑的恢复和对保留下来的城市肌理的恢复[④]。推土机式推倒重建是这一阶段城市更新的最大特点，即通过大面积拆除城市中的破败建筑，来全面提升城市形象。

2.1.3　20世纪60—70年代：更加关注社会公平的综合更新改造

在第二次世界大战后的复苏期之后，西方国家在20世纪60年代进入了经济快速增长时期，但由于城市内工业大量外迁、城市外围新兴产业空间的兴起，中心城区功能相对衰落。为缓解中心城区的衰落，内城开始实施大规模的开发和再开发行动。基于对前一阶段清除贫民窟行动的反思，城市更新运动的思路也随之变化，对历史遗产价值的关注也促进了城市更新思想与模式的转变。1964年发布的《威尼斯宪章》呼吁对历史建筑和历史街区进行积极的保护和维修。这种变化主要体现在三个方面：一是吸取战后初期重建阶段的教训，不再单纯考虑物质因素和经济因素，而是综合考虑就业、教育、社会公平等多种因素。二是更加关注社会公平和福利，城市更新制度更加注重对弱势

①　高见.系统性城市更新与实施路径研究[D].北京：首都经济贸易大学,2020：19.
②　阳建强.西欧城市更新[M].南京：东南大学出版社,2012：28.
③　唐燕,范利.西欧城市更新政策与制度的多元探索[J].国际城市规划,2022（1）：10.
④　阳建强.西欧城市更新[M].南京：东南大学出版社,2012：33.

群体的关注,强调通过改造提升被改造社区的社会福利和公共服务水平,从而解决社会问题。三是对更新改造地区,从推倒性拆除重建逐步转向注重对现存建筑质量与环境质量的提高[①]。

面对20世纪60年代大规模整治旧城所导致的对传统城市空间结构的破坏及其产生的负面影响,德国的城市建设开始侧重"保护性更新"——谨慎地对待建筑的修缮和城市骨架及街道网络的改造,步行交通优于汽车交通考虑,并在许多城市的中心地带规划建设了步行区域。城市改建的目标十分明确,即保护老的城市结构,对建筑进行维修,改造现有城市街区、道路、休憩用地,使之更适于人的居住。此段时间内,对城市中心的再开发在德国许多地方亦同时发生,虽各地开发的重点及手法各不相同,但都比较重视保护老城、恢复传统城市中心活力。如在奥格斯堡,老城被加以整修,并插建新的建筑,以增加城市的活力。在法兰克福,沿莱茵河岸建造了一系列引人注目的博物馆,加上历史中心的改建和银行区附近会展城的建设,使历史城市重新获得了新的活力。而汉堡通过中心区商业、办公、居住等功能混合亦更新了其逐步衰退的老城[②]。20世纪60年代中期美国的模范城市计划制订了一套综合方案来解决大城市中几个特定地区的贫穷问题,该计划的资金以联邦政府补贴为主,其中绝大部分被用于解决城市更新区低收入社区的教育、医疗、就业和公共安全问题。20世纪60年代中后期,英国政府也开始实施以复兴内城、提高社会福利水平及更新物质环境为目标的城市更新政策,同期有3 750个类似的贫困社区社会改造项目在实施。其他欧洲国家如瑞士、荷兰、法国和德国等也开展了带有福利色彩的社区更新。

这一阶段城市更新运动的关注点由单纯物质更新转向社会效益的综合平衡,相应的城市更新法规也随之出台。英国政府在20世纪60年代末开始采取干预政策,制定法律与条例以实施内城复兴计划和社区改善规划,鼓励内城更新发展,并通过政府投入和资助,提高社会福利水平和城市物质环境质量。1966年,美国出台了《模范城市与都市发展法案》,严格限定了联邦和地方政府资助模范城市计划资金的使用范围,并通过各种附加条件强调中低收入者的公众参与,同时还提出了对城市肌理的保护和改善。1974年美国出台了《住房和社区发展法》,允许为污水处理、社区娱乐设施、住房等一系列项目提供资金,以"邻里复兴"小规模分期改造方式逐渐取代了原来大规模改造形式。1974年英国出台《住房法》标志着英国城市更新政策的重点从城市物质形态的改善转移到对社会问题的关注,其后颁布的《内城区法》,对内城更新过程中的居民就业、住房、教育、交通等问题都给予了高度重视。法国1967颁布《土地指导法》,提出城市基础设施建设与

① 秦虹,苏鑫.城市更新[M].北京:中信出版社,2018:11.
② 阳建强.西欧城市更新[M].南京:东南大学出版社,2012:48.

有计划的开发规划;1977年设立了城市规划基金,专门用于传统街区和城市中心区的改造,旧区改建、住宅更新成为这时期大众关注的问题[1]。上述一系列城市更新政策、法规的颁布实施,反映了这一时期西方城市更新运动重点的转变。

2.1.4　20世纪80年代:市场导向的旧城再开发

20世纪70年代末至80年代初,以石油危机为导火线,西方主要发达国家普遍陷入"经济滞胀"困境,很多城市陷入了严重的经济危机。同时,城市在结构方面发生巨大变化:一是经济结构快速调整,城市作为制造业中心的功能已经完结,而代之以服务业和消费中心;二是分散化的过程,把城市中心和内城的许多功能拉向了外围的卫星城镇。这两种趋势导致了大范围的土地和建筑的废弃、环境的退化、失业人口的增加。英国城市在欧洲最早经历这场经济重组和社会变革,20世纪80年代,许多城市传统的工业结构经历了剧变,传统工业的衰退带来了一系列的严重问题,同时又伴随着出现了严重的逆城市化现象——内城中人口大量流失,工厂企业或者倒闭或者迁往郊区,大量的废地、空房存在于内城中,即所谓的内城荒废现象,为此英国最早采取城市更新政策。法国以及德国的许多城市也开始经历同英国城市一样的问题,并广泛采取了类似的政策应对内城衰退。

伴随全球经济结构性调整,刺激经济增长成为西方国家政府的首要任务。这一时期,英国强调自由市场作用的新古典主义发展模式与美国的自由市场政策体系,城市更新从政府导向的社区重建,迅速转变为以市场主导的地产开发为主要形式的旧城开发,政府与私人投资合作是这个时期城市更新的显著特点[2]。这一阶段政府靠出台政策激励与控制市场,私有部门则在旧城区进行商业性质的开发,借此促进旧城经济复苏。受其影响,城市更新政策发生以下调整:一是从政府导向的福利主义社区重建,向以市场为导向、以房地产开发为主要形式的旧城再开发转变;二是逐渐从以往关注大规模的综合性更新改造转向较小规模的项目改造;三是由政府主导转向以公、私、社区三方伙伴关系为导向,更新周期长、需要庞大资金支撑的更新项目越来越难以实施。

在市场导向的城市更新思路引导下,20世纪80年代的英国城市更新以各种地产开发项目为主要特色。公共部门的主要职责在于为投资创造良好的宏观环境,而社会资本成为城市更新的主角和主要力量。为适应这种政策转向,英国在1980年出台了《规划和土地法》,允许设立城市开发区和企业区,并鼓励公私合作的股份制公司参与城市更新,以此来激活内城的萧条地区。与此类似,美国联邦政府虽然制定并实施城市更新政策,但逐步取消或减少了对模范城市计划的资助,而由州政府和地方政府承担更多资助

责任。在德国,根据当时的住宅现状,对那些完全破旧、即便修复和翻新亦无利可图的住宅,则按照城市规划有计划地加以拆除,代之以新建住宅。20世纪80年代中期以后,德国的城市建设实践从大面积、推平头式的旧区改造转为针对具体建筑的保护更新,小步骤、谨慎的更新措施越来越受到重视,这一发展趋势在1984年的《城市建设促进法补充条例》中得到了很好的反映。1987年,在《联邦城市建设法》和《城市建设促进法》的基础上,德国颁布了新的《建设法典》,重点提出了城市生态环境保护、重新利用废弃土地、旧房更新、旧城复兴等问题。荷兰1984年针对内城衰落,颁布了《城市和城镇更新法》,1985年又重新修订了《形态规划法》,注重了旧城功能振兴、旧城区改造,重点是加强中心车站和中央商业区的改造。对一些丧失原有功能的城市地区(如工业和码头区)加以再开发,同时尽可能地整合现有地区(如福利住房区、工厂和码头等),在此基础上规划新的居住和工作社区。研究现有建筑的城市肌理在城市再开发中愈显重要,保持城市空间联系性、保留地方特色和历史印迹再度引起人们的广泛关注。此种更新形式以鹿特丹城市中心的更新改造最为典型[①]。

鹿特丹是欧洲最大的港口城市。从1796年至1925年,鹿特丹市的人口总量从5.32万人增长到54.79万人。这期间,马斯河(River Maas)两岸建设起来的大量住宅区构成了鹿特丹旧城历史街区的主体。到20世纪50—60年代,这些街区的建筑开始日显残破,建筑品质不佳、房屋密度高、居住空间狭小且往往缺乏必要的生活设施。在20世纪中后期,荷兰出现比较严重的住房短缺,1975年,荷兰政府正式启动持续近二十年、名为"为社区建造"的旧城街区更新计划。1974—1993年间,鹿特丹各城市更新地区共有56 000套住宅和9 923间店铺被政府收购并改建、拆除或重建,这个规模占全市二战前建设的住宅总量的34%。这个更新项目改善了城市整体的住房条件、降低了居住密度,更新后的住宅中超过80%用于安置原有的居民。通过这个更新项目,旧城历史街区的基础设施和经济发展环境也得到了很大改善,城市重新焕发出了经济活力[②]。

2.1.5　20世纪90年代至今:以人为本和可持续发展导向的有机更新

进入20世纪90年代,西方发达国家普遍进入产业结构升级时期,制造业从城市中心外迁甚至大量向发展中国家转移,各国城市中心地区都不同程度地出现了功能衰退现象,不但人口大量流失,工业大量外迁,而且商业区和办公区也开始往外迁移至郊区。这一趋势导致过去在制造业基础上发展起来的大部分城市出现不同程度的结构性衰落,像英国伦敦、伯明翰、曼彻斯特和格拉斯哥,德国鲁尔区、汉堡,荷兰鹿特丹等。为给老工业区注入新的活力,获得经济上的复兴,各国不遗余力地进行了大规模的更新改造与再

① 阳建强.西欧城市更新[M].南京:东南大学出版社,2012:49.
② 秦虹,苏鑫.中国城市更新论坛白皮书(2020)——城市有机更新:政企共塑的城市升级之路[R].北京:中国人民大学国家发展与战略研究院,高和资本联合课题组,2021:12.

发展。例如，德国鲁尔地区为摆脱工业衰退的危机，以适应新形势下经济发展的需要，于1989年制定了一个为期10年的国际建筑博览会建设的宏伟计划，重点是对拥有800平方公里、200万人口、17个城市的鲁尔核心区域进行大规模更新与再开发；1998年又展开了区域性整治规划，包括社会、经济、文化、生态、环境等多重整治和区域复兴目标；通过持续、不间断以及务实的区域规划，以新技术革命、多样化、综合化发展来促进区域经济结构的全面更新和提升，重塑区域的全球竞争力，成为老工业区通过城市更新实现持续发展的典范[①]。这个时期，人们认识到城市的复杂性，认为城市更新不仅是房地产的开发和物质环境的更新，还应该是对社区的更新；消除衰退、破败现象很重要，保护社区历史建筑、保持邻里社会肌理同样重要。"以人为本"和可持续发展观念日渐深入人心，公众也更多介入到社区更新中来[②]。

英国在对20世纪80年代逐利性资本导向的城市更新的反思下，提出了内涵更为广泛的城市更新概念——区域更新，将社会、经济和环境纳入到决策中，通过政府、市场和社区三方力量相协调达成更新目标。如在1991年英国开展的"城市挑战计划"中，英国中央政府将20个与城市更新有关的基金合并为"综合更新预算圈"，强调综合性，体现可持续发展的理念。同时，强调居民广泛参与，鼓励那些拥有原有产权的居民自愿将他们的所有权联合，进而按比例分享所有开发收益。美国1990年以来，城市更新由私人开发商主导的以振兴经济为目的的商业性开发走向经济、环境与社会等多目标的综合性更新，各州反思更新政策的走向，出台引导政策，帮助公众与开发商把握公共利益与投资利润的平衡点[③]。

1996年6月，联合国在伊斯坦布尔召开"人居二"会议，确立了21世纪人类奋斗的两个主题——"人人有合适的住房"和"城市化过程中人类住区的可持续发展"，其价值取向深刻影响了欧美国家的城市更新政策。1997年美国马里兰州通过精明增长法案，之后逐步推广为美国城市发展的范式。精明增长的核心就是用足城市存量空间，减少城市盲目扩张，抛弃大拆大建方式，在更小的空间尺度上进行渐进式更新，强调环境保护、遗产保护和文化传承，鼓励第三方参与。法国于2000年颁布了《社会团结与城市更新法》，强调城市更新要节约利用空间和能源、复兴衰败城市地域、提高社会混合特性。英国于2003年制定了《可持续发展社区规划》，主张在以人为本的原则下，通过社区的可持续发展与和谐邻里的建设来增强城市经济活力，并重视从战略和区域的角度来解决城市问题。这标志着西方城市更新运动已进入以可持续发展和多目标（社会、经济、环境等）和谐发展的新阶段。

① 阳建强.西欧城市更新[M].南京：东南大学出版社，2012：56.
② 张春英，孙昌盛.国内外城市更新发展历程研究与启示[J].中外建筑，2020（8）：76-77.
③ 张春英，孙昌盛.国内外城市更新发展历程研究与启示[J].中外建筑，2020（8）：77.

　　纽约哈德逊广场再开发项目（Hudson Yards Redevelopment Project）是纽约最具代表性的城市更新项目之一，也是体现西方多目标城市更新理念的重要实践。哈德逊广场地区位于纽约曼哈顿，历史上主要由汽车修理厂、停车场、空地以及铁路站场组成。铁路的长期运营，造成了地区肌理的割裂，落后的公共基础设施也导致该地区的日渐衰落。哈德逊广场地区更新经验主要有：以公共交通为导向的发展战略，联动区域发展；由"刚性"到"弹性"的再区划，提升环境品质；多方决策的运行机制，推动多方共赢。其中最重要的是在哈德逊广场再开发过程中，纽约市政府牵头成立哈德逊广场基础设施公司和哈德逊广场开发公司，成为项目开发的主体运作机构，两者与城市规划部门、纽约大都会运输署以及相关市、州机构共同合作。同时公众、社区对项目的开发与财政资金的使用进行监督并积极参与其中，建立多方协商的开发运行机制，推动多方共赢[①]。

表2-1　西欧城市更新的发展阶段

不同时期政策类型	20世纪40—50年代城市重建	20世纪60年代城市复苏	20世纪70年代城市更新	20世纪80年代城市再开发	20世纪90年代城市再生
主要策略倾向	·根据总体规划设计对城镇旧区进行重建与扩展 ·郊区的生长	·延续20世纪50年代的主题 ·郊区及外围地区的生长 ·对于城市修复的若干早期尝试	·注重就地更新与邻里计划 ·外围地区持续发展	·进行开发与再开发的重大项目 ·实施旗舰项目 ·实施城外项目	·向政策与实践相结合的更为全面的形式发展 ·更加强问题的综合处理
主要促进机构及其作用	·国家及地方政府 ·私营机构发展商的承建	·在政府与私营机构间寻求更大范围的平衡	·私营机构角色的增长与当地政府作用的分散	·强调私营机构与特别代理 ·"合作伙伴"模式的发展	·"合作伙伴"模式占主导地位
行为空间层次	·强调本地与场所层次	·所出现行为的区域层次	·早期强调区域与本地层次，后期更注重本地层次	·早期强调场所的层面，后期注重本地层次	·重新引入战略发展观点 ·区域活动日渐增长
经济焦点	·政府投资为主，私营机构投资为辅	·私人投资影响日趋增加	·来自政府的资源约束与私人投资的进一步发展	·以私营机构为主，选择性的公共基金为辅	·政府、私人投资及公益基金间全方位的平衡

① 高见.系统性城市更新与实施路径研究［D］.北京：首都经济贸易大学,2020：21.

续表

不同时期政策类型	20世纪40—50年代城市重建	20世纪60年代城市复苏	20世纪70年代城市更新	20世纪80年代城市再开发	20世纪90年代城市再生
社会范畴	·居住与生活质量的改善	·社会环境及福利的改善	·以社区为基础的活动及许可	·在国家选择性支持下的社区自助	·以社区为主题
物质更新重点	·内城的置换及外围地区的发展	·继续自20世纪50年代后期对现存地区类似做法的修复	·对旧城区更为广泛的更新	·重大项目的置换与新的发展·旗舰项目	·比20世纪80年代更为节制·传统与文脉的保持
环境手段	·景观美化及部分绿化	·有选择地加以改善	·结合某些创新来改善环境	·对于广泛的环境措施的日益关注	·更广泛的环境可持续发展理念的介入

资料来源：阳建强.西欧城市更新［D］.南京：东南大学出版社：2012.

2.2　发达国家的城市更新

由于经济社会发展进程、国家治理体制和社会治理理念不同，不同西方国家在不同时期的城市更新的背景、目标、思路、路径和规划政策体系不尽相同，各具有一定的自身特色，需要以不同国家为对象进行具体分析。

2.2.1　英国城市更新

1.英国城市更新的阶段和主要特征

（1）政府主导的以住宅区更新为主的城市更新（二战后至20世纪80年代）

20世纪50年代之前，英国政府致力于大规模拆除贫民窟和旧房，在区位条件好但日渐衰败的市区，中产阶级家庭逐步取代无力进行住宅维护的低收入家庭。20世纪50年代以后，大规模的拆除旧房逐渐被社区改善所取代。

1964年《住宅法》提出"改善区"的概念，集中对非标准住宅进行改造。随后，政府针对日益严重的内城问题，提出了优先教育区的内城发展政策，旨在通过划定不同类型的改善区来缓解住宅短缺的问题。1968年，针对内城社区逐渐衰败的问题，政府试图通过改善建筑物，为社区居民提供就业培训，以及对一些社会项目提供财政补助，来满足社区的社会需求。

1969年的《住宅法》又引入了"一般改善区"的概念，进一步扩大范围，侧重于改善内城区住宅。住宅质量较好的区域不会被列为城市再规划和再开发对象。政府拨款对一般改善区的居住条件进行改善，包括环境整治、管道设施修缮以及单栋住宅整修等。

这一时期的更新依然主要集中在物质环境层面,对于社会问题考虑较少,以至于出现采用强制手段改善住房设施的状况。

1974年《住宅法》提出了"住房行动区"的概念,根据地区综合战略实施逐步更新政策,将实施的重点集中在有特定住房压力的地区。选取补贴对象首先考虑社会因素,将领取养老金家庭、多子女家庭、单亲家庭、家庭顶梁柱为失业者或低收入者家庭等有特殊住房困难的家庭集中的区域列为"住房行动区"。政府被赋予了更多附加的权力,如强制购买、更新和改善环境、资金援助等。

1977年,英国颁布了《内城政策》白皮书,明确提出内城应大力发展经济,改善城市物质环境,缓和社会矛盾,在住房、土地、教育、环境、社会服务等方面支持发展。1978年,中央政府颁布了《内城法》,将最衰落的7个地区纳入"内城伙伴关系计划",该计划成为20世纪70年代末的实验项目。

伦敦金融城位于伦敦中心位置,是伦敦历史最悠久的城市商务街区,也是全球重要的金融、贸易和航运中心。该项目在城市CBD有机更新案例中具有一定代表性。通过向空中发展的高强度开发和基础设施、公共交通体系的不断完善,大大提高了土地的承载力和产出效率,商业办公空间显著增大,就业岗位大幅增加。改造后,伦敦金融城成为对创新性企业极具吸引力的新型产业集聚区。2019年,在伦敦金融城居住的居民约8000人,但在这一区域就业的人数高达51.3万人,是伦敦办公人员最密集的区域。伦敦金融城改造项目强调市场机制与政府干预相互平衡,鼓励公私合作。在规划管理上强调大伦敦政府的协调作用,改变以往32个自治市镇和伦敦金融城各自制定并实施政策的局面,由大伦敦政府统一规划管理。在法律法规体系方面颁布有《大伦敦空间发展战略规划》,确定区域发展的重点街区。在政府支持措施上进一步发挥税收调节作用,提高区域再开发土地的征税比例,将增加的税收投入公共交通建设[①]。

(2)以房地产为导向的城市中心区更新(20世纪80—90年代)

20世纪80年代以后,英国的城市更新政策发生了很大变化,从以政府计划为主转向以市场为主,内城的城市更新政策也逐步转向以房地产开发为导向,强调市场需求。保守党上台以后,为了复兴城市衰退地区,决定大大简化规划区政策,减免税收和放松开发限制条件,为吸引私人投资创造便利条件。1989年《地方政府和住宅法》提出在内城衰退现象严重的地区设立住宅更新区,对典型的旧住宅区进行修复和选择性开发,规模比以前的一般改善区和住房行动区要大。

英国伦敦码头区的更新则是这个时期更新政策理念的重要实践。英国伦敦码头区

---

① 秦虹,苏鑫.中国城市更新论坛白皮书(2020)——城市有机更新:政企共塑的城市升级之路[R].北京:中国人民大学国家发展与战略研究院·高和资本联合课题组,2021:13.

位于英国伦敦东区泰晤士河两岸的码头地区,曾是世界上最繁忙的港口,总面积20平方公里。自20世纪70年代以来,由于大型集装箱远洋船只无法抵达码头区,失业率攀升,到20世纪80年代该地区逐渐衰落。1981年7月半官方的伦敦码头区开发公司组建,开启17年的改造重建工作。主要做法包括:一是加强建设交通基础设施。利用码头区遗留下的大量铁轨设备建成与伦敦地铁系统接轨的码头轻轨,改善码头区的交通状况;抓住商务航空发展的契机,在码头空地上兴建伦敦城市机场,满足商务航空需要。二是尽量保留原有产业,在码头区成立英国第一个工业园区,推出免租金10年、免税退税等优惠政策招商入园。通过产业引导、教育培训等形式大幅提高就业率,该区就业人数从1981年的27 000人增加到1998年的85 000人。三是推进住宅计划。1981—1998年,住房存量从25 000套增加到38 000套。24 000套家庭住宅受到资助,8 000套现有住宅的修缮得到资助。四是建立道格斯岛企业特区。利用区内毗邻伦敦金融城的地理优势,伦敦码头区开发公司成功地在此打造了伦敦第二个金融中心"金丝雀码头"。五是创造富有活力的社区。伦敦码头区开发公司在泰晤士河沿岸开发滨河公寓,建成伦敦第二金融城职工的时尚家园,码头区业态逐步丰富[①]。

（3）基于多方合作伙伴制的城市更新行动（20世纪90年代以后）

到了20世纪90年代,英国城市发展开始转向激发经济活力、恢复社会功能,以及改善环境质量和促进生态平衡等方面。除了继续鼓励私人投资以及推动公私合作以外,它更强调本地社区的参与,强调公、私、社区三方的合作。1991年,英国政府开始启动实施"城市挑战"计划,将规划和更新决策权交还给地方政府,但要加强中央政府对计划实施的控制,使更新目标更具社会性。2000年以后,英国政府的注意力开始集中于棕地(废弃控制地或受污染的土地)和空置地产的重新使用上。2000年,发布了《我们的城镇:迈向未来城市更新》城市白皮书,鼓励循环使用城市土地、运用税收和财政政策(对闲置土地征税)来鼓励开发废弃的土地等。

从英国城市更新的发展进程可以看出,各时期的侧重点不同,关注和解决的问题也不同。从战后拆除贫民窟、提供可负担住房,再到解决就业、应对经济衰退和社会排斥,以及当前可持续、具有竞争力的社区营建,形成了持续的、多维度城市更新实践和政策体系。

2. 城市更新规划制度体系建设

（1）城市规划体系基本特征

1909年颁布的《住房与城市规划诸法》可称为英国历史上首部真正意义上的规划法案,赋予地方政府编制"规划方案"的新权力,城市规划作为地方政府职能开始对土地利用依法进行必要的行政干预。1932年颁布的《城乡规划法》最大突破是将规划权限扩展

---

① 高见.系统性城市更新与实施路径研究［D］.北京:首都经济贸易大学,2020:20.

到城乡空间已建设的、正建设的及尚未建设的几乎所有土地类型,由单项城市用地管控转向城乡双向控制。1947年颁布了《城乡规划法》,首次从法律上对土地保有权和开发权相分离作出规定,规划不再仅仅发挥调节作用,还强化了国家享有的土地开发权[1]。

2004年英国出台了《规划和强制征购法》,首次将"区域空间战略"确定为法定规划,形成了国家规划政策指引和规划政策声明—区域空间战略—地方发展框架的三级规划体系。随着《地方主义法》(2011)和《国家规划政策框架》(2012)的出台,规划体系被进一步简化,大伦敦之外的8个区域的区域空间战略被正式废除,更多的规划决策权力被下放给地方和社区,形成了国家规划政策框架—地方规划和邻里规划的二级规划体系[2],仅在大伦敦都市区为国家、区域、地方三级体系,包括国家规划政策框架、地方规划、社区规划等类型。国家层面主要为中央政府制定的法规和国家规划的政策框架,对地方规划提出相关要求。区域和地方层面分为大都市区与非大都市区,以伦敦大都市区为代表,一般由大都市区规划机构制定发展规划、区域空间战略等;非大都市区规划由地方政府主导,通过地方规划、社区规划、乡村规划等对空间用途和形态进行约束[3]。

国家级规划通常以规划政策指南方式,如国家规划政策指引原则上重在总括性和指导性的引导,仅简略地从宏观战略高位尺度上作出国家规划整体愿景和目标的基本"骨骼"框架;地区规划更多是区域住宅、交通、绿带分布等的详细区域规划指南,如区域规

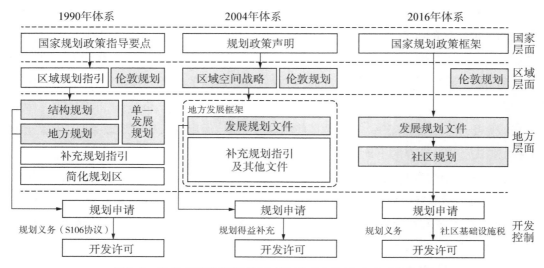

图2-1 1990年以来的英国城市规划体系变革(灰色为法定规划)

资料来源:汪越,谭纵波.英国近现代规划体系发展历程回顾及启示——基于土地开发权视角[J].
国际城市规划,2019,34(2):99.

① 张兴.英国规划管理体系特征及启示——基于规划许可制度视角[J].中国国土资源经济,2021(2):57.
② 李经纬,田莉.价值取向与制度变迁下英国规划法律体系的演进、特征和启示[J].国际城市规划,2022,37(2):99.
③ 赵勇健,国土空间管制体系的国际比较与经验借鉴——以美、英、日为例[J].城乡规划,2024(2):69.

划指引；郡级规划提出便于本郡的发展框架及土地利用政策（如廉租住房、保护区设置、土地再开发利用等）；区（地方）级规划是基础，并具有指令性作用。区（地方）级规划是详细发展和实施性的计划，重在根据郡级规划制订定制化的具体发展指标和规划政策。区（地方）级规划时限为5年，郡级规划时限为10年，国家和地区规划时限为20年。根据经济社会发展需要，地方政府可在一定时间内编制新规划或修订原有规划，对原有规划至少每5年检查或修订一次[①]。

（2）城市更新相关规划政策安排

有关城市更新方面的规划及管理，英国主要通过国家主导的城市更新支持项目，在全国范围内确定城市更新区域，使地方规划当局在更新区域内的规划许可决策受到城市更新支持项目具体要求的约束。典型政策如20世纪80年代的企业区（Enterprise Zone）政策、城市发展公司（Urban Development Corproation），20世纪90年代的城市挑战计划（City Challenge）和单一更新预算（Single Regeneration Budget）。2020年，《未来规划》白皮书提出将城市空间分为三大类：增长区、更新区和保护区，并对地方政府在这三类区域中的规划许可开发权作出区分[②]。

一是城市挑战计划（City Challenge）。1991年，英国政府出台城市挑战计划，将城市更新的内涵从单纯的经济、物质更新向经济、社会和环境的综合更新转变。该政策将社区参与纳入到城市更新中，并通过竞标的方式分配城市更新资金。竞标的主体必须是由公—私—社区三者构成的合作伙伴组织，以此来撬动私人投入的杠杆，从而激发地区经济增长，扩大社会服务范围，提高社区居民生活质量。城市挑战计划共进行了两轮竞标。每年中标项目都可获得英国政府750万英镑的资助。在投标前期，按照相关政策的要求，竞标主体需要与地方建立合作伙伴关系，并共同开展公众咨询，制定行动计划及城市更新的目标、战略和具体项目，做好每年的经费预算与成果预估，竞标成功后通过改善城市街道风貌、公共服务设施等物质环境，提高当地的生活品质，并吸引来新生企业在城市更新地区萌芽、发展，为当地提供更多的就业岗位。城市挑战计划作为首次提出公—私—社区三方合作和综合更新的重要政策，在英国城市更新历程中起到里程碑式的作用[③]。

二是单一更新预算（Single Regeneration Budget，简称SRB）。单一更新预算于1994年4月出台，是继城市挑战计划后继续推行以竞标方式分配更新资金资源的政策。中央政府把原先5个中央政府部门实施的近20个计划项目整合到了一起，统一归环境事务部管理（DOE）。在基金的分配和运行上，SRB继承了城市挑战计划强调公—私—社区的合

① 张兴.英国规划管理体系特征及启示——基于规划许可制度视角[J].中国国土资源经济,2021(2):58.
② 陈雪莹,段杰.英国混合用途城市更新的制度支持与实践策略[J].国际城市规划,2024,39(2):76.
③ 严雅琦,田莉.1990年代以来英国的城市更新实施政策演进及其对我国的启示[J].上海城市规划,2016,(05):55,56,57.

作伙伴关系的理念,并沿用竞标的形式资助地方城市更新项目。SRB在更新目标上进行了细化,明确了7个方面的内容:①改善当地的就业前景,提高当地居民的受教育水平,强化其职业技能,并促进机会的平等;②增强地方经济竞争力,支持地方行业发展;③保护环境,完善基础设施,提高设计水平;④维护并改善住区环境,提高管理水平,提供多样化的住房选择,优化住房条件;⑤关注少数族裔的利益;⑥打击犯罪,维护社会安全;⑦提高生活品质,促进医疗、文化和体育事业的发展。SRB更加关注社区能力建设,要求项目实施主体需明确社区如何参与到城市更新计划的制定和实施过程中。前后六轮的SRB基金共计资助了1 000多个更新计划,在SRB资助的地方,当地居民的收入和就业率均有提升,居民对社区的满意度也有所提升,社区安全感也得到了较大范围的提升。

三是社区新政计划(New Deal for Communities)。1998年,英国政府提出了社区新政计划,并于2001年正式出台《社区新政计划》,政策设计转向"通盘考虑""跨领域合作"和"以市民为中心的服务"等重点领域。该计划尝试通过向以社区为基础的合作组织分配资金,来缩短最贫困街区和其他地区间的差距。社区新政致力解决的问题更加聚焦,在就业困难、犯罪率升高、环境恶化、社区管理低效和公共服务缺位等方面制定了更具针对性的更新政策。社区新政延续了以合作伙伴组织为主体的竞标方式,但在更新区域范围和项目数量上大大减少,资金更集中、投资力度更大。社区新政涉及的每个更新地区都是由中央政府基于地方贫困指数的高低程度挑选出来的。政府向选中的地区发送竞标邀请,然后由参与竞标者从政府选定的更新地区内划出更小范围作为更新对象,平均每个更新对象覆盖的家庭总户数不超过4000户,规模相比城市挑战计划、SRB等更小。社区新政在推进过程中更加强调社区参与,不仅在标书中规定当地居民要参与到更新区域的划定、更新计划的设计和更新项目的管理等各个环节中,而且政府还承诺拒绝低质量社区参与的投标计划。如果中标计划在实施阶段未能维持良好社区参与,政府会责令停止资金支持。

2.2.2 法国城市更新

1. 城市更新阶段和主要特征

法国实行双重管理的地方行政管理体系(代表国家整体利益的地方政府和代表地方居民利益的由居民直选的"地方集体"共同管理地方事务)在欧洲引人瞩目。因此,法国的城市更新历程和政策重点与其他国家有所不同。

(1)二战后至20世纪60年代:城市更新以大规模的开发和修建为主

二战后,法国政府采取了积极的城市化政策,对城市开发进行直接和广泛的干预。1950年颁布的法律提出实施房屋建设的财政资助制度以应对战后住房短缺问题,同年设立法国城市发展基金。1953年颁布允许征用土地开发住宅及工业区的《地产法》,这些举措都促进了住宅的开发建设。1954年,法国实施疏散政策,通过将部分工业迁出的措施控制巴黎地区的进一步扩张,严格控制了巴黎、马赛、里昂三个地区以及法国东部和北部工业区人口和工业的集中程度。1957年有关房屋建设的法律和1958年颁布的两项对"修建性城市规划"进行法律解释的法令,确定了"优先城市化地区"和"城市更新"这两个修建性城市规划制度的法律地位。

（2）20世纪60—70年代:城市更新强化旧城区的保护和新城建设

20世纪60年代,法国城市更新政策开始强调保护旧城区和建设新城。如1960年颁布的《分区保护法》和1967年颁布的《保护历史地区法》都强调了对特定历史文化区域的保护。作为对优先城市化地区和城市更新政策的重要补充,1962年颁布的《马尔罗法》对老城区的房屋修缮做出了相应的规定,允许将内城作为历史文化遗产加以保护。1965年制定的巴黎大区整治和城市规划指导方案,明确了法国新城建设的政策。1967年的《土地指导法》提出在多元利益主体共同协商原则基础上,设立协议开发区制度,以取代原有的优先城市化地区和城市更新制度。1967年以后,政府开始注重城市管理与城市发展两者之间的关系,优化城市基础设施和交通系统,城市规划法规体系逐渐从重视城市规模向重视城市发展质量转变。

表2-2　法国城市更新相关立法一览表

1944—1954年战后重建时期	《地产法》(1953年)	《地产法》的颁布方便了公共机构对新建建筑群体的选址和布局的直接干预
1954年—1967年工业化和城市化快速发展时期	《城市规划和住宅法典》(1954年)、《分区保护法》(1960年)、《马尔罗法》(1962年)、《保护历史地区法》(1967年)、《土地指导法》(1967年)	城市基础设施建设和有计划地开发建设是这一时期城市更新的重点,《土地指导法》的颁布成为国家政府尝试与地方集体合作的转折点
1967—1982年国家计划性规划时期	《布歇法》(1970年)、《城市规划法典》(1972年)、《建筑与住宅法典》(1972年)、《行政区改革法》(1972年)、《土地改革法》(1975年)、《自然保护法》(1976年)、《权力下放法》(1982年)	20世纪70年代是法国城市化管理的关键时期,国家结束了大规模建设时期并开始检讨和思考得失,《权力下放法》的颁布为这一时期画下了句号
1982—1999年权力下放和社会住宅政策时期	《城市指导法》(1991年)、城市规划行动(1993年)、《规划整治与国土开发指导法》(1995年)	环境方面的价值取向得以强化,"市镇群共同体"的建立使城市发展突破原有行政限制,促进了国家—地方的团结和整合
2000年至今整合各种公共政策,推广新型城市发展更新模式时期	《社会团结与城市更新法》(2000年)	《社会团结与城市更新法》的颁布标志法国城市规划法制建设迈入新阶段

资料来源:阳建强.西欧城市更新[M].南京:东南大学出版社,2012.

（3）20世纪70年代以后：城市更新更加注重社会问题的解决

20世纪70年代中期以后，经济危机导致社会危机，改善现有城市生活环境成为城市新建、扩建之外一种必然的选择。1977年，国家设立城市规划基金，专门用于历史文化传统街区改造。1991年法国通过的《城市指导法》关注居民的生活质量和城市的服务水平、公平参与城市管理等方面。1991年通过《城市发展方针法》，1995年又颁布《国家领土发展规划法》。这一系列法律法规的制定，为保障城市更新资金来源、完善基础设施配套与服务设施、建设公共空间和复兴困难城市街区提供了重要支撑。

1995年和1996年颁布有关住宅发展和重新推动城市发展的多项法律文件，鼓励住宅发展的多样化，扭转社会住宅不断集中的趋势，避免居住空间的分化。2000年颁布的《社会团结与城市更新法》强调未来的城市政策致力于推动城市更新、协调发展以及社会团结。其中，城市更新是指集约利用土地、能源等资源，让衰败的城市和区域重新充满活力，提高社会混合特性为特点的新型城市发展模式；所谓社会团结是指通过对社会住宅的强制性规定，促进城市化密集区、街区、市镇等不同地域的多样化发展，避免社会分化现象。

2. 城市更新规划制度体系建设

（1）法国城市规划基本制度

法国作为一个长期实行中央集权的国家，其规划体系与欧洲各国存在较大差异。法国的国土空间规划权力根据规划事务属性和规模不同，分布于中央政府和大区、省、市镇三级地方政府，这三级地方政府空间上互相嵌套而互不干涉，决策相对独立[①]。

法国现行规划体系包括4个层级：国家层面制定出台战略指导性规划文件《公共服务发展纲要》和《国家—大区规划协议》，前者通过部门导则的方式对不同领域的公共服务和基础设施建设提供引导，后者是指大区作为一级自治单位可以与国家签订合作协议，针对其优先发展战略确定合作项目及其财政支持手段。大区层面分别制定《大区国土规划与发展纲要》和《国土规划指令》，前者是针对大区的综合性国土空间规划，主要对象包括重点设施、生态保护、经济项目等的空间布局，以及衰败地区复兴和跨区域协调发展等；而后者则是对特殊地区的开发控制性文件。大区以下是市镇群共同体。市镇共同体由多个市镇组成，编制《国土协调纲要》，制定市镇发展目标并保持不同功能区的平衡发展。在最基层即市镇层面，不同规模的市镇制定地方城市规划和市镇地图，用于策划和指导地方发展、制定规划落地实施方案并确定相应的土地利用指标。

截至2021年，全法共有约3.5万个市镇，平均面积约14.88平方公里，超过53%的市

① 范冬阳，李雯骐.地方治理目标的呈现与实现——法国市镇联合体空间规划的传导与实施[J].国际城市规划，2022，37（5）：37.

镇人口不足500人，超过72%的市镇人口少于1 000人。由于市镇的空间尺度和人口规模普遍太小，而当代空间发展的现实越来越复杂，涉及的空间范围越来越大，若以市镇为规划单元容易形成规划层面国土的碎片化，因此催生了市镇联合体的出现。市镇联合体由若干想要共同编制规划的市镇政府横向联合，得到中央政府认可后获得法律地位，通过建构共同的决议和执行机构来实现联合体范围内的公共职能[①]。

由市镇联合体编制空间规划是法国目前最广泛的国土空间治理形式，主要包括地方城市规划和市镇地图，在全部核心规划中，这两者具有最强的法律效应和实施性。2000年法国颁布了《社会团结与城市更新法》，在此前规划工具的基础上，将地方城市规划和市镇地图确立为新的规划工具并规定了其编制方式与内容。市镇地图则是较小的市镇在缺乏资源或没有必要编制地方城市规划时的选择，用于进行建设管控，多为乡村地区的市镇所用。相较地方城市规划，市镇地图的规划内容更加简化，核心是划定允许建设和不允许建设的区域，为颁发建设许可提供法律依据[②]。

法国1982年的《地方分权法》赋予地方市镇编制土地利用规划的权力。一般市镇的地方发展规划（PLU）包含7部分内容，分别为：报告文本、区域与可持续发展规划、开发与建设策略、区划与图示、图则、附件、兼容性检查。区域和可持续发展规划，主要是从文化、社会、环境以及区域协调的角度制定可持续发展战略，对未来10-20年的重大项目进行部署。图则主要用于空间精细化管控。无论土地所有者是个人、企业还是政府，每一块用地都必须严格遵守14项管控要求（类似于我国的控规）。

在城市更新方面，国家通过专项法（遗产保护、社会住房、环境保护等）和兼容性检查两种政策工具对地方规划进行引导和监督[③]。在专项法律方面，主要在以下方面进行引导和监督：

① 遗产保护。地方市镇一旦有街区被划定为"保护区"，由于其公共属性（文化遗产价值），该街区的规划编制权力即由中央政府接管，由文化部代表国家行使管理权，编制保护与更新规划。

② 社会住宅。《社会团结与城市更新法》第11和第55条款规定：从2002年1月1日以后的20年中，巴黎大区内1 500人以上的市镇，以及其他50 000人以上的聚居区中人口超3 500人的市镇，社会住宅在住宅总量中的比例必须达到20%。《城市规划法典》进一步

① 范冬阳,李雯骐.地方治理目标的呈现与实现——法国市镇联合体空间规划的传导与实施[J].国际城市规划,2022,37(5): 37.
② 范冬阳,李雯骐.地方治理目标的呈现与实现——法国市镇联合体空间规划的传导与实施[J].国际城市规划,2022,37(5): 38,39,40.
③ 杨辰,周嘉宜,范利,等.央地关系视角下法国城市更新理念的演变和实施路径[J].上海规划资源,2022(6): 100.

规定：地方政府在编制的PLU中，应在社会住宅建设地区划定社会混合区，以避免社会住宅建设过度集中。这些强制性的法律要求市镇在地方规划，特别是在区域和可持续发展规划中，应对辖区内社会住宅的建设量和分布情况做出详细规定。近期不具备建设条件的市镇，也要通过划定排他性的"保留地"为远期的社会住宅建设预留空间。

③ 环境保护。法国2010年正式颁布《国家环境义务法》，包含6大板块（建筑与城市规划、交通、能源—气候、生物多样性、健康—环境、治理），268项法条（即国家义务）[①]。《国家环境义务法》首先要求在区域和可持续发展规划中制定"节约土地，控制城镇无序扩张"的可持续发展目标，"对自然、农业和森林用地的消耗分析"，并证明"土地消耗计划与经济发展和人口变动之间的必要关联"。此外，该法从节约能耗的角度，可以对PLU图则部分中的关键指标——开发建设密度给予引导：如对公交站点周边开发地区设定最低建筑密度控制；在城市化地区，对于达到能耗性能高标准的建筑或提供生产可再生或回收能源设备的建筑，可以通过市镇议会或跨市镇公共机构的审议决定，给予不超过20%的容积率奖励等[②]。

在确保上位法的传导与相关规划的协调即兼容性检查方面，法国也建立了较为完善的体系和规则。PLU的编制主体是地方市镇，但必须受到纵向（中央、大区、省）的上位规划指导以及横向（各专项规划）的约束，任何市镇的PLU都不得与上位法或相关规划存在抵触情况。比如，城市更新必须符合国家层面的《城市规划法典》《马尔罗法》《社会团结与城市更新法》《蓝绿网规划》《能源的公共服务规划》等针对文化遗产保护、社会团结、环境保护等法律，以及区域层面的《水资源管理和治理指导规划》《大区自然公园宪章》《大区气候、空气和能源规划》等。这是法国城市更新中中央政府对地方政府实施"合法性监督"的重要手段，即：将开发权下放的同时，中央政府通过"文化遗产、社会团结、环境保护、区域协调"等公共议题积极介入地方城市规划，对地方政府为追求利益最大化而损害国家利益的行为进行监督[③]。

（2）协议开发区（ZAC）制度

巴黎的大规模城市更新始于20世纪中叶的战后重建及其后的快速城市化进程，在此进程中颁布了一系列法律以赋予公共机构直接干预城市更新的能力，例如征地权和规划管理权，并设置了与之配套的"修建性（实施性）城市规划"，包括"优先城市化地区"和

---

① 杨辰,周嘉宜,范利,等.央地关系视角下法国城市更新理念的演变和实施路径[J].上海规划资源,2022(6): 99.

② 杨辰,周嘉宜,范利,等.央地关系视角下法国城市更新理念的演变和实施路径[J].上海规划资源,2022(6): 100.

③ 杨辰,周嘉宜,范利,等.央地关系视角下法国城市更新理念的演变和实施路径[J].上海规划资源,2022(6): 101.

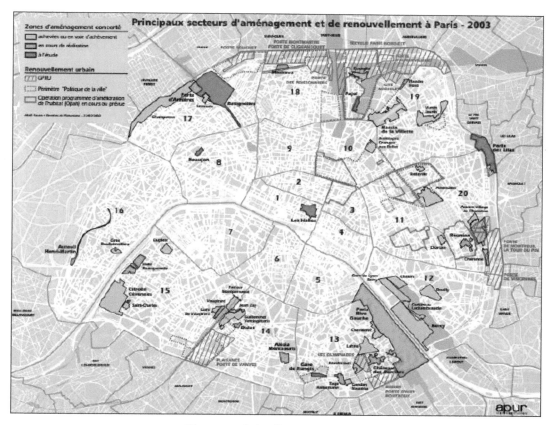

图2-2 巴黎市区协议开发区分布图

（灰色为已完成，橙色为进行中，红色为研究中，截至2003年）

资料来源：周显坤，城市更新区规划制度之研究［D］.北京：清华大学，2017：192.

"城市更新"两个制度，此后这一类的法规制度也不断改进。

协议开发区制度的建立，则来源于20世纪60年代末的一次城市更新政策重大调整。伴随法国社会的民主化进程，居民、企业等利益相关方都希望能在城市更新项目中拥有更大的权力。1967年的《土地指导法》提出在多元利益主体共同协商原则基础上，设立协议开发区（ZAC）制度，以取代原有的优先城市化地区和城市更新制度[①]。协议开发区必须是由公共主体（国家、地方政府、公共机构）主导，强调多方参与、自愿协商、协议赋权，作为修建性城市规划的主要手段，用以取代原有的两种规划制度。

自设立以来，协议开发区制度得到了广泛应用。至2003年，巴黎市及所在的法兰西岛大区已创建了近800个协议开发区。各种协议开发区的规模和内容是非常不同的，并不全都是城市更新项目。协议开发区的平均规模约0.1平方公里左右，但相互之间规模区别也较大，最大的左岸地区可以达到1.3平方公里。由于协议开发区各种协调活动需

---

① 秦虹，苏鑫.城市更新［M］.北京：中信出版社，2018：11.

要大量时间,导致建设周期较长。协议开发区的设立集中在制度初建时期,到20世纪90年代以后,新设立的协议开发区数量渐渐减少。

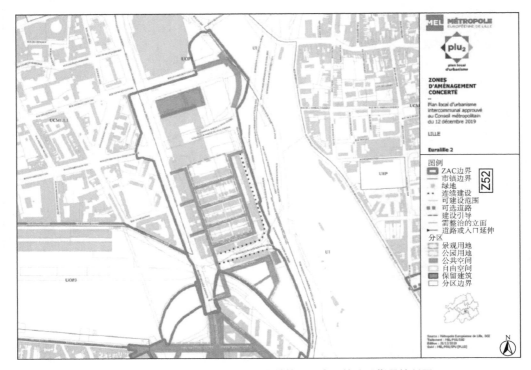

图2-3 法国里尔地方城市规划中某协议开发区的建设指导控制图
资料来源:范冬阳,李雯骐.地方治理目标的呈现与实现——法国市镇联合体空间规划的传导与实施[J].国际城市规划,2022,37(5):43.

"协议开发区"的定义直接出自法国《城市规划法典》,因此可以说该制度的法定地位与法律效力非常明确。根据法国《城市规划法典》,所谓"协议开发区"(ZAC)是指地方政府根据城市建设发展的需要,通过与相关土地所有者进行协商,在达成共识并签署协议的基础上建立的城市开发区。同时ZAC也指该规划过程本身,具有相应的"协议开发区规划"。其法定程序完成后的成果,首先是一个经议会审议通过的、拥有法律地位的议案,相关的规划文件只是其中的组件之一。协议开发区规划是法国进行城市综合开发,引入中央政府、地方政府、公共机构、企业等多主体参与城市更新的法定管控工具。协议开发区划定后,相关市镇会根据ZAC城市设计方案,修订本地的地方规划或划出特殊区域单独编制;编制内容公布后,经过多方商议的管控内容也会附加到建设项目的土地买卖合同中①。

---

① 杨辰,周嘉宜,范利,等.央地关系视角下法国城市更新理念的演变和实施路径[J].上海规划资源,2022(6):102.

协议开发区制度与城市更新的关系是高度重合的。法律规定的协议开发区的目的是"开发或改进已建设或未建设的土地,特别是用于建造住宅、商业、工业、服务业建筑及公共设施,不论公有或者私营。因而,协议开发区很可能关注对既有建设的保留,扩建或修缮"。因此,虽然除了已建成区,协议开发区还可以用于其他情形,例如"被规划成城市化地区的未建成区",并且可不受行政边界的约束,但是对已建成区的城市更新是其主要应用的方向。在没有编制地方发展规划的地区,协议开发区只能编制于城市化地区。这一原则可以被称为"仅限于城市地区"。2000年12月颁布的《城市互助与更新法》从规划理念、规划法定地位、规划程序等方面,对整个规划体系进行了改革[①]。2000年的城市协作与重建法案规定,协议开发区的规划成果不再单独作为协议开发区规划(PAZ)的形式,而是纳入到地方发展规划(PLU)当中,以更好地将协议开发区集中到周围的城市发展进程中去。也就是说,法国"协议开发区规划"(PAZ)这种专门的规划类型在20世纪70年代末出现,又在2000年左右被取消了。

与城市更新区和优先城市化地区制度相比,协议开发区制度有两点显著不同。一是更加强调相关利益各方的平等协商和共同参与,从而显著削弱了各级政府,特别是中央政府在开发建设中的强制作用;二是更加重视城市土地的综合开发,不仅涉及住房——特别是社会住房——和产业项目建设,还包括城市道路、市政设施等基础设施以及学校、幼儿园、图书馆等社会服务设施的配套建设,因此带有更加显著的公益属性。由于协议开发区建设具有显著的公益属性,属于修建性详细规划,因此地方议会在颁布决议成立协议开发区的同时,也会正式颁布相关的城市规划文件,即《协议开发区总体发展计划》,明确协议开发区建设的总体目标和基本原则。在地方议会以决议方式宣布成立协议开发区之后,接受地方政府委托、承担协议开发区土地开发的公共机构即需着手组织编制协议开发区规划(PAZ),之后交予地方议会审议。经地方议会批准的协议开发区规划将被赋予地方立法的效力,成为地方政府针对协议开发区实施城市规划管理的依据,并为开发区内的各个建设项目提供指导[②]。协议开发区规划既要针对开发区的整体发展提供宏观的战略指导,又要针对开发区的每个地块提出具体的建设要求。以巴黎为例,协议开发区的规划编制大致划分为以下三个阶段:宏观层面的总体发展计划设计、中观层面的空间规划设计、微观层面的项目方案设计,不同阶段的规划设计存在着逐步深化的关系[③]。

① 冯萱.1999年—2000年法国城市规划改革及其启示[J].规划师,2012(5):112.
② 刘健.注重整体协调的城市更新改造:法国协议开发区制度在巴黎的实践[J].国际城市规划,2013,28(6):61.
③ 刘健.注重整体协调的城市更新改造:法国协议开发区制度在巴黎的实践[J].国际城市规划,2013,28(6):61-62.

（3）协议开发区规划基本内容

法国法律中没有对协议开发区相关规划的内容做出非常严格的规定，仅指出了必备的三个方面和四个要件。三个方面为实施协议开发区所需要的技术、执行与经济内容。四个要件为公共设施方案、在区域内的总体建设方案、预期经济方案（包括时间表）、环境影响评估。

就以PLU形式表达的协议开发区规划而言，可以视为在规范性规划中划定了一片特殊的详细管制区域。类似于我国广东的"三旧改造单元控制性详细规划"，用规范性规划的效力，承载建设性规划的较为详细的内容。除了包括一般PLU编制深度的公共空间的位置和特征、重大设施的位置、公共利益设施和绿色空间等内容外，还可以包括达到建设性规划深度的确定每个区块中允许建造的建筑的用途和建筑面积，以及区域内的城市规划、建筑设计和技术应用要求等内容，管制事项多于一般PLU。

就传统的协议开发区规划的内容而言，其编制内容非常庞杂，并且跨越不同空间层次，从片区战略层次到具体建筑层次都有涉及。不同层次的设计任务被分解到一个个分阶段的、逐步分解、深化落实的规划设计流程中，由不同规划设计主体分别完成。其中成熟的制度化的相互协调机制是非常值得借鉴的，既可确保宏观层面的目标和原则能够贯穿规划设计的全过程，又可确保不同阶段的规划设计能够形成统一整体。

以巴黎为例，协议开发区的规划编制大致划分为三个阶段：

宏观层面的总体发展计划：从城市整体角度确定协议开发区的总体目标和基本原则，包括功能定位、土地区划、用地布局以及高度分区等重要的规划控制指标，通常由巴黎市规划院承担。

中观层面的空间规划设计：分别针对协议开发区的用地和空间进行结构布局、地块细分和空间设计，对私人地块提出相应的设计任务书和规划控制指标，由政府或公共机构委托的"协调建筑师"承担。而其中的景观、道路和开放空间部分则由市政府指定的景观建筑师完成。

微观层面的项目方案设计：根据任务书，制定开发项目的建筑方案，一般由私人业主委托的项目建筑师承担。

2.2.3 德国城市更新

1. 城市更新阶段和主要特征

德国的城市更新政策与英国有一定的相似之处，起初亦是关注战后重建问题，特别是对住房问题给予了高度关注。之后随着城市的发展，逐步转向城市更新和治理方面，制定了多项综合政策。在两德合并之后，又完善了相关城市更新政策。

表2-3　德国城市更新相关立法一览表

发展阶段	名称及颁布年份	备注
20世纪50年代战后重建时期	《联邦住宅建设法》(1950年)	《联邦住宅建设法》的颁布使战后的住房短缺问题迅速得到缓解
20世纪60年代城市恢复、新城建设时期	《联邦建设法》(1960年) 《联邦建设(修正)法》(1967年)	《联邦建设法》是联邦德国成立后的第一部全国性的城市规划法。这一时期的城市建设以战后恢复新建为主,被称为"全面改造时期"
20世纪70年代城市更新时期	《城市更新和开发法》(1971年) 《城市建设促进法》(1971年) 《特别城市更新法》(1971年) 《文物保护法》(1972年) 《联邦建设法补充条例》(1976年) 《自然保护法》(1976年) 《住宅改善法》(1977年)	《城市建设促进法》和《文物保护法》的颁布表明城市的发展重点已经由战后新建、重建转移到城市改造改建、内城更新和对城市问题的治理上
20世纪80年代城市改建时期	《城市建设促进法补充条例》(1984年) 《建设法典》(1987年)	《建设法典》奠定了德国城市规划的基本法律框架。这一时期的城市建设以旧房改造为主,被称为"生态改造"时期
20世纪90年代至今两德统一后的城市更新建设时期	《过渡时期条例》(1990年) 《减轻投资负担和住宅建设用地法》(1993年)	两德统一后,由于民主德国的特殊条件,德国立法机构以原联邦德国的法律为基础制定了过渡时期条例,以有利于整个德国的和谐有序发展

资料来源:阳建强.西欧城市更新[M].南京:东南大学出版社,2012.

（1）20世纪50—60年代：城市更新以拆除重建为主

1945年,联邦德国成立以后,将战后重建工作集中于市中心的老街区,住宅建设是城市发展政策的主要出发点。1950年颁布的《联邦住宅建设法》将住宅建设作为全国的一项公共任务,规定各地都必须把住宅建设作为优先任务。1956年,政府提出旨在"整修返新旧区(即更新历史性市镇中心)的适当措施"的设想。很多城市主要以大拆大建的方式进行旧城改造,原有街区被大型现代化住区取代,大量原居民被安置在远郊的大型公共住房内。如此快速激进和粗暴的城市再开发模式遭到居民的抗议,也遭到众多德国学者的批评,如"城市再开发导致了城市文化特色的丧失",城市空间的"单调化和不人性化"被认为是继二战之后"对德国的第二次破坏"[①]。

（2）20世纪70—80年代：城市更新开始注重传统城市空间和城市文脉的延续与保护

① 谭肖红,乌尔·阿特克,易鑫.1960—2019年德国城市更新的制度设计和实践策略[J].国际城市规划,2022(1):41-42.

20世纪70年代中期以后,保留和维修城市历史街区、传承历史文化越来越得到重视。与此同时,由居民、住宅、邻里环境共同组成的社区单元成为旧城改造的重点,城市更新开始转向保留原有城市结构、维护和更新旧有住宅、重新恢复市中心活力等方面。1971年颁布的《城市更新和开发法》强调旧城区改造更新的综合性目标,包括建筑环境、旧城建筑、公用设施等方面的更新改造。同年颁布的《城市建设促进法》制定了特殊的规划和财政资助条款,并要求土地所有者补偿原居民由于旧城改造导致地价上涨而获得的收益。1976年为了保护并更新现有城市空间结构,政府又颁布了《联邦建设法补充条例》,扩大了地方政府对规划用地的预购权,同时也试图将公众引入规划制定的法定程序。1977年的《住宅改善法》提出了旧城改造的相关措施,以改善区域环境和单体建设住宅,包括完善破旧住宅、绿地、停车场等公共设施。这一法规根据城市更新的规模、财政筹措的资金以及可能提供的贷款等情况,给予税收优惠,以适当的财政补贴或者贷款来支付部分更新改造中私人修缮住宅的费用。

随着德国城市用地向外扩张的趋势得到控制,城市的改建和更新又逐渐成为城市建设的主要内容。更新内容开始针对具体建筑的保护更新,包括尽可能地保持原有建筑风貌、在基础设施和环境改造上予以改善等。谨慎更新措施在1984年的《城市建设促进法补充条例》也有所体现,同时该条例还简化了旧城改造的法律程序。于是,德国政府逐步减少了住房更新的公共财政资助,通过政策激励来促进私人资本投入旧建筑的改造与翻新。1976年颁布的《住房现代化改造法》为此提供了法律支持。1987年颁布的《建设法》在《联邦建设法》和《城市建设促进法》的基础上又有了新的发展,新增了城市生态、环境保护、重新利用废弃用地、旧房更新等内容。在这一阶段,对城市中心的再开发在许多地方同时进行,虽然各地手段和开发重点各不相同,但都比较重视老城的保护和传统城市中心活力的恢复。

汉堡市是德国第二大城市,作为重要港口,长期以来以传统工业和与进出口相关的服务业为主。20世纪70年代以来,由于产业结构过于依赖传统工业产业,汉堡及其附近区域日益陷入了衰退状态,人口出现大量外流,很多临港产业也呈现萎缩趋势。在城市更新中,汉堡仍最大限度地保留了港口产业,并未盲目地"去重工业化",而是通过种种更新措施来推动与港口相关的服务业发展。经过更新改造,汉堡的产业结构已从原来以造船、航运等劳动密集型为主转变成以高科技、信息产业和现代服务业为主。在这个过程中,港区内被废弃的居住、商务等功能再度显现出繁荣景象,充满活力的城市面貌日渐丰满。可以说,汉堡老旧工业区更新的最成功之处,就是把城市存量资源的更新改造和产业升级密切结合了起来。

(3)1980—1990年:公众参与导向的谨慎更新试验和更新治理转型

20世纪80年代,德国城市更新的方式和价值观逐渐产生了较大的变化,旧城更新从大拆大建转变为谨慎更新①。20世纪80年代柏林地区国际建筑展（IBA）的成功实践使得谨慎更新作为新的城市更新策略和模式受到了社会各界的关注，扭转了当时城市更新和城市建设的主流价值观，其主要特点是大量自下而上的公众参与和沟通式决策。在《城市建设资助法》的支持下，原西德其他地区在20世纪70—80年代也开展了广泛的城市更新实践。针对城市再开发和旧城改造中遇到的一系列问题，包括私人土地征收、土地增值以后的利益分配，以及如何利用土地增值的部分重新投入建设当地公共基础设施等，联邦德国于1984年对《城市建设资助法》进行了修订，简化了城市更新程序，加强了城市更新利益相关者的参与。为了便于住房更新的开展，1987年《城市建设资助法》和《住房现代化法》被整合并纳入《建设法典》②。

（4）1991—1998年：德国统一后的谨慎更新推广和稳定期

1990年，两德统一后，德国立法机构颁布了《过渡时期条例》，以有利于过渡时期的城市建设和改造的有序发展。德国从1991年开始建立针对原东德地区历史街区的城市遗产保护（包括街道和广场等公共空间）资助项目，通过政府投资来促进历史建筑的修缮和改造。1993—1998年间，接近90%的资金投向了原东德地区。原西柏林的谨慎更新策略和经验也在城市的更大范围内进行了推广和应用。

由于考虑到德国统一后的发展需求和特点，1990—1998年间，德国城市更新的相关法律条例进行了多次调整和特殊条例的补充。为了促进原东德的开发建设，满足其住房需求，德国于1993年进行了关于投资便利化和住房土地法的调整，减少了房屋征收的各种障碍，并且简化了住房建设许可的程序。原西德地区的"建造规划"编制程序无法适应东部地区开发项目的需求，为此，德国提出了面向具体开发项目的建造规划，使得规划调控的刚性有所下降，且规划周期相对更短。此外，1998年城市发展资金以独立章节（第164章）的形式成为《建设法典》的重要部分，标志着城市更新策略和资金工具的统一，为城市更新工作的推进提供了有力的依据③。

（5）1999年以来：新挑战下的谨慎更新调整期

随着外来移民和难民的迁入，一些移民集聚社区成为高失业率和治安问题突出的"污名化"街区，城市贫困问题日益突出。这些街区即使通过传统的空间提升和更新策略也无法遏制其社会问题的加剧。在这样的挑战下，德国政府开始更多地寻求社会问题干

① 谭肖红,乌尔·阿特克,易鑫.1960—2019年德国城市更新的制度设计和实践策略[J].国际城市规划,2022(1):42.
② 谭肖红,乌尔·阿特克,易鑫.1960—2019年德国城市更新的制度设计和实践策略[J].国际城市规划,2022(1):43.
③ 谭肖红,乌尔·阿特克,易鑫.1960—2019年德国城市更新的制度设计和实践策略[J].国际城市规划,2022(1):40-52(43-44).

预视角下的城市更新路径和策略。例如,柏林政府从1996年开始建立了城市发展的社会监测机制,每年对柏林各个社区的就业、教育、社会救济等情况进行定期的系统性监测。从1999年开始,德国正式启动名为"社会城市"的综合性城市更新项目,探索把城市空间、经济、社会和文化等多维度策略综合起来的社区干预方法和城市更新路径,通过社区参与和沟通式规划来促进社区的稳定化和可持续健康发展。社会城市项目框架下的更新方式和主体参与具有了更多的灵活性和可能性。

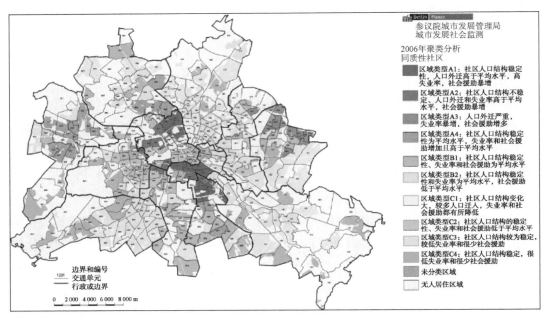

图2-4　柏林的年度社会监测
资料来源:谭肖红,乌尔·阿特克,易鑫. 1960—2019年德国城市更新的制度设计和实践策略[J].
国际城市规划,2022(1): 44.

随着更新治理的转型和深化,这个阶段城市更新在公共资金和更新规划方面出现很多新的特点。例如合作性更新基金有效支持了公众参与的广泛展开;整合性城市发展构想作为新型的沟通协作式规划工具被正式纳入法律文本,并成为社区更新规划制定和决策的主要工具。1990年统一以来,德国通过城市发展资金对全国800多个城市的城市更新项目进行了资助。2004年《建设法典》里增加了有关城市改建和社会城市的特定条例。

2019年,德国对城市更新项目体系进行了重大调整,已有的六个城市更新资助项目被简化为三个,分别是:生活中心—城镇和市中心的保护和发展,社会凝聚力—共同塑造社区共存,增长与可持续更新—设计宜居社区。2020年以后,德国城市更新进入了新的发展阶段,面临着更多新的挑战。例如随着电商的盛行,传统商业街区面临着生存的现实挑战;面对气候变化挑战,亟须开展绿色城市更新;等等。

2. 城市更新规划制度建设

（1）城市规划基本制度体系

第二次世界大战结束后，德国逐步形成联邦、州、地区及地方四级规划体系。1950年联邦德国通过《联邦德国国土规划法》，国土空间规划进程稳步加快；1960年通过《联邦建设法》成为德国城市规划立法的重要里程碑；1965年通过《联邦空间规划法》与《空间秩序法》，其中《联邦空间规划法》规定了德国空间规划的任务、基本原则、概念、条件约束作用以及各个联邦州如何制定空间规划法律、空间规划方法以及需要协调的内容[1]。

联邦空间规划作为联邦德国整个国土空间战略性、方向性、总领性的框架设计，通过制定出全国性的空间发展战略，以协调部门间的专业规划及各州间的空间规划；州空间规划，一方面协调州内各地方的发展衔接和任务分工，另一方面规定州内各区域的发展方向和任务，且对地区规划具有重要的指导与制约作用；地区规划是州空间规划的延伸，主要拟定各区域空间协调发展目标，协调各城镇发展方向与任务；地方规划亦称城镇规划，包括土地利用总体规划和控制性详细规划，其主要任务是将联邦、州、区域规划制定的规划目标具体化[2]。

（2）城市更新有关规划政策体系

德国城市更新的法律基础主要是《建设法典》中的《城市建设特别法》。按照《建设法典》的要求，在开展全方位的城市更新之前，应进行前期调研。在此基础上，明确城市更新的具体区域和相应的目标。城镇在拆除、新建建筑物或更改建筑物用途方面具有许可保留权，以实现更新的目标。具体来讲，城镇首先按照《建设法典》的规定实施整治性措施，包括搬迁、土地管理、土地征用、土地清理及制定开发措施等，其次是建设性措施，包括维修、新建项目、企业搬迁等，最后则为更新措施。

在德国通过规划范式转型积极推动内向式更新发展的过程中，框架性更新规划作为规划工具，发挥了重要作用。在德国，对于需要综合更新的城市中心区，需要编制非法定的框架性更新规划（类似于国内的更新单元规划指引）对上承接市镇规划土地利用规划，对下指导建造规划以辅助进行城市规划管理，指导从土地利用规划到建造规划的传导。尺度方面，土地利用规划的编制对象是市镇全域，常用工作比例为1∶10 000到1∶50 000；而建造规划面向实际建设，编制对象大至街区，小至街坊或单个地块，常用工作比例为1∶500；框架性更新规划的工作尺度介于两者之间，常用工作比例从1∶1 000

---

① 林锦屏，张豪，冯佳佳，等.德国国土空间规划发展脉络与贡献［J］.云南大学学报（自然科学版），2022，44（5）：958.

② 林锦屏，张豪，冯佳佳，等.德国国土空间规划发展脉络与贡献［J］.云南大学学报（自然科学版），2022，44（5）：960.

到1∶5 000不等。内容方面，土地利用规划通过土地利用分类，对城市进行功能布局，保障重大基础设施和公共服务设施，为微观层面建造规划编制提供依据。建造规划主要通过精细化的建筑形态和开放空间管控约束建设行为。框架性更新规划则是从抽象二维规划到三维空间设计的重要转换，用于确立设计区域的实体—空间形态框架，主要包括对封闭和开放的空间界面，须保护的历史建筑、标志性和纪念性强的建筑或构筑物，以及对城市形态有影响的绿化空间等要素的安排。它上承土地利用分类，通过城市设计确立地区空间结构和街坊类型，综合解决功能、交通、市政、绿化和各类配套设施等问题，下接具体地块的建筑形态和开放空间设计方案，指导建设实施①。

框架性更新规划在基础研究的基础上，明确片区目标愿景，进行系统优化与协调，通常包含城市和建筑形态、功能结构、交通、开放和绿化空间等4大系统。主要以城市形态和公共空间为载体进行整合协调，以此保证发展目标与愿景得以达成。对既有系统进行优化是框架性更新规划的工作重点。接着是深化设计，框架性更新规划强调对重要节点进行研究性设计，可以下探至街区和街坊层面，详细讨论建设容量、开放空间和建筑形态等问题。最后是提出规划实施措施。基于城市设计结果提出行动措施，指导法定规划的编制或修编，并衔接具体的建设行动计划②。作为非法定规划，德国框架性更新规划确定的规划内容需要通过法定的建造规划来最终指导建设实施。政府部门可以以框架性更新规划为依据，直接对法定规划进行修编，或对公共地块举行公开竞价，对竞价结果汇总研究后编制或修编法定规划③。

针对规模较大的综合更新地区，往往难以兼顾整体层面的系统性要求与街坊、地块

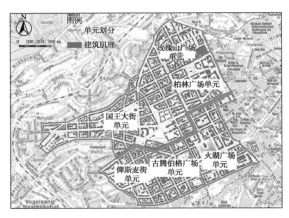

图2-5 德国斯图加特塔尔古地区分区单元划分及分区深化规划图

资料来源：李锴，张溱，金山.德国框架性更新规划对上海城市更新的启示[J].上海城市规划,2022(3):136.

① 李锴,张溱,金山.德国框架性更新规划对上海城市更新的启示[J].上海城市规划,2022(3):130.
② 李锴,张溱,金山.德国框架性更新规划对上海城市更新的启示[J].上海城市规划,2022(3):131.
③ 李锴,张溱,金山.德国框架性更新规划对上海城市更新的启示[J].上海城市规划,2022(3):136.

层面的具体更新任务。对此,德国框架性更新规划在对更新地区进行总体把控的基础上,将更新地区划分成若干单元进行分区深化,最后整合协调回更新地区完整的规划成果。例如针对约2平方公里范围的斯图加特西区塔尔古地区,在总体层面确立更新的目标和原则,提出结构性与网络性规划要求后,将其分为6个不同的分区单元,在分区层面针对各个街区的不同特征与问题分别开展研究,形成各分区单元的设计深化成果和规划要求,包括对街坊类型、街道空间、重要公共空间节点及绿化、停车等各层面更为详细的成果,最后将各单元成果进行整合,形成完整的框架性更新规划①。

①城市更新规划制定和实施的关键工具:整合性城市发展构想②

整合性城市发展构想(ISEK)作为新型的城市更新规划工具,其成果已经成为德国城市更新资助立项不可缺少的前提文件,被证实是进行城市更新规划和更新实施的有效工具。前期调研是德国城市更新的强制性法定程序,ISEK是城市更新程序中前期调研的重要任务。

根据"城市资助管理协议",ISEK成果文件是国家城市更新公共资金的重要审查依据,资金的分配和项目选择需基于ISEK成果来进行。ISEK基于社区更新需求,对实施

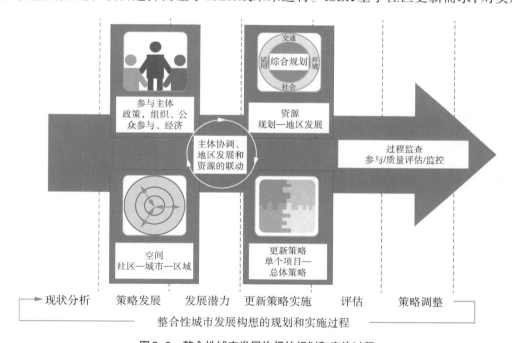

图2-6　整合性城市发展构想的规划和实施过程

资料来源:谭肖红,乌尔·阿特克,易鑫.1960—2019年德国城市更新的制度设计和实践策略[J].
国际城市规划,2022(1):46.

① 李锴,张溱,金山.德国框架性更新规划对上海城市更新的启示[J].上海城市规划,2022(3):135-136.
② 谭肖红,乌尔·阿特克,易鑫.1960—2019年德国城市更新的制度设计和实践策略[J].国际城市规划,2022(1):46-47.

策略的主次和先后进行细致研究,优先实施具有触媒效应的更新措施,通过有效的前期公共资金投入来带动后续的社会资本投入。

ISEK建立了城市更新实施评估机制,评估的内容包括社区参与情况、项目实施过程、更新目标、实施进度和效果等。此外,作为多层级城市更新决策的有效协调工具和重要规划文件,ISEK有利于不同层级规划间的协调。同时,ISEK作为一个多元主体的规划参与工具,在规划早期尽可能把相关利益主体纳入进来,避免了参与不充分引发的后期冲突。ISEK有助于根据地区的具体情况和潜在发展需求制定可实施的项目和策略方案,把更新规划、更新立项、规划实施和资金安排各环节结合起来,是全流程更新规划和实施的有效工具。

② 基于整合性城市发展构想的社区参与式规划

德国的谨慎更新和社会城市项目是德国城市更新治理转型的标志,其核心特点体现在多元主体参与机制的构建。通过公众参与的有效规划工具ISEK,赋予社区居民更新规划的参与权和决策权,力求最大限度地激活社区的能动性,使得更新规划更加符合本

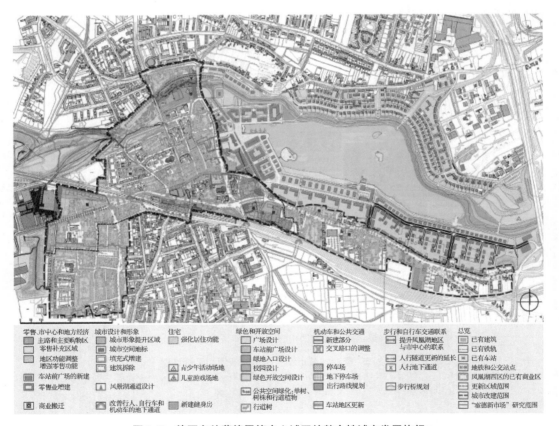

图2-7 德国多特蒙德霍德中心城区的整合性城市发展构想

资料来源:谭肖红,乌尔·阿特克,易鑫.1960—2019年德国城市更新的制度设计和实践策略[J].
国际城市规划,2022(1):47.

地社区居民的切实需求,具有现实针对性和可操作性。

2.2.4　美国城市更新

1. 城市更新阶段和主要特征

美国城市更新起源于20世纪初期城市贫民窟的清理,20世纪50年代之后,伴随着郊区化和内城衰败的两极化倾向,美国进入大规模的城市更新时期。在城市更新权限从联邦下放到地方的过程中,更新政策工具随着更新思潮的变化和公私部门在更新事务中的角色变化而变化[①]。美国城市更新之路历经百年,大致可以划分为三个阶段。

(1) 19世纪末至20世纪30年代初:以卫生环境改善为主导的城市美化运动

第一阶段:美国的快速城市化始于19世纪40年代。伴随人口在城市的大规模集中,城市不可避免地出现了诸如住房拥挤、卫生条件恶劣、失业率上升、贫困严重、犯罪率上升、公共基础设施不足等问题。由于城市人口的迅速增加和住宅的极度紧缺,一些城市兴起了一种简陋廉价的经济公寓。这种经济公寓空间狭小、通气性差、光线黯淡,甚至终年不见阳光,没有独立的厨房和卫生间。随着时间推移,这些经济公寓的所在地区逐步沦落为贫民窟。在1907—1917年,美国有50个大城市都提出了城市规划方案,"规则秩序唯美"成为当时城市改建的主要指导思想,纷纷强调改善城市卫生环境和美化城市,其目的是希望通过提高底层社区的居民生活水平和社会文化水平来改造贫民窟。在这一阶段,美国城市改良的对象和范围主要集中在东北部和中西部城市的贫民窟。

(2) 20世纪30年代初至70年代初:以经济振兴为目标的大规模城市更新计划

20世纪30年代,经济大萧条,城市发展陷入困境。罗斯福新政为解决城市问题,首先从住房入手,制订公共住房计划,并在1937年出台了《住宅法》。《住宅法》规定,对那些有能力买房或建房的,政府给予抵押贷款;对那些负担不起自己住房的,政府提供公共住房。后者的做法就是简单推倒贫民窟,代之以政府提供补助的公房。为配合清除贫民窟计划,政府建造了约300万户公房。在这一阶段,清理贫民窟行动所花费的大部分资金来自政府投资。1954年,国会通过一个住房法修正案《城市重建计划》,将清理贫民窟和再开发城市中心区结合起来,加强私人企业的作用、地方政府的责任和居民的参与。

20世纪60年代,民主党人林登·约翰逊入主白宫,政府试图通过城市更新来重振城市雄风、恢复城市中心功能,联邦政府调拨大量的专款用于城市重建。1966年,美国联邦政府通过《示范城市与大都市发展法案》,将一些城市的某些社区作为治理示范,并逐步推广。该项目资金由联邦政府补贴80%,地方政府补贴20%。由于政府资助力度有限,示范城市计划很难取得实质性进展。在这一阶段,美国城市更新的目标和重点还是集中

---

① 姚之浩,曾海鹰.1950年代以来美国城市更新政策工具的演化与规律特征[J].国际城市规划,2018,33(4):18.

在了中心城区的各类贫民窟,但在手段和措施上却经历了一个由单一的物质性清理开发到兼顾其社会经济复兴需要的转型过程,在总体上也未达到预期的效果。进入70年代,大规模城市更新计划中断,1971年2月,尼克松总统正式宣布结束示范城市计划[①]。

(3) 20世纪70年代至今:以人文复苏为方向的城市更新运动

这个时期,尼克松总统上台,提出新联邦主义,主张还政于民,终止了示范城市计划,取而代之的是富有人文色彩的住宅与社区开发计划,以1974年《住宅和社区发展法》的颁布为标志。该计划废除了以往的城市更新条款,设立了社区发展基金和城市发展基金,希望以提供投资和增加就业机会为主要手段,推动衰落的中心城区走向复兴。社区开发计划主要关注两大内容:一是多目标性,提供社区开发的固定津贴,使地方政府不仅限于以往城市更新的内容,还可以运用在房地产征收、公共设施建设及改善、公园休闲场地建设、邻里设施完善、街道美化、公共服务、过渡安置与各种经济发展等方面。二是强调居民的公众参与和社会精力投入,对建筑的环境进行有机更新改造,注重城市人文环境的保护等内容,具有强烈的人文色彩[②]。

2001年,纽约城市规划署制定了一份将纽约远西中城区建成集商务办公、休闲娱乐、会议展览于一体的城市新中心。哈德逊广场(Hudson Yards)作为临近曼哈顿中城区最后一块可供开发的最大片区,东接曼哈顿中城区,西邻哈德逊河。为启动哈德逊广场项目,纽约市政府专门成立了哈德逊广场基础设施公司,通过这个公司发行债券筹集资金;同时成立了哈德逊广场开发公司,负责项目的具体实施与运营。哈德逊广场基础设施公司通过发行债券获得的资金成为第一批项目启动资金,并被投入到了地铁7号线的建设和购买纽约大都会运输署铁路站场上空的开发权。哈德逊广场的后期资金的筹集途经主要是出售纽约大都会运输署铁路站场东半部的可转让开发权。政府通过与企业签订铁路站场上空开发权的99年租约实现了资金筹集。在政府主导下,哈德逊广场城市更新项目于2012年开工,预计竣工时间为2025年。哈德逊广场更新项目是政府主导、企业运作模式中比较成功的一个案例[③]。

2. 城市更新规划制度

(1) 城市规划基本制度

美国空间规划管理可分为"全国(联邦)—州—地方"三个层级,仅在州和地方层面制定法定规划。联邦政府主要从法律、法规层面对地方政府提出要求,通过法规授权各州、地方政府编制规划,授予地方政府对所有土地的管理权。州政府一般仅制定综合规

---

① 秦虹,苏鑫.城市更新[M].北京:中信出版社,2018:109-110.

② 秦虹,苏鑫.城市更新[M].北京:中信出版社,2018:110-111.

③ 秦虹,苏鑫.中国城市更新论坛白皮书(2020)——城市有机更新:政企共塑的城市升级之路[R].北京:中国人民大学国家发展与战略研究院·高和资本联合课题组,2021:15.

划,将土地管制权下放到地方,由地方政府通过划定城市增长边界、制定区划法规等途径,对土地使用进行具体管控。

美国的空间规划主要有综合规划、区划法规和专项规划三种类型。宏观或中观层面的综合规划,是关于地区发展、土地开发、公共设施、基础设施、财政预算等方面的综合性发展规划,通常是对基础设施、经济发展、增长管理等各方面的综合。微观层面的区划法规,是美国政府进行城市土地开发和管理控制的主要手段,其规定土地性质、开发强度、建设密度等内容,在地方层面制定并执行。专项规划主要针对某一特定的领域,如历史遗产保护规划、生态环境规划等[①]。

（2）城市更新相关规划制度

① 市区重建计划

美国1949年的《住房法》(*Housing Act*)启动了重塑美国城市的"市区重建计划"(Urban Renewal Program)。该法案规定由联邦政府为城市提供资金,用于支付过去的贫民窟地区土地的获取成本,然后把这些土地交给私人发展商建造新的住房。最初使用的短语是"城市再开发"(Urban Redevelopment),"市区重建"(Urban Renewal)则是1954年《住房法》通过后才普及的词语[②]。

美国的法规制度规定了政府的权限,确立了市区重建规划的重要性。"市区重建规划"(Urban Renewal Plan)的定义是:"一种详细规划,为了市区重建项目而不定时存在,用于保证市区重建项目按照联邦法规运行并获得联邦财政支持。当规划获得市区重建机构批准后成为更新区内再开发方案审查的依据。"这种规划的内容和作用是广泛的,并不限于土地利用管理。狭义的规划内容可以被包含在文件中,也可能独立出来。例如,波士顿市的"市区重建区"(Urban Renewal Overlay Districts, U District)是波士顿规划法里专门规定的13类特殊意图区划地区之一,其他的还有规划开发区、限制建设区、洪泛区、临时规划区、绿带保护区等。将"市区重建规划"的成果在规范性规划层面表达,可能为市区重建项目设定专门的区划,或者进行专门的区划调整。

简要地说,美国的"市区重建"是由联邦政府提供财税补贴,并赋予了地方政府在特定地区进行土地征收、整理和再开发的权力,从而启动的一系列专门的改造行动。以波士顿为例,"市区重建计划"授权本地建设主管部门在市区重建区运用一系列制度工具,包括土地征收权、重新区划、可支付住房限制、联邦和州财政支持以及有机会建造示范项目等。具体的行动方式是划定更新区,组建专门"市区重建机构",并编制专门的"市区重建规划"以推进土地征收、整理和再开发。"市区重建规划"在上述过程中的地位和作

---

① 赵勇健.国土空间管制体系的国际比较与经验借鉴——以美、英、日为例[J].城乡规划,2024(2):68.

② 周显坤.城市更新区规划制度之研究[D].北京:清华大学,2017:179.

用是综合性的,是参与各方的协商平台、技术成果,是上级政府对地方的管理手段,也是管理机构对局地块开发的管理依据[①]。

具体来说,"市区重建计划"的内容必须符合相应的管理文件规定,必须包括以下内容:

● 场地特性:包括更新区的边界、拆除重建边界、现状建筑、现状土地利用、规划土地使用和区划、拆迁安置区、拆除/改善/重建建筑、周边地区环境等;

● 区域资格:表明该地区属于符合规定的低标准、衰退或破败地区的数据与材料,对此通常需要开展本地调研;

● 项目目标:包括总体再开发策略,以及具体创造的住房、就业岗位数量的总体说明,指引下一步土地利用和空间管制的总体原则和目标等;

● 经济计划:包括土地获取、场地整理、公共和基础设施建设、拆迁、项目建设、管理费用等方面的成本预算,"城市更新和开发基金"的申请方案,以及其他各类资金来源说明,证明方案的经济可行性;

● 政府许可:证明规划已经通过当地政府许可,经过公共听证,得到议会许可的文件;

● 场地整理:包括水土保持、防洪设计等各方面必要的土地问题安排;

● 公共改善:包括这些改善将如何帮助实现规划目标,如果涉及教育与医疗设施的市区重建项目,方案中应指出更新后这些设施获得的土地;

● 拆迁管理:搬迁计划需要满足联邦和地方法律,且需要获得主管部门许可;

● 开发者责任:证明所有涉及的产权主体的充分、及时、全面的知情与参与;

● 土地整理:所有涉及的财产和地块必须在更新后得到妥善安置;

● 公众参与:一份说明公众已经充分参与到项目规划进程的报告,并保证公众将继续充分参与到项目执行过程中去。

20世纪80年代开始,美国的城市更新从大规模的拆除重建逐渐转变为了小规模的渐进式更新,手段转变成了结合改造、选择性拆除、商业开发和税收激励的组合方式。相应的,基于大规模拆除重建的"市区重建规划"也逐渐让位于小规模渐进式的"社区规划"。此时期,城市更新采用了由地方政府支持的"社区行动规划"和由社区主导的"社区发展规划"两种形式。前者着重解决传统旧城更新规划忽略社区多样性、社区规划无法与相关规划协调的问题[②]。

② 既有区划制度的适应性改革

美国20世纪50年代以来区划的新发展为城市更新提供了新的规划管理技术手段和

---

① 周显坤.城市更新区规划制度之研究[D].北京:清华大学,2017:183-185.

② 秦虹,苏鑫.城市更新[M].北京:中信出版社,2018:116-117.

思路。地方政府创设了各类弹性区划技术以改善传统区划对存量再开发的不适应。

在城市更新中最常用的政策工具是激励性区划（Incentive Zoning）和叠加区划（Overlay Zoning）。激励性区划的核心是以空间增额利益（如容积率奖励）和允许区划条件变更（如建筑后退、控制层高、改善停车场地条件）为条件引导开发商在再开发活动中自愿提供社会所需的公共空间、学校和低收入住宅，使再开发项目最大限度地兼顾城市整体密度控制，减少房地产开发对城市外部空间的负效应。与激励性区划类似的是非排他性住宅规定（Inclusionary Housing Regulation），要求开发商在开发新住宅区时提供一定比例（10%—25%）的低收入住宅，以取得区划变更和密度奖励的许可。

20世纪50—60年代，开发空间奖励、公共设施奖励、特定地区奖励等容积率奖励规则最先在纽约、芝加哥、旧金山等大都市的区划条例、城市中心区区划条例中出现。在历史保护区和特殊地区（鼓励或不鼓励开发地区），叠加区划允许根据更新需求在原有区划分区基础上划定"特区"，在保持现有区划整体密度控制的同时修改、替代或补充原先的区划条件。通过附加于区划条例上的图纸或者文字规定，给予再开发项目街道和建筑形式的额外规定和激励性区划政策，从而避免因为个别更新项目需求带来整个地区的区划重调。叠加区划的内容主要包括划定特区的意向陈述、适用性阐述、特定术语的释义、批准的要求、特定的准则要求[①]。

2.2.5　日本城市更新

1. 城市更新阶段和主要特征

日本的城市更新事业始于第二次世界大战的战后重建，总体来看，日本的城市更新经历了从拆除贫民窟到整治市中心及老旧小区的环境，再到大面积的城市有机更新的过程。

（1）城市更新的阶段划分[②]

为改善居民居住环境，日本政府从安全及改善环境的角度考虑，在20世纪60年代开始有计划地对年久失修的、存在危险隐患的建筑物进行拆除，系统性地清除贫民区，带动住宅区和新城的开发建设。20世纪70年代，经济快速发展，城市问题也不断凸显，人们开始反思高速城市化建设和造城运动带来的不利影响，造城运动逐步趋于理性。

20世纪80—90年代，结合人们对城市开发的反思，城市建设开始更注重城市化质量，同时开始结合轨道交通对第一代新城和集中式住宅进行改造，以改善住宅环境和质量。随着城市更新的推进，开始探索新的可持续的城市更新模式。由日本政府主导逐步转向注重多主体协调合作的更新模式，将民间主体和社会资本引入城市再开发。

---

① 姚之浩,曾海鹰.1950年代以来美国城市更新政策工具的演化与规律特征[J].国际城市规划,2018,33（4）:21-22.

② 秦虹,苏鑫.城市更新[M].北京:中信出版社,2018:141-142.

2000年以后，城市更新进入综合有机更新的新阶段。这一阶段城市更新进入新时期，由城市更新改造逐步向城市综合有机更新转变，并开始注重地域价值提升的可持续城市营造。

（2）主要更新路径①

日本城市更新事业在推进过程中，基于不同产权模式，逐步形成了三种主要更新路径。

① 团地再生——现代化社区复兴再造

20世纪60年代，随着经济发展带来的城市人口增加，住宅的需求量激增。为了缓解住房问题，日本住宅公团开始大规模兴建住宅团地，主要针对的是三四口的小家庭。到20世纪80年代，这些老旧团地中住房老龄化、商业凋敝、基础设施老化的问题十分凸显，政府开始启动团地更新计划。从内容看，这一时期的团地再生主要内容是社区生活再造、配套服务的完善、交通及环境景观的优化改善等。从更新模式看，团地再生主要由当地居民的自治团体发起，并由专业团体协同，通过制定地区规划和管理方针，来创造多元功能和更丰富的社区活动，提高生活环境品质。

② 民间复合开发——多方联合的公私合营模式

20世纪80年代，随着城市更新的推进，日本政府出台政策允许私有部门参与日本城市中心区的规划和开发，并在1988年将此政策写入城市更新法。日本政府出台政策对大规模再开发给予支持，再加上土地私有制度，促成了各区与私人资本联合推动城市更新的进程。而与此同时，由于缺乏相应的财政支持、政策资源和制度框架，采用其他模式的更新事业成效并不明显，特别是以供应住宅和塑造公共空间为主导的小规模更新。

③ 自发社区更新——自下而上的良性改造

纵观日本城市发展的整个过程，自下而上的民间力量的参与贯穿始终。20世纪70年代，日本经济飞速增长带来的城市病开始显现，以自治会为代表的市民自发组织开始进行反对城市建设运动，最后逐渐向改善社区环境、振兴城市经济和保护历史文化的方向发展。随着相关政策体系的不断完善，城市规划的权力也不断下放至地方政府，政府也通过颁布社区营造条例等形式将其制度化，出现了所谓的"地区规划"，即通过社区营造的方式进行组织操作。

另外，日本针对郊区住宅地区和市中心商业地区，积极推进"地域管理"。主要依靠居民委员会、非政府组织、城市规划组织和各类协会团体，政府仅起到协助支持的作用。这些社会组织，为了提升地区价值，或防止该地区价值降低，通过建立彼此的信赖关系，制定城市规划导引和居住区章程，规范社区的行为准则。

---

① 秦虹,苏鑫.城市更新[M].北京:中信出版社,2018:142-144.

2. 城市更新规划制度

（1）城市规划基本制度

日本的空间规划体系由国土规划、区域规划和城市规划三种类型构成，自上而下垂直管理特征明显，对应全国、都道府县、市村町各级，形成国土综合开发规划、土地利用规划、城市规划、生态管制规划及法规政策。中观层面的土地利用规划，将国土分为五类，即城市用地、农业用地、森林用地、自然公园用地、自然保护用地，作为约束国土用途的基本框架。微观层面，地方政府依据《城市规划法》，对城市化促进地区制定用途分区、地区规划等，开展用途分区管制，将土地分为7类居住区、2类商业区、3类工业区，进一步对建筑物的用途、容量、密度、高度、形态等指标进行管制[①]。

（2）更新规划的层次类型[②]

日本的法规制度体系一直在与更新实践同步发展。1960年前后相关"都市再开发法"颁布，1969年核心法规《都市再开发法》颁布，此后经历了数十次修法过程，准许施行更新的区域划定也逐渐由单一的"高度利用地区"拓展到其他类型的区划类型，如"再开发地区""防灾街区整备地区""沿街地区"等。

由于日本自1988年以来保持着极为缓慢的经济增长，又经历了信息化、全球化、少子化和老龄化的社会经济局势变化，各大城市出现了郊区化、中心城区的衰退和空洞化的现象。对此，1998年通过了《中心市街地活性化法》，根据该法律，市町村一级的基层政府可以制定"中心市街地活性化基本规划"。地方政府可以通过这一基本规划，统筹一些城市再开发类的规划项目和基础设施类的规划项目。2002年，日本出台《都市再生特别措施法》。根据这一法律，《城市规划法》部分内容作出修订，在"地域地区"中增加了"都市再生紧急整备地域"和"都市再生特别地区"，对于这些地区的容积率、建筑高度、建筑规模等指标放宽限制，以实现具备较高自由度的土地利用。

① 战略性层面："都市再开发方针"等专项规划

"都市再开发方针"是针对城市再开发制订的长期的、综合的规划，相比城市规划区域的整备、开发和保护方针而言更为具体。主要包括四类：

● 都市再开发的方针，即针对市区范围内有必要进行再开发区域的规划方针，依据为《城市再开发法》；

● 住宅市区的开发整备方针；

● 商务基地市区的开发整备方针；

● 防灾街区整备方针。其职能和内容类似于我国的城市总体规划层面的更新专项规划。

---

① 赵勇健.国土空间管制体系的国际比较与经验借鉴——以美、英、日为例[J].城乡规划,2024(2):70.

② 周显坤.城市更新区规划制度之研究[D].北京:清华大学,2017:206-210.

② 规范性层面："地域地区"中的"促进区域"

在日本，规范性层面的规划，也就是"地域地区"处于核心地位，"地域地区"对上承接了总体规划对城市发展方向的定位，是总体规划落实的手段；同时在其自身的内容设计中，也不断地留出了对其他特殊规划区域的接口，例如在遇到重大建设项目时，有同属于法定规划的市街地开发事业。

表2-4 "都市再生特别地区"获得的城市规划特殊措施

建筑限制的种类	"都市再生特别地区"内的处理方法
用途限制（《建筑基准法》第48条）	"都市再生特别地区"的城市规划所确定的引导用途可以不受限制
特别用途地区内的用途限制（《建筑基准法》第49条）	
容积率限制（《建筑基准法》第52条）	适用"都市再生特别地区"的城市规划所确定的数值（不能超过用途地域内的规定）
建筑密度限制（《建筑基准法》第53条）	
斜线限制（《建筑基准法》第56条）	不适用（应采用"都市再生特别地区"所规定的限制）
高度分区内的高度限制（《建筑基准法》第58条）	
日照间距限制（《建筑基准法》第56条）	不适用

资料来源：周显坤.城市更新区规划制度之研究[D].北京：清华大学,2017:210.

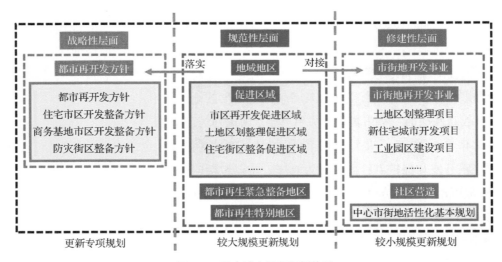

图2-8 日本城市更新规划体系
资料来源：作者自绘

在"地域地区"中专门有若干类特殊的"促进区域"，其中就有促进其"街区规划的整备和开发"，也就是城市更新的区域。其促进措施主要是将立项和审批过程便捷化，例如只要不涉及土地买卖的项目，将可以申请快速立项。这些"促进区域"分别对应各种更新项目类型,包括市区再开发促进区域、土地区划整理促进区域、住宅街区整备促进区域、商业基地市区整备土地区划整理促进区域等。2002年后新增的"都市再生紧急整备地区"和"都市再生特别地区"则是"地域地区"为城市更新专门设置的特殊类别。

"都市再生紧急整备地区"是依据《都市再生特别措施法》划定的地域。日本于2002年成立中央层级的都市再生本部,在全国划定了63处"都市再生紧急整备地区",覆盖面积达8 372公顷。东京都政府在"东京城市远景规划"内提出了总共2 500公顷的"都市再生紧急整备地区",包括东京市中心、滨海前沿区以及品川、新宿和涩谷站等副中心。"都市再生紧急整备地区"中引入了各种用于城市更新的放松管制的工具,可以获得中央政府和地方政府的相应补助。其中最重要的一项是"都市再生特别地区"。

"都市再生特别地区"可以在"都市再生紧急整备地区"内指定,一般应用于大规模的项目,特别是私人开发商也可以为他们的更新项目申请划定。一旦该项目地区被划定为"都市再生特别地区",现有的土地利用控制、容积率、建筑密度、高度限制和建筑控制线等大多数城市规划限制都被取消,并在私人开发商和地方政府之间进行协商后重新决定。到2014年为止,在东京共有26个地区(总共240公顷)被指定为"都市再生特别地区",许多大型的城市更新项目在这些地区得以实施。

③修建性层面的"市街地再开发事业"

"市街地开发事业"是一类城市建设项目,其目的是在城市规划区域内,为了对一定区域进行公共设施及住宅等的综合整备,将其作为城市规划项目来实施。市街地开发事业有7类:

- "土地区划整理项目",通过换地等方法实现区域内土地的整合,即土地一级开发;
- "新住宅城市开发项目",取得区域内的用地,建造住宅街区;
- "工业园区建设项目",取得区域内的用地,建造工业园区,成为工业地带;
- "城市再开发项目",在已经城市化的区域里,对建筑物的用地和公共设施进行再开发;
- "新都市基础整备项目",通过收购土地和区划整理的方法整备人口5万人以上的新都市的基地;
- "住宅街区整备项目",除了进行土地区划整理之外,将地权及公共住宅的基地进行更换,进行住宅整备;
- "防灾街区整备项目",拆除老化建筑,建设具有防灾性能的公共设施。

日本较大规模的、由政府或市场主导的城市更新项目所直接依据的规划制度就是修建性层面的"市街地再开发事业"。

"市街地再开发事业",是"为了实现土地合理和健全的高效利用,在已经城市化的区域里,对建设用地、建筑物和公共设施进行整治和再开发的项目"。此外,还存在"社区营造",即自下而上的、社区主导的、较小规模的城市更新项目,也就是"社区营造"。在修建性层面也存在相应的规划,即由市町村一级的基层政府制定的"中心市街地活性化基本规划"。该规划经内阁总理大臣认可后生效,内阁需要设置"中心市街地活性化本部"来推进已认可规划的实施。由中心市街地整备推进机构、商工会、商工会议所等机构共同形成的中心市街地活性化协议会将作为民间声音的代表,参与规划的制定过程。与美国的"社区规划"相似,这种小规模的、自下而上的、渐进式的更新是对大规模的城市更新的良好补充。

总体来看,当前主要的、直接应用于城市更新地区与项目的规划制度工具有两个:应用于较大规模更新地区的"都市再生特别地区",以及应用于较小规模更新项目的"市街地再开发事业"。

（3）各级更新规划主要内容

① 都市再生特别地区

"都市再生特别地区"并不单独发挥作用,而是起到配合其他规划的作用,例如用开发导则提供新的用地引导,或者用"市街地再开发事业"直接就项目提出规划条件。作为配合,"都市再生特别地区"的划定,相当于在日本原有的控制性规划"地域地区"上"挖了个洞",使该地区豁免了既有规划的限制,获得了一系列城市规划上的特殊优待。

相应的,这些配合性的规划需要在其范围内的城市规划文件中提供以下新的内容:

- "地域地区"的土地利用属性（即为"都市再生特别地区"）、位置、面积、区域范围;
- 建筑物和其他结构的主导用途;
- 容积率上限（不小于400%）及其下限;
- 建筑密度上限;
- 建筑面积下限;
- 建筑高度上限;
- 建筑墙面的位置限制。

② 市街地再开发事业

"市街地再开发事业"对应的规划文件是"都市再开发方针",它是"城市化地区的整治、开发和保护方案"的一部分,并且是一个独立的城市规划类型。这个规划由当地地方政府对认为有必要开展再开发的地区进行编制。"市街地再开发事业"的规划文件,应当按照以下标准编制:

- 当该区域涉及任何道路、公园、污水等规划的公共设施时,应符合已有的城市规划;
- 该区域被设计为良好的城市环境,其中包括道路、公园和其他具有适当安排和规模的公共设施;
- 有关建筑物的规划安排应考虑城市空间的有效利用、建筑物之间的开放性以及建

筑物的使用者的方便性,确定其面积、高度、空间和功能配置;

● 适宜的场地规划,以形成符合以上标准的城市街区,具有良好的用途和形式;

● 如果位于住房不足的地区,应当确定由再开发项目提供的住房数量和住房建设目标;

● 其他的内容编制标准与其他"项目"事业类的城市规划文件相同。除了项目的规划方案,在"市街地再开发事业"的申请文件中还需要确定实施方、项目类型、实施时间等事项,并提交项目场地图、设计概要、资金计划、相关行政许可等等。

从编制成果来看,"市街地再开发事业"的规划文件基本上就是一个城市设计或者规模较大的建筑设计方案。其与其他新建项目的设计方案相比,区别在于考虑了更多场地现状、土地整理、经济可行性等与落地实施有关的内容。

2.2.6 新加坡城市更新[①]

1822年,鉴于城市的无序发展,殖民委员会制定了新加坡的第一个城市规划,即杰克逊规划(Jackson Plan),由此奠定了市区的发展基础。1823年,新加坡成为贸易自由港,移民的大量涌入致使市区人满为患、住房严重短缺、居住条件恶劣。战后的大移民催生了大量的就业需求,然而市区的土地却被贫民窟住宅、商店,以及工厂和空置的零碎土地所占据。1958年,由新加坡改良信托局(SIT)编制的首个总体规划获批。1959年,新加坡实现自治,人民行动党上台执政。面对严峻的环境卫生和经济就业问题,新政府并没有急于展开市区的更新实践,而是将解决住房危机作为执政的第一要务。

1. 20世纪60—80年代:政府主导下的更新管理

在宏观的国家治理体系目标和框架下,新加坡试图构建起一个以"清理和安置市区的大规模贫民窟,满足基本的公共服务和商业金融设施需求,实现经济、社会、环境综合可持续发展"为目标,以"政府强有力的宏观调控和直接参与,政府和半政府部门的大量补助,建立和平衡公私伙伴关系,有效引导市场并吸引私人资本"的城市更新实施机制。

1964年,新加坡成立"市区更新组",隶属于建屋发展局的住房处,负责落实市区更新的规划和实施战略。1966年,市区更新组改组为"市区更新处",更新部门的行政级别进一步提高。1974年,依据《城市重建局法》,市区更新处从建屋发展局中剥离,并在国家发展部中形成了一个新的法定机构,即城市重建局。较之以前,城市重建局拥有管理市区重建工作的独立事权,重组后的建屋发展局主要负责公共住房的建造和更新工作。

从政策上看,新加坡政府认识到仅靠公共行动不足以维系长效的更新开发,于是建立了公私合作的投资机制。其中,公共住房、厂房、基础设施、公共商业和其他公共设施

---

① 唐斌.新加坡城市更新制度体系的历史变迁(1960年代—2020年代)[J].国际城市规划,2023,38 (3):33-37.

项目主要由政府承担,其余设施由私营部门在政府的指导下进行建设。在稳定的政治和社会前提下,凭借政府的更新组织与利益协调、公共资源的大量投入、有效的市场引导和私人投资,推动了大规模的更新实践,促使了城市和多元主体目标的实现与平衡。

2. 20世纪80年代—21世纪初:适应市场机制的更新治理

至20世纪80年代,新加坡的城市化水平迅速提升,为保存国家记忆和统筹更新管理,政府停止和减少了市区公共住房和设施的建设,转而重点支持与经济关系不大的市区空间品质提升和历史特色保护;公私伙伴中政府与市场关系也发生了改变,私营部门取代了半政府部门在更新投资与运营中的主导地位,政府由原来的直接参与者向主要负责引领、激励和监管市场的身份转变,但其仍是基建项目的领导者;公众参与的程度也有所提高,政府开始鼓励社会参与规划过程。

1987年,新加坡政府成立了专门的土地管理局(SLA),用以负责全国的土地权属和地政管理工作。1990年的《规划法》规定,将城市重建局、规划局和国际发展部的研究与统计组(RSU)合并成新的城市重建局,负责全国的规划和保护事务,至此,新加坡的更新治理变得更为市场化。此外,城市重建局的保护工作得到了古迹保护委员会、建屋发展局的支持。

为了保护大量私人产权的历史建筑,1991年城市重建局实行了"私人业主自发保护计划",1996年又增加了创造性修复的赋权。不仅如此,城市重建局还通过建造行人通道、休憩用地、停车场等基础设施,容许历史建筑适度改装,免除发展增值税和解除房租管制,提供咨询、现场指导和经验分享服务等一系列惠民政策,进一步推动企业、业主和专业人士参与历史建筑的保护工作。

3. 21世纪以来:以人为本的更新治理

进入21世纪,新加坡市区的发展已日趋成熟,新的增长核心正式转向滨海湾。为保持城市竞争力,新加坡政府制定了"重塑经济和吸引人才,打造国际城市"的发展目标。在全面迈向更新治理的阶段,不仅强调先进设施和宜居环境的作用,而且更加注重公平正义、自下而上的场所管理和公众参与与软实力的提升,试图通过有效的政府引导、广泛的全球融资、积极主动的社会参与和各项制度的完善,实现经济、社会、文化和环境的可持续发展[①]。

2.3 发达国家城市更新总体演进特征

二战之后不同国家城市更新目标与重点各有侧重,但从其发展演变时空逻辑上看,不同国家呈现出比较统一的趋势特征:由单一解决问题的物质空间改造到寻求可持续

---

① 唐斌.新加坡城市更新制度体系的历史变迁(1960年代—2020年代)[J].国际城市规划,2023,38
(3):36.

发展的综合性更新,多方参与协商是利益合理分配较妥协的方式[①]。从历史进程看,欧美城市更新均经历了从大规模的清除贫民窟运动到中心区商业的复兴,再到注重整体经济社会效果,从注重物质环境的更新改造到追求社会、经济、人文等全方位的复兴。概括地讲,欧美城市更新具有以下五个方面的演进特征。

2.3.1　更新动力都与经济社会发展阶段紧密相关

早期主要是建设公共住房解决贫困人口的居住问题,后期的城市更新逐渐转向多维度的综合治理。20世纪50—60年代城市更新实施以政府为主导,关注城市机能改善,20世纪70—90年代采取政府与市场合作的方式,关注物质社会双重改善,20世纪90年代之后则是多元主体参与,关注政治经济文化多重改善。西方国家的城市更新主要是为了解决在快速城镇化和工业化进程中存在的问题,与城市经济社会发展所处的阶段和面临的城市问题有关。二战后,以新技术为先导的产业革命在世界范围内展开,传统城市空间不再适应新技术、新产业发展的需求。美国一马当先,率先在传统产业相对集中的城市中进行产业结构调整,城市经济结构的这种调整作为市场经济的一种内趋力,推动了城市更新的大规模发展。同时,城市更新又为新兴产业在城市中的迅速繁荣提供了有利的发展空间,促成了城市产业布局的调整。因此,城市更新与产业结构调整客观上呈现出同步发展、相互促进的趋势[②]。

2.3.2　对城市的认知从"机器"转向"复杂有机体"

城市发展和更新方式取决于对城市的认知。早期,对城市的认知具有机械主义特征,1933年国际现代建筑协会发表的《雅典宪章》集中体现了机械主义和物质空间决定论,主导思想是把城市和城市的建筑分成若干组成部分。因此,该时期城市更新重视物质环境的更新,试图通过大规模的推倒重建来构建一种新的城市理性秩序,实现城市更新发展。然而,反思大规模推倒重建的实施效果,学者和实践部门逐渐认识到城市的内部空间不是孤立的,而是相互依赖和相互关联的,物质空间只是影响城市发展的一个方面。复杂有机体成为对城市的新认知,代表性观点包括:1977年国际现代建筑协会发布《马丘比丘宪章》,指出要将失去相互依赖性和相互联系性,并已经失去活力和涵义的组成部分重新统一起来。沙里宁提出"有机疏散理论",将城市视为有机体,将城市片区视为细胞组织,将单体建筑视为单个细胞,采用重组城市功能的方式解决各种城市问题。随着对城市认知的升级,人们认识到:城市更新不仅是物质层面的改造,同时也是相应的地区经济产业结构、人口社会结构变化,以及城市空间肌理和传统文化空间的"织补""修复"和"再生"。

---

① 张春英,孙昌盛.国内外城市更新发展历程研究与启示[J].中外建筑,2020(8):77.
② 高见.系统性城市更新与实施路径研究[D].北京:首都经济贸易大学,2020:25.

2.3.3　目标和价值导向从形体主义转向人本主义

受规划思想、经济发展、城市困境的影响，在不同的发展阶段城市更新的目标有所不同。二战前，受形体主义规划思想的影响，城市更新主要是在街道、公共建筑、公园、开放空间等方面，以达到美化效果为主。秩序、规则、唯美成为早期城市更新运动的主要指导思想。二战后，为解决住宅匮乏和战争损害的重建问题，诸多欧美城市战后重建主要围绕物质环境展开，对内城区土地进行置换，通过清理贫民窟、大规模推倒重建、土地置换以及建设"国际化"高楼等美化城市的景观行为，以实现城市中心区的经济繁荣。这些国家在转型的过程中逐渐意识到，关于建成区中的城市衰退和破败问题解决，仅仅依靠传统的拆除重建并非切实合理的应对方案，单纯的"拆旧建新"并不能必然解决城市涌现的各种社会经济问题。学者们认识到城市更新要解决的问题不仅仅是物质的老化与衰败，更重要的是地区、社会和经济等方面的衰退问题，在此基础上产生了城市更新的人本主义思想，主要为：宜人的空间尺度是城市设计的主要内涵，尊重人体的生理、心理需求；强调具有强烈归属感的社区设计，创造融洽的邻里环境。在人本主义理念指引下，更新改造也不再是简单的拆除重建，而是注重对存量建筑的人文、历史、社会等方面价值进行再开发，对更新对象整体环境进行改造和完善。进入21世纪，学术界和实践部门均认识到，应该采用综合的、整体性的城市更新观念和行为来解决各类城市问题。

2.3.4　更新尺度从大尺度转向中小尺度

早期的城市更新空间尺度较大，试图通过大规模推倒重建一步到位实现蓝图，短时间内实现旧貌换新颜的功效，但这种方式对城市的空间肌理、社区的社会结构、城市的传统文化带来了毁灭性的破坏。简·雅各布斯对此提出了尖锐的批评，认为根植于社区的社会关系网络才是城市的活力。迫于各种压力，城市更新的空间尺度从大规模的推倒重建向小规模、分阶段的渐进式更新转变，更小尺度的微更新成为主流方式。小尺度的微更新对于满足人的需求、提升社区活力、传承传统文化、减轻政府财政压力具有明显效果。特别是涉及城市历史地段和历史保护建筑地区，城市更新的思想越发重视历史文化的保护和城市传统肌理的保护，在保护更新的方法上更加强调通过"微更新"手法实现保护和改善目标的协调。

2.3.5　实施主体从政府主导转向多方合作

欧美国家均经历了从以中央、地方政府为主，到政府与私人投资者合作，再到政府、私人部门和社区三方共同推动城市更新开发的过程。20世纪90年代以来，欧美国家尝试改变市场主导机制下对社区问题的忽视，倾向于加强社区在城市更新中的作用。一方面，城市更新计划纳入社区居民的意愿和利益，与公共部门和私有部门一同成为城市更新的三方主体；另一方面，城市居民在政府和开发商的协调下对居住社区进行自助改造，并分享更新带来的收益。总体而言，除了部分国家部分时期强调市场化更新外，为确保城市更新进程,大部分欧美国家都会采用财政补贴等政府干预的形式推动地方城市更新。亚洲发达国家或地区比较注重政府在城市更新中的作用发挥,但也引入了私人投资、非政府组织,注重城市发展规划的作用。比如,日本成立了专门的城市更新机构,新加坡城市更新管理部门经历了从改良信托局(SIT)到城市更新局(URA)的转变[①]。政府、私有部门和社区的多方参与使城市更新运作模式从"自上而下"拓展到"自下而上",三方主体权力相互制衡,社区、邻里和公众参与得到重视,在一定程度上保证了多维度城市更新目标的实现。

表2-5　欧美城市更新的阶段划分

阶段	20世纪50—60年代	20世纪60年代中期—20世纪80年代末期	20世纪90年代以来
更新类型	城市重建、内城复兴	城市改造、邻里复兴	城市再生、可持续发展
主要方向	基础设施重建,内城再开发,贫民窟清除,郊区开发	内城大规模的开发和再开发项目,城外开发	整体收缩开发行为,注重综合性、系统性,精明增长
社会目标	改善居住标准,改善社会福利	邻里复兴,自愿式更新	强调地方自主,鼓励第三方参与,注重遗产保护和延续
空间侧重	内城拆迁,推倒重建,郊区开发	老城区的大规模改造;推广旗舰项目	更小尺度的开发,追求效率

资料来源:阳建强.走向持续的城市更新——基于价值取向与复杂系统的理性思考[J].城市规划,2018,42(06):68-78.(有所调整)

2.3.6　城市更新立法有一个逐步完善的过程

城市更新涉及复杂的空间重整、存量空间改造、各类主体利益调整,为此,欧美国家都注重相关法律法规的制定工作,为城市更新工作提供制度保障,但法律法规的建立都有一个逐步完善的过程。比如,美国第一部与城市更新相关的法案是1937年的《住宅法》,主要确立了公共住房政策;之后《住宅法》在1949年和1954年经历了两次修订。再后又颁布了《示范城市法案》、《住宅与城市发展法案》、"希望6号计划"、"选择性邻里计划"等[②]。英国在20世纪40—50年代颁布了一系列法律,如1947年的《综合发展地区开发规划法》、1952年的《城市再开发法》,以及1953年的《历史建筑和古老纪念物保护法》等一系列法律,以规范和引导城市更新行为;1980年的《地方政府规划和土地法

---

① 梁城城.城市更新:内涵、驱动力及国内外实践——评述及最新研究进展[J].兰州财经大学学报,2021(5):100-106(103).

② 梁城城.城市更新:内涵、驱动力及国内外实践——评述及最新研究进展[J].兰州财经大学学报,2021(5):102.

案》允许设立城市开发公司进行城市更新。法国在1960年颁布《分区保护法》、1962年颁布《马尔罗法》和1967年颁布《保护历史地区法》；1995年的《规划整治与国土开发指导法》、2000年的《社会团结与城市更新法》涉及城市更新政策的方方面面。德国在1971年颁布的《城市更新和开发法》是一项作为旧城区改造更新的综合性法律，同年的《城市建设促进法》也提出了住宅和城市改造的问题。日本在1969年实施《城市再开发法》，2002年通过《城市再生特别措置法》，此外还有《城市再生特别措置法施行令》《城市再生特别措置法施行规则》等[①]。这些法律法规的建立，为发达国家规范引导城市更新工作提供了重要法制保障。

2.4 发达国家城市更新规划制度建设经验

2.4.1 一般划定特别管控区作为城市更新空间

工业革命以来的城市规划理论，很多就是来源于对城市工业发展中存在问题的社会变革理想的探索，这种规划思想某种程度上就是城市更新规划思想，比如霍华德的田园城市理论，就是为了解决英国工业革命而产生的环境污染和卫生问题而提出的空间布局建设模式。

而关于二次大战以后大规模的城市重建和城市更新，基于土地私有制和行政管理体制，大部分国家采取间接干预引导的方式，尤其是宏观层面的引导，如在国家层面出台引导地方政府进行城市更新的财政扶持政策，提出引导方向和扶持条件，例如美国重视社区设施建设、重视社区居民参与，引导扶持资金更多用于社区设施和环境的改善，甚至是社区就业和社会环境的治理；有的通过立法明确旧城改造和重建过程面临的拆迁、土地置换等产权变更规则，为城市更新打开便利通道。部分城市制定全国层面的更新指导思想和原则，通过区域规划和特定区制度，配合以财政资金引导和支持，推动地方城市更新行动。具体的城市更新规划制定更多在城市政府和社区组织层面进行，通过充分征求和协调土地房屋所有权人的意见，借助专业规划师或设计师的力量进行更新片区和地段的规划设计工作，经过各方面利益的协商，经过城市政府或城市议会批准实施。较为宏观的城市更新思路和重点项目的引导更多见于日本、新加坡等亚洲国家和我国台湾、香港等地区。

城市更新需要在完备的更新规划引导下才能高质量、高效率地有序进行。各国的成功经验都证明，制定城市更新规划，协调规划政策，是城市更新工作有序推进的重要保障。各地城市更新区规划推进更新项目建设的手段为：

美国——划定为"市区重建区"，意味着联邦政府及州政府将提供财税补贴，并赋予

---

① 秦虹，苏鑫.城市更新[M].北京：中信出版社，2018：237.

了地方政府在该地区运用一系列制度工具的权力,包括土地征收、区划调整、公共住房建设以及示范性项目建设等权力。

法国——划定为"协议开发区",意味着放宽了既有规划对土地利用的限制,使土地利用的功能、强度、形态都变得可以协商调整;通过公共机构等方式吸引了资本进入土地开发;允许政府主导收购土地,鼓励了城市土地的并购和整理。

日本——划定为"都市再生紧急整备地区"意味着可以获得中央政府和地方政府的相应补助;划定为"都市再生特别地区",意味着该地区豁免了既有规划的限制,获得了一系列城市规划上的特殊优待。

比较发现,各国各地区更新区规划的基本手段都是:划定特定政策地区,提供政策和资金激励。即在城市建成区中划定一个城市更新区,放松既有的上位规划管制,编制专门服务于该地区发展的局部地区详细规划(更新区规划),以此为依据执行较为宽松的规划管制。

2.4.2 多层次多元化的非正式规划范式占主导

21世纪初,非正式规划逐渐在欧洲规划界兴起,成为与传统规划有所区别的新探索。西欧国家是世界上现代规划学科研究及实践发展较早的国家。城市更新的规划与传统规划方式不同,需要"量身定制",这也成为非正式规划介入的长处所在。非正式规划结束后,其成果可以纳入地方规划体系中得以正式化,成为地方规划的一部分。非正式规划的兴起同时回应了城市更新从单一主体到多元主体的转变趋势:尽管地方市民在城市更新中受到的保护逐渐变弱,但他们有着强有力的社会影响力,会在与他们自身利益紧密相关的城市更新中强烈发声。因此,市民社会是城市更新中一股不可忽视的力量,而非正式规划能够有效地纳入地方市民代表,在平衡多方主体利益方面效果显著[①]。

各国城市更新区相关规划在规划体系中的定位,主要处于规范性与建设性层面之间[②]:美国的"市区重建规划",以波士顿政府中心区更新规划为例,属于建设性规划。"社区规划"同属建设性规划,并且在许多时候也处理城市更新项目。"市区重建区划"是规范性层面"区划"的一个子类,帮助将市区重建规划的技术成果与既有规划协同。法国采用"协议开发区"与"历史保护区"两种不同的管制区来处理再开发与历史文保地区等不同的项目类型,相应也有"协议开发区规划"和"历史保护区保护利用规划"两种不同的建设性规划类型。不过随着协议开发区规划的取消,相应的职能由一般规划文件(类似于中国的专项规划)与规范性层面的"地方城市规划"来部分地承担。

日本的城市更新区相关规划包含多个规划类型,与法定的城市总体规划配合发挥

---

① 唐燕,范利.西欧城市更新政策与制度的多元探索[J].国际城市规划,2022(1):12.
② 周显坤.城市更新区规划制度之研究[D].北京:清华大学,2017:235.

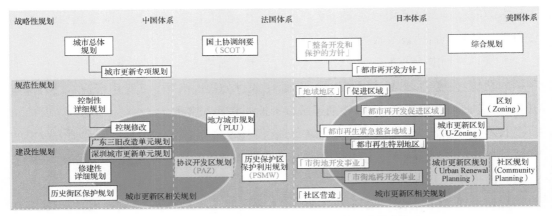

图2-9　各国城市更新区相关规划在规划体系中的定位

注：灰色为本研究认定的"城市更新区规划"，虚线框表示现已停用，下拉折线表示从属关系。

资料来源：周显坤.城市更新区规划制度之研究[D].北京：清华大学，2017：235.

对城市更新工作的引导作用，而且一般在城市或社区层面规划单独划定某种类型的城市更新空间，不同于城市扩展空间，实行不同的城市规划管控政策和规划制度。在规范性层面，都市再生紧急整备地域是地域地区的一个子类，并且衍生出都市再生特别地区。另外还有都市再开发促进区域为代表的各类意图区。在建设性层面，市街地再开发事业中区分了土地区划整理项目、新住宅城市开发项目、工业园区建设项目、城市再开发项目、新都市基础整备项目、住宅街区整备项目、防灾街区整备项目等不同的对象，它们都不同程度地与城市更新相关。其中，市街地再开发事业又是一个专门的建设性层面规划类型。

通过比较各国城市更新区相关规划的定位特点，可以进一步探究城市更新区规划在规划体系中的定位问题——更新区规划在规划体系中的定位是较为特别的。从目标、范围、职能、手段来看，仅仅应用于局部地区的更新区规划应处于建设性层次，不过，从效力的视角看，更新区规划通常能够直接成为建设行为的规划管理依据，这又与规范性规划的效力有所重合。更新区规划往往以建设性层次的职能，获得了规范性层次的效力。美国市区重建规划、日本市街地再开发事业、法国协议开发区规划是建设性层次的，分别有相应的规范性层次规划与其配套使用。同时它们在编制中受到与规范性规划相似的、较为严格的流程约束。德国的建设规划是规范性层次的，但是非常接近建设性层次。

我国改革开放以来工业化和城市化进程总体较快,较早面临城市更新问题的城市一般为东部发达地区的中心城市。这些城市外向型经济快速发展,城市新增长空间多以工业为主要功能的新区,房地产开发也大多在新区进行,城市旧区部分改造成本较低的地区也陆续进行了改造和再开发。随着2010年以来城市空间扩张规模逐步得到国家严格控制,原先空间扩张较快的城市逐步关注存量更新,开展拆迁成本较高但人居环境质量较差片区的改造工作。广州、深圳、上海、南京等东部经济发达城市在全国率先进行了城市更新工作,这些城市的城市更新在实施体系、规划引导、管理创新方面都进行了多方面有益的探索,为我国城市更新工作提供了重要经验。

3.1 广州

3.1.1 广州城市更新阶段历程

唐燕等学者将广州城市更新历程概况为四个阶段,分别为1978年改革开放后,主要经历了1978—1998年为改善旧城人居环境质量而放任私企"增量更新"的自由市场摸索期;1999—2008年为保护公众利益而禁止私企参与的政府强力主导期;2009—2014年为提高土地使用效率而适度引入私企参与导致重现"增量更新"、过分强调就地经济平衡的"三旧"改造运动期;2015至今致力于建设长效发展机制的城市更新系统化建设期4个阶段[①]。

王世福等学者则基于城市更新的实施主体不同,以20世纪80年代的初试市场机制、20世纪90年代的放任市场开发、21世纪00年代的政府有机更新、21世纪00年代后期至2015年的"三旧"改造运动、2015年至今的城市更新探索共五个阶段划分广州的城市更新历程[②]。

---

① 唐燕,杨东,祝贺.城市更新制度建设:广州、深圳、上海的比较[M].北京:清华大学出版社,2019:34.
② 王世福,卜拉森,吴凯晴.广州城市更新的经验与前瞻[J].城乡规划,2017(6):80-87(81).

第三章 国内主要先发城市更新规划管理简述

归纳各研究者对广州城市更新阶段历程的划分,结合各时期的时代背景、更新主要工作内容、政府与市场关系等因素,广州城市更新发展可以梳理概括为改革开放初市场探索期、市场化主导发展期、政府全面主导转变期、政府主导+市场参与期、系统平衡可持续发展期五个阶段。

表3-1 广州城市更新发展阶段一览表

阶段	主要更新方式与特征	主要法规文件	存在问题	主要成效和标志事件
改革开放初市场探索期(20世纪80年代初)	以东湖新村为起点,地方政府提供土地和市政配套、香港发展商投入资金,与政府合作的模式	政府通过谈判确立合同,预留一定比例回迁房作为回报,与港商"三七分成"	1.在当时700元/平方米属"天价",无法满足大部分普通市民住房改善需求2.大拆大建模式,开发管控弱	缓解政府资金压力,改善城市空间品质主要案例:东湖新村
市场化主导发展期(20世纪80—90年代)	市场主导介入城市更新,本地居民回迁,市场公开出售商品房的市场化更新模式	政府与开发商约定"四六分成"收益协议	开发商利益最大化,城市历史肌理和文脉受到破坏	一定程度满足了高速发展时期城市建设的需要。主要案例:荔湾广场、五羊新村、花园新村
政府全面主导转变期(1999—2008年)	政府全面主导更新项目的投资、安置和建设	1999年发布《广州市危房改造工作实施方案》,开始禁止私人开发商参与更新项目	政府包办的模式,至后期逐步推高的拆迁经济收益和更高的拆建比,导致一系列问题	政府不追求盈利的情况下,实现投资平衡;同时采取有机更新模式,保留了历史文脉延续主要案例:解放中路项目
政府主导+市场参与期(2009—2015年)	政府主导、市场参与、分类推进,取得政府制度监督与市场多元利益的折中	《关于加快推进"三旧"改造工作的意见》等早期旧改政策体系	片面追求增容更新,缺乏对城市长远发展的规划管控	释放了大量低效资源,解决了用地合法手续等大量历史遗留问题。主要案例:猎德村
系统平衡可持续发展期(2015年至今)	从以往拆除重建模式为主逐步转向全面改造与微改造等多元更新方式的常态化发展	出台《广州市城市更新办法》《广州市旧村庄更新实施办法》《广州市旧厂房更新实施办法》和《广州市旧城镇更新实施办法》,建立城市更新"1+3"政策体系	更新项目与私房业主尚未全面形成积极有效的合作与理解,商业运营导致历史街区绅士化倾向存有争议	主要案例:永庆坊、恩宁路微改造模式,荔湾区社区"建管委制度"、"拾房子"阅读空间

3.1.2 城市更新政策体系

广州城市更新的政策经历了几次调整和修改,逐渐强化政府的管控,重视管理细节和实施成效,城市更新的主导力量从早期市场逐步转为政府。经过多年实践探索,广州形成了"1+3+N"的城市更新政策体系:"1"为《广州市城市更新办法》核心文件;"3"为《广州市旧城镇更新实施办法》《广州市旧村庄更新实施办法》《广州市旧厂房更新实施办法》配套文件;"N"为多项规范性文件[①]。

2019年广州城市更新局撤并后,陆续发布了《广州市深入推进城市更新工作实施细则的通知》(穗府办规〔2019〕5号)等系列政策文件;2020年,广州的城市更新基本形成了"1+1+N"政策体系〔其中:"1+1"指《关于深化城市更新工作推动高质量发展的实施意见》(穗字〔2020〕10号,简称《实施意见》)和《广州市深化城市更新工作推进高质量发展工作方案》(穗府办函〔2020〕66号,简称《工作方案》),"N"就当前来说指15个配套政策文件〕[②]。

3.1.3 城市更新规划编制体系

广州市城市更新规划编制体系的变化经历了三个主要时期:

2010年,广州市开始组织全市"三旧"改造规划编制工作,基于全市"三旧"资源量大面广、分布零散,且旧厂、旧城和旧村各自改造政策导向不同等实际,三旧改造规划采取"1+3+N"的规划编制体系,即总体规划层面的《广州市"三旧"改造规划纲要》,具体支撑"三旧"改造规划的《广州市旧城更新改造规划》《广州市城中村(旧村)改造规划指引》和《广州市旧厂房改造专项规划》,具体项目改造计划再根据以上规划进行编制。

2015年,广州新成立城市更新局取代2012年成立的"三旧"改造办公室,制定新的"1+3+N"城市更新规划编制体系,其中"1"指广州市城市更新总体规划,"3"指旧城、旧村和旧厂"三旧"专项改造规划,"N"指"三旧"地块的具体改造方案或片区策划方案等[③]。

在新的国土空间规划背景下,2021年的《广州市城市更新条例》(征求意见稿)提出:广州市城市更新将以国民经济和社会发展规划、国土空间规划为引领,精准配置空间资源,提供高质量产业发展空间,配建高标准公共服务设施,并以国土空间详细规划作为规划许可、改造实施的法定依据。其更新规划编制体系将形成:市级国土空

---

① 杨东.城市更新制度建设的三地比较:广州、深圳、上海[D].北京:清华大学,2018:27.

② 卫建彬,黄志亮.广州城市更新的政策演进特征与创新探讨[C]//中国城市规划学会,成都市人民政府.面向高质量发展的空间治理——2021中国城市规划年会论文集(02城市更新).北京:中国建筑工业出版社,2021:4.

③ 广州"三旧"改造的"1+3+N"规划体系[J].领导决策信息,2011,786(40):20.

间城市更新专项规划——项目建设规划——片区策划——项目实施方案的总体层级架构。

城市更新专项规划层面，向上衔接国土空间总体规划，落实战略目标、国土空间格局、规划分区、重大基础设施建设等，提出城市更新的目标、规模、分区、分类、分步骤策略等，向下传导城市发展战略意图，引导城市更新工作有序开展，并与国土空间详细规划做好衔接。

城市更新项目建设规划，是依据国民经济与社会发展规划和国土空间总体规划，划定城市更新实施片区，明确重点项目，指导项目实施，明确近中远期实施时序。主要通过项目储备库、实施计划，合理调节城市更新开发节奏，实现项目有序管理。

更新片区策划，根据城市更新项目建设规划划定的实施片区开展。以基础数据为工作基础，开展专项评估和经济测算，明确片区改造范围、发展策略、产业方向、更新方式、利益平衡、实施时序以及规划和用地保障建议等内容，统筹协调成片连片更新。

项目实施方案，是以城市更新基础数据调查成果为工作基础，依据国土空间详细规划、片区策划方案组织编制项目实施方案，报市城市更新领导机构审定后作为项目实施的依据。

3.2 深圳

3.2.1 深圳城市更新阶段历程

唐燕等将深圳城市更新历程总结为：自发分散改造时期（20世纪90年代—2003年），政府推动专项改造时期（2004—2009年），核心制度确立期（2009年至今）。

杨阳提出深圳城市更新分为城市快速发展期（1980—1994年）、城市完善提升期（1995—2009年）、存量土地开发的新时期（2009年至今）[1]。

李江提出深圳的城市更新大致经历了三个阶段，即第一阶段：城市起步期，小规模旧村拆旧建新（20世纪80年代初至90年代初）；第二阶段：快速扩张期，市场推动的小规模更新（20世纪90年代初至21世纪初）；第三阶段：稳定发展期，系统性政策引导下的城市更新（2004年至今）[2]。

按照不同时期市场与政府等主体在城市更新中的角色演变，深圳城市更新阶段历程可以分为特区起步初期自发改造期、政府介入快速推动期、核心制度确立平衡发展新时期。

---

① 杨阳.深圳市城市更新绩效分析与反思［D］.深圳：深圳大学,2018：11.
② 李江.转型期深圳城市更新规划探索与实践［M］.南京：东南大学出版社,2020：60.

表3-2　深圳城市更新发展阶段一览表

阶段	主要更新方式与特征	主要法规文件	存在问题	主要成效和标志事件
特区起步初期自发改造期（20世纪80年代—2003年）	城市快速扩张期中，原有传统村落成为城中村，并通过自发自主拆建改造，形成了多样化、非正式城市空间	—	推进速度较慢，主管机构相关政策还处于探索期，对自我更新管控较弱，造成诸多历史遗留问题	满足了特殊时期城市发展对低成本、多样化城市空间的需求。主要案例：八卦岭、上步
政府介入快速推动期（2004—2009年）	城市更新正式纳入政府权责，并调动社会力量参与的积极性。以城中村和旧工业区两种类型为主，以大拆大建、运动式推进大批更新项目	《深圳市城中村（旧村）改造暂行规定》	出现大量超高容积率项目；以项目论规划，缺乏片区统筹；制度建设尚未系统化	一批重大项目推进较快，对城市基础设施、空间品质的快速提升起到积极作用。主要案例：岗厦村、大冲村、金威啤酒厂、蛇口工业园
核心制度确立平衡发展新时期（2009年至今）	"政府引导，市场主导"，明确将城市更新的方式分为综合整治、功能改变与拆除重建三类	《深圳经济特区城市更新条例》《深圳市城市更新办法》	随着城市更新的更深入推进，部分项目因历史遗留问题的复杂性和现实性，越发难以推进	更新制度不断完善，确立了法规、技术标准和操作指引等配套体系。主要案例：水围村、较场尾、趣城计划

3.2.2　城市更新政策体系

深圳城市更新制度体系由政策法规、技术标准和操作三个层面构成。

政策法规层面：为解决城市更新项目具体实施过程中出现的阶段性个别问题，从2012年开始，陆续出台了《深圳市城市更新历史用地处置暂行规定》《关于加强和改进城市更新实施工作的暂行措施》（2012、2014及2016年版）《深圳市城市更新项目创新型产业用房配建规定》等，由市区级政府根据实际需求发布，以"暂行"和"试行"居多，或者是对更新工作中的一些问题进行探索性处理。2008—2016年，城市更新快速推进阶段，出台了《深圳市城市更新办法》《城市更新办法实施细则》《深圳市城市更新条例》，规定了城市更新的原则、意义、对象、类型、项目主体、项目流程、规划计划、政府职能、产权处理、权益保障等内容，形成了深圳更新制度体系的核心和基础。至2020年，在总结多年的制度设计和法治实践基础上，深圳构建了以《深圳经济特区城市更新条例》为统领，以城市更新办法及其实施细则为核心的特区法规、政府规章、技术规范和操作指引四位一体的政策体系，为城市更新的有效实施提供制度保障。

技术标准层面：《深圳市拆除重建类城市更新单元规划编制技术规定》《深圳市城市更新项目保障性住房配建规定》等，由主管部门深圳市规划和自然资源局和原深圳市规划和国土资源委员会（市海洋局）发布，详细说明更新单元规划等上位法规提到的技术内容,以及工业升级、保障房配建等政策的技术细节,以约束行业与市场实践为主。

操作层面:《深圳市城市更新单元规划制定计划申报指引》《关于明确城市更新项目用地审批有关事项的通知》《深圳市综合整治类旧工业区升级改造操作指引》等,由深圳市规土委发布,既有对流程环节的细化规定,也有对量化指标的具体构建;既有约束市场实践的,也有约束政府内部流程的[①]。

深圳市城市更新政策,坚持以《深圳市城市更新办法》《深圳市城市更新办法实施细则》为核心,通过《关于加强和改进城市更新实施工作的暂行措施》等一系列配套政策规范深圳的城市更新工作。通过《关于加强和改进城市更新实施工作的暂行措施》的定期修订优化,来应对城市更新实践中出现的各种问题。经过2009年以来的城市更新实践和政策创新,深圳形成了以《深圳市城市更新办法》《城市更新办法实施细则》为核心的多层次的"1+1+N"政策体系,"1"分别为《深圳市城市更新办法》《城市更新办法实施细则》,"N"为一系列配套文件,覆盖了法规、政策、技术标准、实际操作办法等。

3.2.3 城市更新规划编制体系

深圳城市更新强调利用市场机制,实行项目的多主体申报和政府审批控制,以充分调动多方力量推进城市更新进程,并以城市更新单元为核心建立起"1+N"的规划编制体系。

"1"为宏观层面编制的《深圳市城市更新规划》,作为总体引导规定了城市更新的原则、控制目标、空间管控等内容,如划定城市更新优先拆除重建区、拆除重建及综合整治并举区、限制拆除重建区、基本生态控制线、已批城市更新单元计划范围等,是近期实施性规划的指导文件。

"N"为城市更新单元规划,对接法定图则,主要内容有更新目标、方式、控制指标、基础设施和公共服务设施建设及城市设计指引等,会对更新单元内的拆除用地范围、利益用地范围和开发建设用地范围进行划分[②]。

深圳城市更新的管理程序包括:划定更新区域(总规层面)、制定专项规划、划定更新单元、制定更新项目年度计划、编制更新单元规划、制定项目实施计划等多个程序。其中,"更新单元规划"是深圳城市更新规划管理的核心制度。在法定地位方面,"更新单元规划是管理城市更新活动的基本依据";在技术内容方面,它包括了规划管理的主要技术内容,并加入了更新管理所需求的内容;在管理流程方面,它的管理流程涉及城市更新项目的各个环节[③]。

全市更新专项规划由市城市更新部门按照全市国土空间总体规划组织编制,确定规划期内城市更新的总体目标和发展策略,明确分区管控、城市基础设施和公共服务设施

---

① 周显坤.城市更新区规划制度之研究[D].北京:清华大学,2017:118.
② 唐燕,杨东.城市更新制度建设:广州、深圳、上海三地比较[J].城乡规划,2018(4):25.
③ 周显坤.城市更新区规划制度之研究[D].北京:清华大学,2017:120.

建设、实施时序等任务和要求。城市更新专项规划经市人民政府批准后实施，作为城市更新单元划定、城市更新单元计划制定和城市更新单元规划编制的重要依据。

城市更新单元是城市更新实施的基本单位。一个城市更新单元可以包括一个或者多个城市更新项目。城市更新单元的划定应当执行有关技术规范，综合考虑原有城市基础设施和公共服务设施情况、自然环境以及产权边界等因素，保证城市基础设施和公共服务设施相对完整，并且相对成片连片。

城市更新单元规划是城市更新项目实施的规划依据，根据城市更新单元计划、有关技术规范并结合法定图则等各项控制要求进行编制，主要明确城市更新单元的目标定位、更新模式、土地利用、开发建设指标、道路交通、市政工程、城市设计、利益平衡方案等，学校、医院、养老院、文化活动中心、综合体育中心、变电站等公共服务设施建设要求，创新型产业用房、公共住房等配建要求，无偿移交政府的公共用地范围、面积等其他事项。

3.3　上海

3.3.1　上海城市更新阶段历程

葛岩等提出上海城市更新历程主要开始于1978年改革开放后，主要经历了20世纪80年代以提高人民居住水平为目标的住房改造阶段、20世纪90年代到21世纪初期全面改善城市面貌的大规模旧区改造阶段、世博期间完善城市功能形象的有序更新阶段以及世博后资源紧约束背景下的有机更新探索4个阶段[①]。

唐燕等提出上海城市更新历程主要为：开埠到新中国成立前（19世纪40年代—1949年），计划经济时代时期（1949—1978年），住房改善和功能重构期（1978—1999年），思路转型期（2000—2013年），城市综合战略期（2014年至今）。

基于不同城市发展阶段城市更新的重点和方式，可以将上海改革开放以后至今的城市更新分为住房改造为主的更新期、综合性城市更新转变期及注重品质活力的有机更新时期。

表3-3　上海城市更新发展阶段一览表

阶段	主要更新方式与特征	主要法规文件	存在问题	主要成效和标志事件
住房改造为主的更新期（1978—1999年）	以住房改善为出发点，以大量历史遗留国有工业企业为对象，通过政府拆迁安置、归集产权、评估出让，引入社会资本统一开发建设	《上海市土地使用权有偿转让办法》	大拆大建模式一定程度破坏了历史文化文脉和肌理，削弱了城市规划的长远管控	标志事件：365棚改计划、制定了《南京东路地区综合改建规划纲要》

---

① 葛岩,关烨,聂梦遥.上海城市更新的政策演进特征与创新探讨[J].上海城市规划,2017,136(5):24.

续表

阶段	主要更新方式与特征	主要法规文件	存在问题	主要成效和标志事件
综合性城市更新转变期（1999—2013年）	改变了此前单一的"破旧立新"式改造，提出"拆、改、留、修"四类更新方式	《关于进一步推进本市旧区改造工作的若干意见》《关于开展旧区改造事前征询制度试点的工作意见》《上海市历史文化风貌区和优秀历史建筑保护条例》	工业用地政策一定程度导致国有资产流失和寻租现象；拆建过程中产生了一定的社会矛盾，加剧了社会阶层分异	大拆大建理念得到转变，城市规划对更新的管控引导作用加强，历史文化保护得到充分重视。主要实践案例：新天地、思南公馆、田子坊
注重品质活力的有机更新时期（2014年至今）	从拆改留转向留改拆、保护为主的有机更新模式，更加重视城市功能品质提升；同时以更新试点项目和"四大行动计划"开展实施示范	《上海市城市更新条例》《上海市城市更新实施办法》	更新规划体系、更新政策体系、更新激励手段等尚待完善	城市更新上升为城市战略，形成一批具有示范意义的有机更新实践成果。主要实践案例：曹杨新村、上海市环梅园公园整体改造；一米菜园、创智农园等社区微更新，世博城市最佳实践区

3.3.2　城市更新政策体系

上海城市更新形成了"1+N"政策体系。

上海自2015年5月颁布《城市更新办法》（"1"）后，为保证城市更新工作的有序开展，上海规土局随后颁布了《上海市城市更新规划土地实施细则》（2017年11月，修订后正式颁布执行）以及《上海市城市更新规划管理操作规程》《上海市城市更新区域评估报告成果规范》等一系列配套政策、规划文件，即为"N"[1]。

3.3.3　城市更新规划编制体系

上海城市更新规划编制体系主要经历了两个阶段：在2021年《上海城市更新条例》颁布前，上海在宏观层面没有设置更新专项规划，主要针对单个城市更新单元编制城市更新单元规划，同时将城市更新规划纳入现有的城市规划体系中，通过控规与传统的城市规划体系进行衔接。这一时期，上海城市更新规划编制采取"先评估，后规划"的规划编制流程，首先进行区域评估，以此划定城市更新单元，如果涉及控规调整的，应编制控制性详细规划设计任务书，同时进行审批；之后进行城市更新单元意向方案的编制，初步形成城市更新单元的更新方案；最后在上一阶段基础上编制最终的城市更新单元规划。

---

[1]　杨东. 城市更新制度建设的三地比较：广州、深圳、上海［D］.北京：清华大学，2018：60.

在城市更新单元规划实施过程中,如需要进行控规调整,需重新开展区域评估工作。

在2021年《上海城市更新条例》颁布后,上海市的城市更新编制体系更加完善,形成了从"宏观的城市更新指引+更新行动计划",到"具体实施层面的区域更新方案+项目更新方案"的体系,补充了此前在宏观层面缺失的规划管控。同时,在实施层面更强调了区域更新统筹的重要性。

在全市层面,由市规划资源部门会同市发展改革、住房城乡建设管理、房屋管理、经济信息化、商务、交通、生态环境、绿化市容、水务、文化旅游、应急管理、民防、财政、科技、民政等部门,编制本市城市更新指引,报市人民政府审定后向社会发布,并定期更新。城市更新指引主要明确城市更新的指导思想、总体目标、重点任务、实施策略、保障措施等内容,并体现区域更新和零星更新的特点和需求。

区人民政府根据城市更新指引,结合本辖区实际情况和开展的城市体检评估报告意见建议,对需要实施区域更新的,应当编制更新行动计划;更新区域跨区的,由市人民政府指定的部门或者机构编制更新行动计划。更新行动计划应当明确区域范围、目标定位、更新内容、统筹主体要求、时序安排、政策措施等。

更新统筹主体应当在完成区域现状调查、区域更新意愿征询、市场资源整合等工作后,编制区域更新方案。区域更新方案主要包括规划实施方案、项目组合开发、土地供应方案、资金统筹以及市政基础设施、公共服务设施建设、管理、运营要求等内容。其中,编制规划实施方案,应当遵循统筹公共要素资源、确保公共利益等原则,按照相关规划和规定,开展城市设计,并根据区域目标定位,进行相关专题研究。

3.4 南京

3.4.1 南京城市更新阶段历程

从城市发展建设的角度,唐善忠对南京改革开放后的城市建设进行梳理,将其划分为4个阶段。

(1)1978—1983年:城建改革的探索阶段,城市建设取得了初步成效,这一阶段,南京的城市建设仍沿用"有多少钱、办多少事""头痛医头、脚痛医脚"的传统做法,城建事业的改革和发展是在探索中前行。

(2)1984—1991年:城建改革的起步阶段,城市建设全面推进。这一时期,城建改革进入了实质性阶段,许多重大改革措施相继出台,交通道路建设、住宅建设加速进行。

(3)1992—2000年:城建改革的推进阶段,城市建设发展加快。这一阶段,主要建设社会主义市场经济体制为目标,深入推进城建改革,其中最为突出的是土地使用制度的改革和住房商品化、市场化体制的建立。土地制度改革为大规模地开展城市建设提供了资金保证。

（4）2001年至今：城建改革的深入阶段，城市建设空前发展。2003年市经济体制改革领导小组出台了《关于进一步加快城市建设系统经济体制改革的实施意见》，掀起了新的城建改革高潮。改变了单一的政府投资模式，社会资本较大规模地参与到城建项目中，民营企业、外资企业、个人等新型投资主体的进入，使城建投资体制形成了多元化结构。

东南大学程小梅从城市空间形态演变的角度，将改革开放以来的南京城市建设阶段划分为4个阶段：

（1）1979—1991年：缓慢发展期。这一阶段城市受用地扩展空间制约发展缓慢。城市建设以老城为核心向外围逐步扩展，发展速度缓慢。在此期间，主城用地结构中，老城占据绝对核心地位，城市建设活动主要集中在老城范围内。

（2）1992—2000年：跳跃发展期。在政策推动下，城市建设依旧在老城建设的基础上向外拓展，南京市区城市建设用地面积从1990年的209平方公里增长到375平方公里左右，城市进入快速扩展阶段。

（3）2001—2009年：快速发展期。城市发展逐步跳出老城，新市区成为城市发展的重心。在机场、港口等区域性交通设施的带动下，主城外围形成了一系列的城市组团，南京城市空间呈现多中心发展格局。

（4）2010年至今：飞速发展期。随着2002年河西建设的正式启动，城市逐步推进"一城三区"的城市发展战略——河西新城为主城区，东山新区、仙林新区和江北新区为三大副城区，南京城市建设速度加快。与此同时，2010年国际奥组委将青奥会承办权授予南京，南京迎来了一次重大的发展机遇，推动南京城市建设的高速发展。

由南京市规划和自然资源局与南京市城市规划编制研究中心共同编著的《南京城市更新规划建设实践探索》，将南京40多年的城市更新工作历程总结为以下三个阶段：

1. 阶段Ⅰ（2000年前）：外延式扩张

结合回城人口安置，加快新村小区新建和老城区改造。1983年，南京市政府公布《加快住宅建设暂行规定》《城镇建设综合开发实施细则》，明确指出"实行综合开发新区与改造旧城区相结合，以旧城改造为主"，40个老城改造片、各项建设纳入城市统一开发轨道。南京市及各区政府成立一批城镇建设综合开发公司，建成了瑞金新村、锁金村、后宰门等小区和太平南路（全国十大商业街）、莫愁路、珠江路等一批商业街。

抓住"三城会"和"华商会"契机和政府"一年初见成效，三年面貌大变"的建设要求，旧城用地结构调整与外围工业城镇建设联动。20世纪90年代初实行有偿使用和土地出让拍卖、招标，市场力量开始进入城市建设，通过"以路代房、以房补路、以地补路"，城市道路等基础设施建设突飞猛进。旧城用地结构调整速度加快，推动工业企业"退二进三"，与外围工业城镇联动建设。结合重大事件推进城市面貌改善和历史文化保护工作,开展了中山陵、明孝陵等保护修缮及明城墙修复、秦淮河风光带建设、近现代建筑保护利用工作。

在城市改造大规模进行的过程中,也存在一些问题:新建小区缺乏人性化配套设施;大拆大建忽视了新建建筑与街道整体风貌的融合,缺少对各类街巷、传统民居及地下遗址等的保护;一定程度破坏了历史风貌及肌理。

2. 阶段Ⅱ(2000—2011年):新区开发与旧城拆除重建

根据《南京市城市总体规划(1991—2010年)》(2001年调整),2001年党代会制定"一疏散、三集中"和"一城三区"城市空间发展战略,加快老城人口和功能疏散,特别是老城工业企业的搬迁改造。同时,注重历史文化保护,陆续制定了《历史文化名城保护规划》(2002修编版)和《老城保护与更新规划》(2002年)等。随着"一疏散"战略的实施,推动了老城环境综合整治和整体保护,陆续实施了秦淮河和金川河水环境整治、明城墙风光带和铁路沿线绿化带景观建设、中山陵环境综合整治、老城增绿、道路出新和房屋美化亮化,实现了"显山露水,见城滨江",凸显出古都文化特色内涵。

为推动老城工业搬迁,制定出台《关于推进南京市国有工业企业"三联动"改革工作的指导意见》(2002年)。通过老城国企"三联动"改革和"退二进三"改造,老城用地功能得到置换和提升,居住和公共设施用地比例提升,工业用地比例下降。外围产业片区盘活低效用地,推进了产业结构升级,促进土地资源集约利用。

在2010年前后,南京加大了城市改造中历史文化保护的力度,制定了《南京市夫子庙秦淮风光带条例》(2010年实施)、《南京市玄武湖景区保护条例》(2010年实施)、《南京市历史文化名城保护条例》(2010年实施)、《南京城墙保护条例》(2015年实施)等地方性法规。但旧城改造的一些惯性做法导致一些历史地段和历史建筑遭破坏和拆除,大规模产权重建、功能突变式的开发模式导致城市历史记忆、空间肌理、路网尺度的断裂,发生了"老城南事件"。作为转折点,南京市提出了"镶牙式"保护更新理念。

3. 阶段Ⅲ(2012年至今):有机更新、积极创新

在历史地段更新方面,随着2015年提出老城南渐进式更新的新思路,南京市基于自身历史资源特色,在历史地段、重要近现代建筑(民国建筑群)、工业遗产、科教文化遗产等方面,开展了一批历史资源更新活化利用的项目。典型案例如历史地段类的门西愚园、南捕厅,重要近现代建筑类的颐和路、百子亭片区,工业遗产类的浦口火车站、金陵兵工厂,科教文化类的夫子庙、江南贡院等。

在老旧小区改造和加装电梯方面,通过一系列规范性文件的编制,着力解决2000年前建成的非商品房老旧小区居住环境问题,开展了老旧小区整治修缮、功能完善、配套补齐、品质提升等工作,具体如加装电梯、立面出新、增设车位、补充绿化等。

居住类地段更新方面,出台《开展居住类地段城市更新的指导意见》,促进城市更

新从传统征迁模式向"留改拆"方式转变,实现多元参与、多元置换,延续人文肌理。具体实施了小西湖城南传统民居历史地段微更新、石榴新村棚户区市场化城市更新,以及针对虎踞北路4号危房,通过以拆为主,居民自筹资金,政府共同推进的方式开展危房翻建。

陆续出台了《关于深入推进城镇低效用地再开发工作实施意见(试行)》(2019年)、《开展居住类地段城市更新的指导意见》(2020年)、《居住类地段城市更新规划土地实施细则》(2021年)、《既有建筑改变使用功能规划建设联合审查办法》(2021年)、《南京市深化建设工程消防设计审查验收改革工作实施意见(2.0版)》(2022年)、《南京市城市更新办法》(2023年)等,推动和引导城市更新工作有序开展。

表3-4 南京城市更新发展阶段一览表

阶段	主要更新方式与特征	主要法规文件	存在问题	主要成效和标志事件
阶段1(2000年前):外延式扩张	城市建设由内向外,填空补实、逐步发展的总体规划构想。综合开发新区和改造旧城区相结合,以旧城改造为主。90年代开始逐步引入市场力量,以基础设施建设为主要内容,兼顾住宅、综合环境建设	1983年《加快住宅建设暂行规定》,《城镇建设综合开发实施细则》	新建小区缺乏人性化配套设施,大拆大建忽视了新建建筑与街道整体风貌的融合,缺少对各类街巷、传统民居及地下遗址等的保护。一定程度上破坏了历史风貌及肌理	改革开放后通过小区新村建设解决回城人口安置问题。结合"三城会"等重大事件的旧城用地结构调整与外围工业城镇建设联动,城市面貌显著改善。历史文化保护工作得到重视与推进。主要事件:南湖小区、瑞金新村、后宰门小区等小区建设;中山陵、明孝陵的保护修缮,秦淮河风光带的建设
阶段2(2000—2011年):新区开发与旧城拆除重建	聚焦跳出老城建设新区、老城内填平补齐和功能结构优化、历史地段保护改造、环境整治	2001年党代会"一疏散、三集中"和"一城三区"发展战略。2002年《关于推进南京市国有工业企业"三联动"改革工作的指导意见》;《南京市夫子庙秦淮风光带条例》《南京市玄武湖景区保护条例》《南京城墙保护条例》《南京市历史文化名城保护条例》等地方性法规	大规模产权房重建、功能突变式的开发模式导致城市历史记忆、空间肌理、路网尺度的断裂。出现与产权重建开发模式相伴随的城市绅士化,社会结构的突变及破坏,忽视对老城原居民和特色产业的关注	老城国企"三联动""退二进三",用地功能得到置换和提升。老城环境综合整治和整体保护,提出"镶牙式"保护更新理念。通过秦淮河和金川河水环境整治、明城墙风光带建设、中山陵环境综合整治、老城增绿等行动,实现了"显山露水,见城滨江"目标

续表

阶段	主要更新方式与特征	主要法规文件	存在问题	主要成效和标志事件
阶段3（2012年至今）：有机更新、积极创新	"盘活存量、控制增量、增加流量、提升质量"的总体原则。从大拆大建转向有机更新，强化产权意识，体现以人民为中心的总体要求	《关于深入推进城镇低效用地再开发工作实施意见（试行）》《开展居住类地段城市更新的指导意见》《南京市城市更新办法》	更新政策、制度、规划体系尚需进一步系统完善。更新试点项目尚待探索，由局部示范转向全面可持续推进	历史地段更新方法与机制的重大转变。城镇低效用地再开发政策的创新及成功实践案例。居住类地段城市更新相关政策及优秀实践项目。系统持续的环境综合整治、老旧小区改造及加装电梯。主要案例：小西湖、石榴新村、玄武卫巷片区危旧房改造

3.4.2　城市更新规划制度体系

依据2023年发布的《南京市城市更新办法》，南京城市更新制度体系内容主要包括以下几个方面：

1. 更新类别

对存量用地、存量建筑开展的优化空间形态、完善片区功能、增强安全韧性、改善居住条件、提升环境品质、保护传承历史文化、促进经济社会发展的活动。具体包括下列类型：

（1）对建筑密度较大、安全隐患较多、使用功能不完善、配套设施不齐全等，以居住功能为主的城市地段进行的居住类城市更新；

（2）对不符合发展导向、利用效率低下、失修失养的老旧厂区、商业区、园区、馆区、校区、楼宇等进行的生产类城市更新；

（3）对生态环境受损、配套设施陈旧、服务效能低下的城市山体、绿地广场、城市公园、滨水空间、道路街巷等进行的公共类城市更新；

（4）对城市生产、生活、生态混杂的复合空间进行的综合类城市更新；

（5）市人民政府确定的其他城市更新活动。

2. 工作机制

市人民政府加强对本市城市更新工作的领导，成立市城市更新工作领导小组（简称市领导小组）。市领导小组负责统筹、协调推进城市更新工作，研究、审议重大项目方案、政策举措，协调解决城市更新重大问题，建立健全工作推动、考核奖惩等体制机制。市领导小组办公室设在市城乡建设部门，具体负责日常工作。各区人民政府、江北新区管理机构是推进本辖区城市更新工作的主体，负责组织、协调和管理辖区内城市更新工作。

街道办事处、镇人民政府按照职责做好城市更新相关工作。

市城乡建设部门负责制定城市更新计划并督促实施，牵头研究城市更新政策，依法优化项目审批流程，负责职责范围内施工图审查监督管理、施工许可、质量安全监督管理、消防审验、竣工验收备案、城市更新项目协调推进等工作，负责项目库管理、协议搬迁管理等工作。市规划和自然资源部门负责规划编制管理、用地审批、规划许可、不动产登记等工作，负责职责范围内城市更新项目协调推进工作。市住房保障和房产部门负责住房保障、危房治理、老旧小区改造等统筹管理，负责职责范围内城市更新项目协调推进工作。发展和改革、财政、交通运输、水务、城市管理、绿化园林、商务、文化和旅游等市相关部门按照职责分工，协同推动城市更新工作。

3. 规划和计划

南京市城市更新规划体系分为总体层面、中观层面、项目层面三级。总体层面强调战略性，编制市、区级城市更新专项规划来衔接国土空间规划与其他专项规划，协调统一发展目标，贯彻政府在城市更新领域的意图，并通过分类分区指引对下一层级更新工作进行管控引导；中观层面强调协调性，通过行动计划和单元策划方案的编制，对接单元层次详细规划，管控更新节奏，协调综合开发中功能、空间、产业、经济可行性；项目层面强调实施性，通过实施方案的编制对接街区图则层次详细规划，将实施方案中的技术内容法定化，指导城市开发建设。

编制详细规划应当适应城市更新新形势要求，深入开展现状调查，将存量用地和存量建筑的地籍、国土空间规划城市体检评估等作为详细规划编制的重要基础，细化空间布局、建筑风貌、交通组织、存量建筑保护利用、历史文化保护利用、公共服务设施和基础配套设施、改善人居环境等内容，明确各细分地块的用地性质、管控指标、功能业态等，适当提高刚性和改善性住宅用地占比，为实施城市更新提供法定依据。市规划和自然资源部门牵头组织编制或者修编详细规划，按照规定程序报批。

市城乡建设部门牵头编制市级城市更新年度计划，经市领导小组办公室审核并报市领导小组批准后实施。各区人民政府、江北新区管理机构牵头编制区级城市更新年度计划，经区领导小组办公室审核并报区领导小组批准后实施。城市更新年度计划应当明确年度目标任务和具体项目，包括项目类型、实施主体、范围和规模、建设内容、搬迁安置、投资估算、投资来源、进度安排等。

4. 政策创新

主要提出了规划政策、土地政策、空间复合利用政策、历史建筑活化利用政策、消防审验政策、施工图审查政策、搬迁政策、施工许可政策及质量安全监督管理政策、竣工验收备案政策、土地出让金测算政策、资金政策、规费政策、资源统筹政策等全面的创新政策体系。

3.5　我国先发地区城市更新经验总结

国内城市更新研究开始于20世纪80年代,起步较晚,在借鉴西方城市更新理论的基础上,与中国实践相结合不断发展。早期地理学和城市规划学的学者占据城市更新研究的主导地位,随着城市更新实践的逐步深入,越来越多的经济学、管理学、社会学等学者开始从多学科、多角度研究城市更新,成果呈现出多样性特征[①]。

3.5.1　更新发展历程总体特征

阳建强根据中国城镇化进程和城市建设宏观政策变化,主要基于更新重点解决的问题,将中国城市更新划分为4个重要发展阶段:

第一阶段(1949—1977年):以改善城市基本环境卫生和生活条件为重点;第二阶段(1978—1989年):以解决住房紧张和偿还基础设施欠债为重点;第三阶段(1990—2011年):市场机制推动下的城市更新实践探索与创新;第四阶段(2012年至今):开启基于以人为本和高质量发展城市更新新局面。

王嘉等从城市治理的视角出发,依据城市更新的治理特征和深圳、广州、上海等城市的更新实践情况,将我国1949年以来的城市更新演进历程划分为3个阶段:

第一阶段(1949—1989年):政府主导下一元治理的城市更新。在该阶段早期,旧城改造主要着眼于棚户区和危房简屋改造,如北京龙须沟改造、上海肇嘉浜棚户区改造和南京内秦淮河整治等。改革开放以后,"全面规划、分批改造"是这一阶段旧城改造的重要特征,旧城改造的重点转为还清生活设施的欠账、解决城市职工住房问题,并开始重视修建住宅[②]。第二阶段(1990—2009年):政企合作下二元治理的城市更新。我国一些特大城市开始逐步探索城市更新机制,推动以城中村改造、旧工业区改造、历史文化街区改造等为重点的城市更新。第三阶段(2010年至今):多方协同下多元共治的城市更新。这个阶段的城市更新主要聚焦于老旧小区改造、低效工业用地盘活、历史地区保护活化、城中村改造和城市修补等[③]。

因此,纵观国内各先发城市更新发展历程,基本上经历了最初的以解决城市住房问题和基础设施建设为主要目的的更新改造,到改革开放后市场与政府相互博弈的阶段,再到2010年后全面转向以人为本、品质提升、综合平衡的城市更新阶段。

3.5.2　我国先发城市更新体系比较与总结

通过对我国先发城市更新发展和制度体系的梳理,从机构设置、管理规定、更新对象、规划体系、审批管控等方面来看,我国城市更新主要呈现以下方面的特点:

① 高见.系统性城市更新与实施路径研究[D].北京:首都经济贸易大学,2020:9.
② 王嘉,白韵溪,宋聚生.我国城市更新演进历程、挑战与建议[J].规划师,2021(24):22.
③ 王嘉,白韵溪,宋聚生.我国城市更新演进历程、挑战与建议[J].规划师,2021(24):24.

在更新机构设置方面,四个城市都依据自身情况设立了相关的城市机构,除深圳市的城市更新和土地整备局隶属于深圳市规划和自然资源局,其他城市的相关更新主管机构主要为住房和城乡建设局(委),或成立市领导小组同时设办公室于住房和城乡建设局(委)。同时,上海和南京市在市级城乡建设部门已经组建或拟组建"市城市更新中心",作为城市更新改造的功能性平台,具体推进城市更新相关项目的实施工作。

在更新对象及分类方面,广州和深圳的城市更新包含了从拆除重建到微改造等更全面的类型,如广州市经历全面改造—微改造—混合改造;深圳市分为综合整治、功能改变、拆除重建;而上海市和南京市定义的城市更新主要为"留改拆"并举,以保留保护、利用提升为主,同时,南京市将城市更新分为居住类、生产类、公共类及综合类四种具体类型。

在更新规划体系方面,目前各个城市基本形成了宏观引导—单元策划—更新计划—项目实施方案的更新规划编制体系。如上海市的更新规划体系为:城市更新指引—更新行动计划—区域更新方案—项目更新方案;南京市为:城市更新专项规划—单元策划—项目库及计划—项目实施方案编制;深圳市为:城市更新专项规划—城市更新单元规划—城市更新单元计划;广州市为:市级国土空间总体规划更新总体指引—城市更新专项规划—国土空间详细规划项目建设规划—片区策划—项目实施方案。

在规划实施和政策创新方面,各城市都进行了积极的探索。深圳通过城市更新解决了城中村内大量的历史遗留的土地问题,同时,从公共利益保障的角度,推进了保障性住房和创新产业空间的落实;广州市主要以城市"三旧"用地为突破点,促进了城市产业转型升级与城市功能完善。在实施路径方面,广州、深圳主要通过更新计划进行城市更新项目的有序推进管理;上海、南京主要推进了一批城市更新示范项目,同时,还探索了多种模式的城市微更新实践和管理创新,加强公众参与与社区营造师建设,共同推进微更新项目[①]。

表3-5   四个城市城市更新体系比较一览表

主要要求	上海	广州	深圳	南京
机构设置	城市更新领导小组设在市住房城乡建设管理部门,具体工作主体为城市更新中心	广州市住房和城乡建设局	深圳市城市更新和土地整备局	市领导小组办公室设在市城乡建设部门,组建市城市更新中心

① 唐燕.我国城市更新制度建设的关键维度与策略解析[J].国际城市规划,2022,37(01):6.

主要要求	上海	广州	深圳	南京
管理规定	《上海市城市更新条例》	《广州市城市更新条例》	《深圳经济特区城市更新条例》	《南京市城市更新办法》
对象分类	旧区、旧工业、城中村；按照市政府规定程序认定的城市更新地区	旧城、旧村、旧厂	旧工业区、旧商业区、旧住宅区、城中村和旧屋村	居住类、生产类、公共类及综合类
规划体系	城市更新指引—更新行动计划—区域更新方案—项目更新方案	城市更新专项规划—项目建设规划—片区策划—项目实施方案	城市更新专项规划—城市更新单元规划—城市更新单元计划	城市更新专项规划—单元策划—项目库及计划—项目实施方案
空间管控	公共要素清单、容积率奖励等	功能分区、强度分区等	强度分区、保障性住房、创新产业用房配建，移交公益用地等	地上、地表、地下分层规划和复合高效利用
政策特点	政府引导，政府、市场双向并举	政府主导，市场运作	政府引导，市场运作	政府引导，市场运作
运作实施	审批控制，试点示范项目	审批控制，政府收储	审批控制，多主体申报	市、区分级审批控制
特色创新	用地性质互换、公共要素清单、社区规划师、微更新等	数据调查（标图建库）、专家论证、协商审议等	保障性住房、公共服务配套、创新产业用房、公益用地	审批政策：并联审批、"豁免"清单、"正负面"清单；规划政策：空间复合利用、历史建筑活化利用

第四章 当代我国城市更新的宏观背景

研究确立我国城市更新规划体系,必须放在我国实施新型城镇化战略和建设现代治理体系的宏观背景要求下定位。进入城市化低速增长、空间扩张紧约束、大城市更多依靠存量空间发展的新阶段,城市治理的方式理念发生重大变化,针对存量空间高质量发展的现代治理体系的研究成为迫切需要的任务。在国家已经初步建立国土空间规划体系的背景下,构建我国城市更新规划体系,需要在深入分析我国城市化未来发展的基本特征、国土空间治理体系变革要求的基础上,基于我国未来城市更新行动的趋势特征综合研判。

4.1 我国城市化发展到"后半场",内涵提升成为城市化核心战略

4.1.1 城市化发展阶段的基本规律

城镇化是由社会生产力的变革所引起的人类生产方式、生活方式发生转变的过程,是非农产业发展、人口向城镇集中以及传统的乡村社会向现代的城市社会演变的自然历史过程。从大的发展阶段看,城镇化大体经历了"城市化—大城市郊区化(中心城空心化)—逆城市化(城市再开发)"的发展过程。一般在郊区化阶段,城市更新的需求较为旺盛,在逆城市化阶段城市更新则成为城市化的主要形式和动力。目前西方发达国家和城市普遍进入了城市化基本稳定阶段,内城和老旧片区的更新成为提升城市竞争力和环境品质的主要空间战略[1]。

1. 城市化阶段。在城市化阶段,人口从农村流向城市,城市人口快速增加,新增人口的住房需求带动房地产市场快速发展。在城镇化率从30%提高到50%的阶段,人口迁移以农村迁入城市为主,大量的房地产开发和成片工业区、大型企业建设并行,支撑了城市化的发展。在城镇化率从50%提高到70%的阶段,人口迁移以城市之间的相互流动为主[2]。这个阶段的基本

---

① 秦虹,苏鑫.城市更新[M].北京:中信出版社,2018:3.
② 秦虹,苏鑫.城市更新[M].北京:中信出版社,2018:4.

特征是,人口迁移以从小城市迁入大城市为主,城市进入功能布局结构优化期,早期的工业用地和工业企业面临产业升级和转型的需要。随着城市的扩张,城市内部和近郊区的工业区由于区位价值的提升和城市规划的相应调整,面临转型升级、搬迁更新的需求,大量表现为"退二进三"行动,这也是这个时期城市空间更新工作的重要特征。早期建设的住宅区由于标准低、配套跟不上居民生活的需要存在更新的需求,也是这个时期很重要的城市更新对象。这个阶段城市更新的特征是我国省会城市、区域性中心城市20世纪90年代以来的主要特征,既有城市的快速扩张,也有城市内部空间动能的改造更新提升,西方发达国家在20世纪60—70年代这种趋势达到顶峰。

2. 大城市郊区化(中心城空心化)阶段。当城镇化率超过70%之后,人口迁移以从大城市城区迁入大城市郊区为主,部分大城市郊区人口甚至超过城区人口。事实上,早在城镇化率超过50%的时候,少数大城市就已经开始了郊区化进程。这一阶段伴随产业转移和交通发展,人口流入郊区带动郊区发展,与此同时,在大城市中心出现"城市空心化"现象[①]。在我国,部分特大城市的城镇化与郊区化呈现同时进行的特点,即一方面农村人口向城市迁移,另一方面城市人口流入郊区。这个阶段城市更新的动力主要基于参与全球化竞争、提升城市竞争力、满足人民美好生活需要对老旧小区进行拆除改造,或者对一些低效利用的滨水空间、公共空间、老旧工业区进行更新,打造更高效利用的商务空间、创意空间、公共空间和休闲空间。工业区内部的更新也开始,以适应工业产业结构的变化,工业企业向研发、总部方向发展,部分城市开始对工业用地、工业企业地块内部开始功能改造升级。中心城空心化趋势也出现在部分省会中心城市、特大城市和超大城市的局部地区,但总体特征并不明显,例如南京市出现了鼓楼区老城高等教育、总部办公功能向外围新区的转移,物质空间的质效有所降低,城市更新的压力来源于功能维持。

在大城市郊区化(中心城空心化)阶段,伴随城市化率逐步提高和城市规模不断扩大,"大城市病"开始凸显,人口密集、交通拥堵、环境恶化、社会问题突出、生活品质下降等问题逐步显现。此阶段为解决这些问题在郊区建设新城或卫星城,加上产业转移和交通发展,人口向郊区流动,城市发展表现为郊区化,大城市中心则出现"空心化现象"。在这个阶段中,在城市建设发展的同时,城市更新也已经存在。例如,城市美化运动、消灭贫民窟、旧城改造等,实质都是城市更新。这个阶段,为了解决城市中心区衰败问题,发达国家从城市可持续发展角度提出和实施"城市更新""城市再开发"等理念和措施,旨在通过城市资源的调整、整合和更新,使这些问题得到解决,从而实现城市的永续发展。

3. 逆城市化(城市再开发)阶段。逆城市化(城市再开发)是在城市郊区化之后,针对城市内城或中心城区出现的空心化现象,通过内城复兴计划或城市再开发等活动,将

① 秦虹,苏鑫.城市更新[M].北京:中信出版社,2018:4.

经济发展和城市建设重心重新转向城市中心城区。以英国为例,从20世纪70年代后期起,英国主要城市开始出现不同程度的衰败,英国新城的功能也由此转向协助大城市恢复内城经济。新城的开发不再局限于大城市的外围地区,而是扩充到整个区域范围,同时推动内城和老旧功能片区的更新,为新兴产业的发展、休闲服务功能建设和城市特色塑造提供空间。再比如,20世纪90年代,日本泡沫经济崩溃以后,城市中心地区居住人口减少。为防止城市中心地区空洞化现象的蔓延,使城市经济得到复苏与振兴,日本政府提出了中心城区经济活性化的方针。在20世纪末,日本政府对《城市计划法》进行了修改,又颁布了《大规模小卖店铺立地法》和《中心市街地活性化法》。2002年,又颁布了《城市再生特别措置法》,进一步促进城市中心重新焕发活力[①]。对我国来说,这种趋势总体尚没出现,但在特大城市的中心城局部地区已出现,典型的是工业外迁、总部办公企业外迁。

4.1.2 内涵提升成为城市化进程后半场的主要任务

新中国成立70多年以来,我国以大规模的增量建设为主导模式,城镇化率从1949年的10.64%提高至2021年的64.72%,创造了世界上速度最快、规模最大的城镇化历史[②]。城镇化上半程主要追求数量,通过农业转移人口、进城打工、转为城市户籍等途径实现。1978年改革开放政策实施后,城市建设的重点是完善城市功能、推进大规模旧城改造。在改革开放后各地进行了几轮旧城改造,主要针对棚户区、污染工业区进行了大规模、快速化城市更新,基本上采取的是"拆一建多""退二进三"的推倒重建式的更新方式。这种方式虽然使城市空间职能结构、城市环境问题等得到一些改善,但也产生了大量负面影响,如城市肌理被破坏、各类保护建筑遭到毁坏、城市文脉被切断、城市特色消失、千城一面等。

20世纪90年代以来,在市场经济的导向下,国内城市更新继续对低效工业片区、老旧住区、中心区和滨水空间进行较大规模拆迁改造,改造后的主要功能是住宅和商业商务办公设施。这个时期,吴良镛教授通过思考北京旧城改造的实践提出城市有机更新理论。城市有机更新是对城市中已不适应城市社会生活发展的地区进行必要的改建,使之重新发展和繁荣。主要包括对建筑物等客观存在实体的改造,以及对各种生态环境、空间环境、游憩环境等的改造与延续。然而由于过去20多年来,更多的还是关注城市的扩张和拆除重建,在大规模的城市更新中,有机更新理论尚没有得到真正全面、系统性的实践。

2000—2011年,我国城镇建成区面积增长76.4%,远高于城镇人口50.5%的增长速度。从总体上看,全国城市空间的大规模扩张时期已经结束,土地城镇化已经接近尾声,

---

① 秦虹,苏鑫.城市更新[M].北京:中信出版社,2018:6.
② 李震,赵万民.国土空间规划语境下的城市更新变革与适应性调整[J].城市问题,2021(5):53.

常住人口城镇化率超过66%（2023年），中国城镇化已进入"下半场"，中国城市快速、低质的生长阶段也已经走到尽头，存量空间的更高质量、更高效率发展是未来我国城市化的重点任务。据测算，预计2020—2030年，我国城镇化率每年提升大约0.85%，显著低于过去十年年均1.27%的升速，如何实现粗放型增长向集约型发展转变、盘活存量土地将是未来一段时期的重要课题。

城市增量空间资源有限，我国的城镇化战略将转为严格控制增量、重在追求城镇化质量，"城市更新"上升到国家战略层面是必然的，尤其是国内一些主要城市的发展模式将率先从大规模增量建设转为存量提质改造和增量结构调整并重，这是促进土地、资源等要素集约利用，提升和改善人民生活水平，推进以人为核心的新型城镇化战略的重要路径。从重点城市群城市化水平来看，珠三角、长三角、京津冀地区整体城镇化率已超过"十四五"规划确定的常住人口城镇化率65%的目标。其中，珠三角城市化水平超过80%。与西方城市走过的发展历程具有较大的类似性，为把握与引领城镇化和经济发展"新常态"，城市更新将成为未来许多城市内涵式发展、经济模式转轨以及空间优化的主要途径。

随着我国城市化"后半场"由加速转向提质，我国真正步入城市更新时代。2019年，中央和地方都出台了许多城市更新的相关政策，宣告"城市更新元年"的到来，城市更新变为城市高质量、可持续发展的核心手段[1]。2020年中央经济工作会议强调要实施城市更新行动、推进城镇老旧小区改造，为进一步提升城市发展质量指明了方向。党的十九届五中全会通过的《中共中央关于制定国民经济和社会发展第十四个五年规划和二〇三五年远景目标的建议》明确提出：加快转变城市发展方式，统筹城市规划建设管理，实施城市更新行动，推动城市空间结构优化和品质提升。这是党中央站在全面建设社会主义现代化国家、实现中华民族伟大复兴中国梦的战略高度，为实现城市高质量发展而作出的重大决策部署，也是"十四五"时期以及今后一段时期我国推动城市高质量发展的重要抓手和路径。

在城镇化的中期阶段，城镇化率在30%—70%之间，这一阶段工业化飞速推进，城镇化速度显著提高。当城镇化率超过70%以后，城镇化进入后期阶段，农村人口和劳动力已迈过大规模转移阶段，城镇化速度放缓。近些年来，随着城镇化水平的提高，大城市边界的扩张受到限制，城市内相对容易拆除重建的区域基本完成重建。对城市化水平较高地区的大城市来说，城市发展的关注点已从外延式的发展转向了城市内部空间质量的提升。一些有条件的城市开始强调城市化的质变，强调城市通过有机更新实现更高质量发展、综合竞争力增强的目标。先发城市的城市更新，在推动我国城市经济转型升级、保护城市历史文脉、增强社会民生保障、改善和提升城市空间品质、完善和优化城市功能结构

---

① 刘伯霞,刘杰,程婷等.中国城市更新的理论与实践[J].中国名城,2021(7):2.

等方面取得了显著的成果。新型城镇化的空间规划与治理模式由以"扩张、增量"为主向"控增量、用存量、提质量"的"精细化运作"转化,城市更新也由再开发的"增长点"向促改革的"着力点"转型[①]。

4.1.3 我国特大城市成为城市更新的主要战场

如同西方国家城市更新走过的发展历程,我国的城市发展尤其是大城市已然进入了有机更新为主要城市化路径的发展阶段。2015年以来,全国城市中存量供地占比逐年增加,在东部城镇化水平较高的大城市中表现得更为明显。深圳、苏州等部分城市存量供地占比超过50%,北京、上海等一线城市未来规划中的城乡建设用地规模也在收窄,城市发展进入更新时代。例如南京市,从1978年到2019年,南京城市建成区面积从116平方公里拓展到约823平方公里,年均增长17平方公里左右,高峰期年均新增建设用地约25平方公里,城市空间快速扩张。2018年,全市建设用地规模已经超出原土地利用总体规划2020年的控制目标,几乎没有剩余增量空间,城市建设开始由增量扩展为主向增存并重转变。截至2019年,南京市存量建设用地供应率已高于60%,存量空间利用和城市更新成为城市化的主要任务。

由于地区之间的发展不平衡,我国不同地区的城市更新发展所处阶段有所不同。早期的城市更新主要集中在北京、上海、广州、深圳等一线城市及部分二、三线城市,现阶段城市更新(棚户区改造、旧城改造、旧厂改造等)已经在全国各个城市实施推进。深圳、广州、上海等一线城市的城市更新目标大致相同,都是为了改善居住环境和补充公共设施、促进产业结构升级、加强历史遗迹与生态保护等,但是在具体的治理模式上它们又存在一定差异。北京和广州主要采取政府主导的方式,同时强调多元主体参与;上海采取了"自上而下"和"自下而上"两种方式相结合推动城市更新;深圳首先通过法规明确规定应负担的公共成本,然后采取由地方政府、村集体、市场协作的方式实施城市更新[②]。

住建部于2021年11月4日发布《关于开展第一批城市更新试点工作的通知》,针对我国城市发展进入城市更新重要时期所面临的突出问题和短板,提出要严格落实城市更新底线要求,转变城市开发建设方式,结合各地实际,因地制宜探索城市更新的工作机制、实施模式、支持政策、技术方法和管理制度,推动城市结构优化、功能完善和品质提升,形成可复制、可推广的经验做法[③];从探索城市更新统筹谋划机制、探索城市更新可持

---

① 叶林,彭显耿.城市更新:基于空间治理范式的理论探讨[J].广西师范大学学报(哲学社会科学版),2022(4):17.

② 梁城城.城市更新:内涵、驱动力及国内外实践——评述及最新研究进展[J].兰州财经大学学报,2021(5):103.

③ 叶林,彭显耿.城市更新:基于空间治理范式的理论探讨[J].广西师范大学学报(哲学社会科学版),2022(4):16.

续模式和探索建立城市更新配套制度政策三个方面,在北京等21个城市(区)开展第一批为期2年的城市更新试点。作为实施城市更新行动的相关措施,对2000年底前建成的老旧小区的改造提升工作在全国全面铺开。国务院办公厅于2020年7月20日印发《关于全面推进城镇老旧小区改造工作的指导意见》,明确城镇老旧小区改造是重大民生工程和发展工程,对满足人民群众美好生活需要、推动惠民生扩内需、推进城市更新和开发建设方式转型、促进经济高质量发展具有十分重要的意义。

　　进入到城市化的下半场,城市化战略的思路由增长型逐步转化为关注存量空间提升空间价值。2013年后随着新型城镇化战略的逐步探索确立,城市更新向着更加复合多元的模式转型,渐进式改造、有机更新等做法得以强调[1]。2015年中央城市工作会议提出控制城市开发强度,科学划定城市开发边界,推动城市发展由外延扩张式向内涵提升式转变。2016年,国家为进一步加强城市规划建设管理工作,提出有序实施城市修补和有机更新;2019年中央经济工作会议首次强调"城市更新"概念,提出加强存量住房改造提升;2020年党的十九届五中全会通过《中共中央关于制定国民经济和社会发展十四个五年规划和二〇三五年远景目标的建议》,将"实施城市更新行动"作为"推进以人为核心的新型城镇化"的主要抓手,推进城市生态修复、功能完善工程。城市更新既是提高人民生活质量,加强城乡文化遗产的延续与传承,提升人民群众获得感、幸福感和安全感的重要途径,也是促进内需的扩大,形成新的经济增长点,以及通过产业转型升级、土地集约利用、城市整体机能和活力的提升,推动城市发展方式根本转变的重大国家战略。

4.2　我国特殊的人地关系要求更加重视存量建设空间高效利用

4.2.1　耕地保护国策使城市大扩张时代"终结"

　　中国用仅占世界7%的耕地资源,解决了占世界22%的人口的吃饭问题。改革开放以后,我国经济社会发展驶入快车道,不可避免地占用了大量耕地,1985年,我国耕地减少高达1 500万亩。我国开始采取了一系列措施遏制耕地急剧减少的趋势,2004年,国务院28号文《关于深化改革严格土地管理的决定》发布,在严格土地执法、加强规划管理、促进集约用地等方面作出了有益于耕地保护的规定与措施。然而,在高速工业化、城市化浪潮席卷之下,全国耕地面积从1995年的19.51亿亩减少到2008年的18.26亿亩。对此,国家及时提出了十分珍惜和合理利用土地、切实保护耕地的基本国策。2006年的国务院31号文《关于加强土地调控有关问题的通知》,将加强耕地保护作为土地调控的重中之重。2008年,党的十七届三中全会审议通过《中共中央关于推进农村改革

---

① 唐燕.我国城市更新制度建设的关键维度与策略解析[J].国际城市规划,2022,37(1):4.

发展若干重大问题的决定》，提出："坚持最严格的耕地保护制度，层层落实责任，坚决守住18亿亩耕地红线。划定永久基本农田，建立保护补偿机制，确保基本农田总量不减少、用途不改变、质量有提高。"

改革开放以来，我国的工业化和城镇化在取得举世瞩目的成就的同时，也在一定程度上留下土地城市化超载、耕地减少过快影响国家粮食安全的问题。受改革开放以来几十年增长主义时期城市扩张、城市经营理念的影响，地方政府在土地财政的诱惑下，尽管都存在土地利用规划关于土地指标、耕地红线的控制，但是突破土地利用规划，违规用地的现象非常普遍。在中央对土地财政向地方放权，以及GDP政绩考核的驱动下，加之当时的土地出让收益归地方政府所有的巨大利益诱惑，地方政府对发展要素的实际配置权力达到了空前的水平，城市政府几乎演变成为通过低效利用城市土地资源换取企业投资的"土地交易企业"，耕地保护面临较大的压力。

粮食安全事关经济发展、社会稳定、政治安全，是实现国家安全的重要基础。党的十八大以来，以习近平同志为核心的党中央把粮食安全作为治国理政的头等大事，与时俱进提出了"确保谷物基本自给、口粮绝对安全"的新粮食安全观[①]。《中华人民共和国土地管理法》和《中华人民共和国土地管理法实施条例》完成了修订并付诸实施，进一步强化对耕地的保护。2021年发布的第三次全国国土调查结果显示，2019年，我国实有耕地19.18亿亩，虽然严守住了18亿亩耕地红线，但是比2011年的第二次全国土地调查数量仍有所减少，人均耕地仅为世界的1/3左右。据测算，到2035年，我国人口城市化率将超过70%，城市化进程对土地的需求依然强劲，守住18亿亩耕地红线面临较大压力。"三调"结果显示，全国建设用地总量6.13亿亩，较"二调"时增加1.28亿亩，增幅26.5%。其中城镇建设用地总规模达到1.55亿亩，节约集约程度不够问题依然突出，一些地方存在大量低效和闲置土地。2023年中共中央、国务院批准的《全国国土空间规划纲要（2021—2035年）》明确全国实际划定不低于18.65亿亩耕地和15.46亿亩永久基本农田。我国人多地少的国情和现代化建设的进程决定了土地供需矛盾还将持续相当长的时间，实现高质量发展，必须坚持节约集约用地制度，全面提升用地效率。根据中央新的要求，把耕地保有量和永久基本农田保护目标任务带位置逐级分解下达，作为刚性指标严格考核。对耕地特别是永久基本农田实行特殊保护，坚决遏制耕地"非农化"，从严控制耕地转为其他农用地。

城市更新作为城市自我调节机制存在于城市发展之中，是一个国家城镇化水平进入到一定发展阶段后的主要任务[②]。党的十八大后，中国城市发展进入重要转型期，城

① 韩杨.中国粮食安全战略的理论逻辑、历史逻辑与实践逻辑［J］.改革,2022（1）:44.
② 阳建强.转型发展新阶段城市更新制度创新与建设［J］.建设科技,2021（6）:8.

市增长主义时代接近尾声,更加注重高质量发展,提高城市空间产出效率,提高城市空间人居环境品质。习近平总书记多次就集约节约用地作出重要指示和批示,特别强调"要坚持集约发展,框定总量、限定容量、盘活存量、做优增量、提高质量"。2022年9月6日,中央全面深化改革委员会审议通过了《关于全面加强资源节约工作的意见》,要求通过编制实施"多规合一"的国土空间规划,优化空间格局,划定城镇开发边界,倒逼城镇集约发展;在用途管制、容积率调整、价格调节等方面采取激励政策,促进城镇低效用地再开发,推动存量用地盘活利用。目前,全国建设用地供应总量中,盘活利用存量部分占四分之一强,部分地方达到一半。在国家耕地保护国策和生态文明思想指导下,城市扩张的空间日趋缩小,利用存量空间发展将是未来城市化的基本方向。"控制增量、盘活存量"理念指引下的城市更新正日渐成为我国城市空间发展的常态化工作。

4.2.2 城市扩展紧约束倒逼城市关注存量空间利用

相关资料表明,在国家强化耕地保护、严控城市无序扩张的政策下,2016年全国国有建设用地供应总量中,存量建设用地占到建设用地供应总量的64.8%,已成为城市建设用地的主要来源。近年来,全国国有建设用地供应总量总体维持在50万公顷(1公顷=0.01平方公里)以上,2021年为69.0万公顷,其中,基础设施用地供应量占比54.9%。在城市建设增量用地总量供应减少的趋势下,各城市不得不以存量建设用地再开发作为城市发展的重要空间,城市更新因此成为城市发展的重要路径。同时,以往快速城镇化阶段导致全国大部分城镇呈粗放型发展,表现为建设用地急剧扩张但内部发展质量低效。在增量用地总量供应减少和国家政策的双重导向下,我国城镇化建设的思路已开始从单一的"增量扩张"逐渐转向"增量扩张与存量优化并重"[①]。这种趋势率先在我国区域中心城市得到体现,具体表现为各城市纷纷提前达到远期建设用地规模指标,例如,广州全市规划建设用地规模为1 772平方公里(至2020年),而2011年建设用地规模已达1 682平方公里,按照2000—2011年的年均38.3平方公里的增速,则从2011年起仅可供三年使用。为此,2014年国土部的《关于强化管控落实最严格耕地保护制度的通知》甚至几乎要"断供"特大城市中心城区新增建设用地。同时,《国家新型城镇化规划》提出"严格控制城市边界"。在严格的建设用地约束下,深圳、上海、广州等较为发达的城市率先踏入存量规划阶段。上海市政府甚至提出"规划建设用地规模负增长"的计划。作为高度城市化代表的深圳市,近几年土地供应来源已经主要为城市更新[②]。

国家推动了部分省份存量用地高效利用工作。2009年,广东省被国土资源部列为全

---

① 程则全.城市更新的规划编制体系与实施机制研究——以济南市为例[D].济南:山东建筑大学,2018: 2.
② 周显坤.城市更新区规划制度之研究[D].北京:清华大学,2017: 7.

国节约集约用地试点示范省，全面启动"旧城镇、旧工矿、旧村庄"改造工作。"三旧"改造是国家给广东省的特殊政策，对现行土地政策有重大突破，简化了征地和供地手续，推动了土地增值收益再分配。依托"三旧"改造的政策红利，城镇化进程较快的广州市、深圳市等地区，城市更新工作进展迅猛。2010年全面启动的城市棚户区改造工作是旧城改建的典型代表。

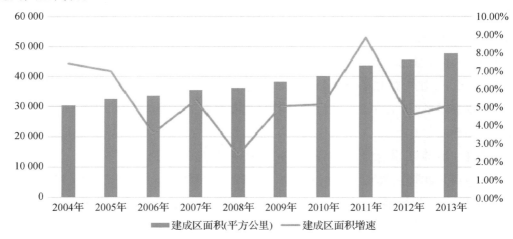

图4-1　中国2004—2013年建成区面积与增速
资料来源：国家统计局网站

　　这个时期的国家土地政策是以处置城镇低效用地、提高土地利用效率为主要导向，通过严控用地规模、优化用地布局、健全用地标准等措施推进土地节约集约利用[1]。与增量土地资源供应的减少相对的，是对存量土地资源的逐渐重视。在战略层面，《国家新型城镇化规划（2014—2020年）》《中华人民共和国国民经济和社会发展第十三个五年规划纲要》等都明确提出"完善城镇低效用地再开发政策""健全节约集约用地制度，盘活建设用地存量，提高土地利用效率，促进城镇低效用地再开发"。在实施层面，相关主管部门进行了一系列的政策制定工作：2013年印发《关于开展城镇低效用地再开发试点的指导意见》，在浙江、上海、辽宁等省市进行了更多的实践；2016年11月出台了《关于深入推进城镇低效用地再开发的指导意见（试行）》，总结了各试点地区的经验，将城镇低效用地再开发的政策推向全国[2]。2009年深圳市率先出台《深圳市城市更新办法》，2014年12月广州市组建城市更新局，2015年三亚被列为全国首个"生态修复、城市修补"试点城市，成为转型阶段城市更新的标志性事件。2015年广州市政府出台《广州市城市更新办法》，提出微改造的更新模式。

①　陈群弟.国土空间规划体系下城市更新规划编制探讨[J].中国国土资源经济，2022（5）：57-58.
②　周显坤.城市更新区规划制度之研究[D].北京：清华大学，2017：8.

4.2.3　国家"双碳"目标迫切要求转变城市发展模式

中华人民共和国成立后,用30年的时间建立了社会主义的工业体系和国民经济体系;改革开放后,用20年的时间,先后实现了现代化建设"三步走"战略的第一步、第二步目标;21世纪头20年,实现了第一个百年奋斗目标。同时也必须看到,我国社会主义现代化程度还不高、还不全面、还不均衡,我国社会主要矛盾已经转化为人民日益增长的美好生活需要和不平衡不充分的发展之间的矛盾。

我国经济已由高速增长阶段转向高质量发展阶段,实现经济现代化建设的任务仍十分繁重。我国经济社会人口与生态环境脆弱、自然资源严重不足的长期矛盾更加凸显,例如,我国水资源占世界比重为6.6%、农业用地资源比重为10.9%,大大低于我国人口占比(2019年为18.2%)。2021年,我国开启实现第二个百年奋斗目标的新征程。国家"十四五"规划提出,到2035年基本实现社会主义现代化远景目标,即"人民生活更加美好,人的全面发展、全体人民共同富裕取得更为明显的实质性进展"。展望2025年和2035年的中国,从经济发展水平的视角看,中国人均收入将从中高水平到高收入水平,再到中等发达水平。

中国是世界人口大国,也是世界最大的碳排放国,对全球碳达峰与碳中和具有至关重要的作用。2019年,中国碳排放量占世界总量比重高达28.8%,美国的比重为14.5%,欧盟的比重为9.7%;中国相当于美国欧盟合计比重(24.2%)的1.20倍[1]。由于中国碳排放存量太高(2019年能源碳排放量高达98亿吨碳当量),想实现碳排放下降乃至零排放,总量基数大、技术难度高。2020年12月12日,习近平主席在气候雄心峰会上提出,中国将以新发展理念为引领,在推动高质量发展中促进经济社会发展全面绿色转型,脚踏实地落实2030年前二氧化碳排放达到峰值,努力争取2060年前实现碳中和目标,为全球应对气候变化作出更大贡献。我国工业、能源、建筑、交通等高碳行业占能源总消费量高达77%[2],为此,改变工业结构和交通结构是实现减碳的重要途径。此外,城市作为能源最大的消费综合体和碳排放源头,其科学合理布局和节能低碳技术的发展,也是实现减碳的重要方式。通过改变城市化增长模式,大力发展轨道交通,更多采用存量建设用地更新的途径满足发展空间的要求,可以使城市实现更加紧凑的发展,增加人口、就业和交通的耦合度,减少无效交通出行,优化土地利用布局,提高土地集约化水平,有利于减少人口城市化简单扩张方式带来的农用地占用,保护更多的耕地和林地,有利于减少碳排放和增加碳吸收空间。

① 胡鞍钢.中国实现2030年前碳达峰目标及主要途径[J].北京工业大学学报(社会科学版),2021 (3):5.

② 胡鞍钢.中国实现2030年前碳达峰目标及主要途径[J].北京工业大学学报(社会科学版),2021 (3):10.

4.3 推进城市更新是构建新发展格局的客观需要

城市更新也是加快形成新时期"国内经济大循环"的潜力所在,有利于盘活低效空间、推动产业升级、激发商业活力、释放消费潜力,对稳住我国经济基本盘具有战略意义。综合来看,城市更新可以改造存量空间、促进产业升级、完善城市功能、促进消费、拉动投资和扩大就业,是促进国内大循环、实施扩大内需战略、形成强大国内市场的重要抓手。

4.3.1 城市更新可以有效带动城市投资

2020年以来,多次高层会议强调"要形成以国内大循环为主体、国内国际双循环相互促进的新发展格局"。在"国内大循环为主体、国内国际双循环相互促进"的经济模式下,需要更加重视挖掘内需潜力,积极培育新型消费,加快形成国内消费增量的新增长点,推动有效投资。而城市更新涉及城市既有建筑与空间的改造、当地文化的传承与创新、人口与产业的调整和重组等多方面内容,是我国未来新型城镇化的重要形式[①]。在国家政策推动下,"十四五"期末,将力争基本完成对2000年底前建成的需改造的城镇老旧小区的改造任务。据统计,截至2019年,全国共有老旧小区近16万个,涉及居民超过4 200万户,建筑面积约为40亿平方米,投资总额可达4万亿元,如改造期为五年,每年可新增投资约8 000亿元以上。

以广东省为例,广东省是国内城市更新发展领先的地区,城市更新在推动"内循环"方面起到了重要的作用。根据官方统计,截至2019年底,位于粤港澳大湾区的珠三角9市,通过实施城市更新累计节约土地面积达12.99万亩,完成的改造项目高达4 466个。从投资拉动效应来看,深圳全市2018年共完成城市更新固定资产投资总额约1 271亿元,广州2019年城市更新拉动固定资产投资约841亿元,佛山2016年至2020年间城市更新固定资产投资预计约2 500亿元。从产业升级效应来看,截至2019年底,位于粤港澳大湾区的珠三角9市实施的城市更新项目中属于淘汰、转移"两高一资"项目459个,引进现代服务业和高新技术产业项目411个,投资超亿元项目946个[②]。

4.3.2 通过存量空间置换支撑产业结构升级

随着我国经济由快速发展转向中高速发展阶段的到来以及土地资源环境压力的加大,我国提出了高质量发展的战略。根据国际经验,产业升级更早更多发生在经济发展居于前列的大城市和特大城市,而且更多是通过公共配套好、人才密度大、配套设施完善

---

① 秦虹.城市更新助力国内大循环(2020)[R].北京:中国人民大学国家发展与战略研究院城市更新研究中心,2021:8.

② 秦虹.城市更新助力国内大循环(2020)[R].北京:中国人民大学国家发展与战略研究院城市更新研究中心,2021:8-9.

的存量空间更新改造实现的。随着中国经济的快速发展，产业结构不断升级是必然要求，尤其是一些中心城市产业升级需求更为迫切，也更有动力。通过对用地效益低下的城市区域和产业空间进行整合改造、挖掘潜力，促进老城区活力重振与新城区结构优化，促进城市产业布局优化和产业结构调整，这是加快城市发展转型的现实途径。城市更新通过"工改工""工改商"或"商改商"，实现土地利用效益的提升或用途转变后产业形态的升级。更新实施后更加精准的定位、招商，一方面能够使区域内工业实现转型升级，另一方面配套的服务型企业占比进一步提升也能够进一步实现人才聚集。

基于区位原因和地租理论，最具有更新需求和市场价值的是城市中心区、低效工业片区，通过城市部分存量空间"退二进三"，为现代服务业和新兴第三产业发展提供空间。要承载这种产业的变化，适应新产业发展的需求，必将为城市更新注入新内容。以"楼宇经济"为例，其核心是作为承载现代服务业及先进制造业的，需求不断被增加的商业写字楼。由于写字楼有着显著的集聚特征，且多集中于具有地域优势的核心地区，所以城市核心区域写字楼最多、建筑密度最大、最引人注目，但历史形成的建筑多是传统业态，难以满足新型企业的办公需求，大量旧业态楼宇需要改造更新。特别是在互联网时代，办公环境要求开放、多元、融合，传统的封闭式的办公写字楼必须加以改造更新提升才能够适应新需求。

城市更新也是为创新经济发展提供有效空间的重要途径。创新的发生，需要有为创新人才提供交流激发新思想的空间，这种空间往往是在人文气息浓厚、公共空间品质高、创新资源要素富集的中心城区。众创空间，就是顺应网络时代创新创业特点和需求，通过市场化机制、专业化服务和资本化途径构建的低成本、便利化、全要素、开放式的新型创业服务平台的统称。目前，国内许多创客空间、共享办公室等均是在对既有建筑更新的基础上发展起来的，如优客工场、氪空间、3Q等。对投资商来说，旧建筑更新、存量提升、功能改善就是投资机遇；而对政府来说，对核心区域存量楼宇升级改造，改变其趋于老化的现状，最大限度挖掘区域价值，提升核心区域形象，吸引优质企业落户，提高政府税收，则是发展楼宇经济。

4.3.3　通过空间改造支撑消费升级需求

消费升级是中国目前最为明确的一大趋势，也是未来支撑我国经济发展最大的潜力所在。新产业、新经济的发展为城市有机更新注入了新的内容，反过来城市有机更新又为新产业、新经济提供了新的载体。在消费社会的时代，新生代人群对消费内容提出了更高要求，原有的物质消费早已让位给精神消费、文化消费和休闲消费，对文化产品及其带来的身份、团体归属感的需求成为消费社会的主流需求。

旧商业区或存量运营不善的商业业态通过更新改造能够有效实现运营效能的提升、消费规模的扩容，形成更加浓厚的商务氛围和合理的产业集群，有助于吸引优质商户进一步集聚落户,促进区域优质商业的供给。城市老商业街(区)更新既包括物质环境改善,也包括在空间规划业态布局、动线设计与物质环境等方面的提升,同时又要通过老字号等传统文化商业复兴,以及引入新业态,不断适应消费需求。在当今"大众消费"时代,商业街不仅仅是满足简单的商品交易需求,其更是大众交流、交友的场所,甚至已经成了人们茶余饭后的休闲散步场所,越来越成为消费的媒介,成为体验的场所[①]。

4.4 进入新阶段城市更新需要遵循的基本理念

4.4.1 强调以人为本

我国改革开放以来,城镇化高速发展,城市的快速建设发展取得了巨大的成就,但也存在着公共服务设施配套建设跟不上、生态环境功能不完善等问题,特别是建设年代较早的居住片区亟须通过城市更新实现人居环境的改善。以大拆大建为主的城市更新建设一直是物的视角,缺乏对于人的关怀与考虑,忽略了人作为城市的生命主体。我国有一段时期的城市更新更多表现为"更新见物不见人"。新空间规划语境下的城市更新应该回归到以人为本的社会治理目标。从更新场所来看,要关注城市公共空间改造对人与人之间的交流、邻里关系的影响,也要重视社区更新策略对日常生活需求的满足程度,如可负担性、舒适性、多样性以及可参与性。从更新的治理维度来看,诸多要素都应指向人本主义规划的初衷,体现对历史文化的传承式更新,让城市更有温度,让乐享生活的市民更有自信。总之,城市更新归根结底是一种从物质空间出发而超越空间本身的问题解决工具,途径多元、视角多样,但最终应满足人民美好家园建设需求的社会治理逻辑[②]。2020年,国务院办公厅印发《关于全面推进城镇老旧小区改造工作的指导意见》,提出城镇老旧小区改造是重大民生工程,补齐幼儿园、小超市、停车场等短缺的服务设施,对满足人民群众美好生活需要具有十分重要的意义。

4.4.2 强调不大拆大建

在传统城市更新政策和实践中,拆除、增建和搬迁几乎已经成为旧城改造建设的必然渠道,形成了通过城市更新拉动城市发展、推进经济增长的固有思路。为科学引导新时期城市更新工作,住建部发出了关于在实施城市更新行动中防止大拆大建问题的通知,要求严格控制大规模拆除。除违法建筑和被鉴定为危房的以外,不大规模、成片集中拆除现状建筑,原则上老城区更新单元(片区)或项目内拆除建筑面积不应大于现状总建筑面积的20%。鼓励小规模、渐进式有机更新和微改造,提倡分类审慎处置既有建筑。除违法建筑和经专业机构鉴定为危房且无修缮保留价值的房屋可以拆除外,其他既有建

① 秦虹.城市更新助力国内大循环(2020)[R].北京:中国人民大学国家发展与战略研究院城市更新研究中心,2021:17.

② 李震,赵万民.国土空间规划语境下的城市更新变革与适应性调整[J].城市问题,2021(5):58-59.

筑应以保留修缮加固为主,改善设施设备和提高节能水平,充分利用存量资源。

严格控制大规模增建。除增建必要的公共服务设施外,不大规模新增建设规模,不突破老城区原有密度强度,不增加资源环境承载压力。严格控制老城区改扩建、新建建筑规模和建设强度,原则上更新单元(片区)或项目内拆建比不宜大于2。在确保安全的前提下,允许适当增加建筑面积用于住房成套化改造、建设保障性租赁住房、完善公共服务设施和基础设施等。鼓励探索区域规模统筹,加强过密地区功能疏解,积极拓展公共空间、公园绿地,保持适宜密度,提高城市宜居度。

城市更新是针对城市的物质性、功能性或社会性衰退地区,以及不适应当前或未来发展需求的建成环境进行的保护、整治、改造或拆建等系列行动。进入新时代,城市更新强调运用综合性、整体性、公平性的观念和行动来解决城市的存量发展问题,从经济、社会、物质、环境等各方面对处于变化中的城市地区建设进行长远持续的规划[①]。

4.4.3 强调保护历史文化

有的城市在城市更新过程中,拆除重建占了很大的比例,而大拆大建的城市更新,破坏了城市中的历史建筑、风貌区等城市文化遗产,磨灭了城市的历史记忆,也导致了城市的人文精神逐渐散失。党中央、国务院高度重视历史文化保护工作,习近平总书记多次就加强历史文化保护传承作出重要论述和指示批示。2018年10月24日,习近平主席视察永庆坊时指出:"城市规划和建设要高度重视历史文化保护,不急功近利,不大拆大建。要突出地方特色,注重人居环境改善,更多采用微改造这种'绣花'功夫,注重文明传承、文化延续,让城市留下记忆,让人们记住乡愁。"[②] 2020年8月,住建部发布的《关于在城市更新改造中切实加强历史文化保护坚决制止破坏行为的通知》指出,对涉及老街区、老厂区、老建筑的城市更新改造项目,各地要预先进行历史文化资源调查,组织专家开展评估论证,确保不破坏地形地貌、不拆除历史遗存、不砍老树;加大历史文化名胜名城名镇名村保护力度,修复山水城传统格局,保护具有历史文化价值的街区、建筑及其影响地段的传统格局和风貌,推进历史文化遗产活化利用,不拆除历史建筑、不拆真遗存、不建假古董。

2021年3月,习近平总书记在福建考察时指出:"保护好传统街区,保护好古建筑,保护好文物,就是保存了城市的历史和文脉。对待古建筑、老宅子、老街区要有珍爱之心、尊崇之心。"2021年8月,中共中央办公厅、国务院办公厅印发了《关于在城乡建设中加强历史文化保护传承的意见》,从顶层设计明确了城乡历史文化保护传承的目标任务。在城市更新中禁止大拆大建、拆真建假、以假乱真,不破坏地形地貌、不砍老树,不破坏传

---

① 唐燕.我国城市更新制度建设的关键维度与策略解析[J].国际城市规划,2022(1):2.
② 高见.系统性城市更新与实施路径研究[D].北京:首都经济贸易大学,2020:27.

统风貌,不随意改变或侵占河湖水系,不随意更改老地名。切实保护能够体现城市特定发展阶段、反映重要历史事件、凝聚社会公众情感记忆的既有建筑,不随意拆除具有保护价值的老建筑、古民居。对于因公共利益需要或者存在安全隐患不得不拆除的,应进行评估论证,广泛听取相关部门和公众意见。

2021年8月,住建部发布《关于在实施城市更新行动中防止大拆大建问题的通知》要求:(1)坚持应留尽留,全力保持城市记忆。保留利用既有建筑。不随意拆除、迁移历史建筑和具有保护价值的老建筑,不脱管失修、修而不用、随意闲置。对拟实施城市更新的区域,要开展调查评估,梳理评测既有建筑状况,明确应保留保护的建筑清单,未开展调查评估、未完成历史文化街区划定和历史建筑确定专项工作的区域,不应实施城市更新。(2)保持老城格局尺度。不破坏传统格局和街巷肌理,不随意拉直拓宽道路,禁止修大马路、建大广场。鼓励采用"绣花"功夫,对旧居住区、旧厂区、旧商业区等进行修补、织补式更新,合理控制建筑高度,最大限度保留老城区具有特色的空间格局和肌理。(3)延续城市特色风貌。不破坏地形地貌,不伐移老树和有地方特征的现有树木,不挖山填湖,不随意改变或侵占河湖水系,不随意改建具有历史价值的公园,不随意改老地名,杜绝"贪大、媚洋、求怪"乱象,严禁建筑抄袭、模仿、山寨行为。坚持低影响的更新建设模式,保持老城区自然山水环境,保护古井、古树、古桥等历史遗存,鼓励采用当地建筑材料和形式,建设体现地域特征、民族特色和时代风貌的城市建筑,保留城市特有的地域环境、文化特色、建筑风格等"基因"。在此背景下,全国各地纷纷出台实施城市更新中防止大拆大建、保护历史文脉的相关政策文件。广州于2021年10月20日发布《关于在实施城市更新行动中防止大拆大建问题的意见(征求意见稿)》,提出"持续探索超大城市有机更新之路,积极稳妥实施城市更新行动,保护、利用、传承好历史文化遗产,防止大拆大建问题"。

历史街区需要多元化的保护策略,不仅要对原有的建筑结构、形态和街区机理进行保留,更重要的是对于街区功能、文化、精神的传承与创新。位于城市历史文化保护核心区内且规模较小、布局相对零散的民居,应由政府主导,引导原住居民采取异地安置或纳入城市保障房系统安置,腾挪出来的土地优先作为公共配套设施用地,完善文化历史保护区配套功能;位于城市历史文化保护核心区以外且规模较大、布局相对集中的民居,可鼓励引入产业经营型企业,在不破坏历史文化的前提下,以文化历史为核心挖掘地区商业价值,通过对历史文化的经营和开发,实现地区城市功能更新,同时也为当地居民提供就业机会。针对旧历史街区的更新改造,一方面保持了文化传统,另一方面通过系统的运营使景区成为消费热点区域,产生消费效应。例如,福州三坊七巷历史街区改造、成都宽窄巷子历史街区改造等案例在现在均产生了显著的旅游效益,成为当地的标志性景点。以宽窄巷子为例,2019年春节接待游客38.6万人次,超过大熊猫繁育研究基地参观人数,2019年国庆宽窄巷子接待游客超100万人次[①]。

4.4.4 强调科学规划引领

城市更新不仅仅是物质性的再开发,更重要的是要注重更新的综合性、系统性、整体性和关联性,应在综合考虑物质性、经济性和社会性要素的基础上,制定出目标明确、内容丰富并且更长远的城市更新战略,这就需要从城市整体层面,对城市更新的任务、目标、时序根据城市自身需求和支撑条件进行科学合理的安排[②]。城市发展从增量向存量的转变意味着城市生产要素占有、使用、分配、收益方式发生了变化,参与要素利益攸关者之间的博弈关系随之也发生了改变,即治理方式发生了转变。城市治理要解决的问题更为集中与复杂。在存量规划中,城市规划师不再像快速扩张时代那样可以任意改变一个地块的"颜色(功能)",而是仅仅顺应市场与社会的需要选择合适的"颜色"。城市更新(存量空间)的开发,是对既有复杂空间中所存在的经济社会关系的协调。用传统的自上而下治理(统治)方式去解决这些问题是无法想象的,通过利益攸关者的协调治理才真正能适应当下复杂的空间关系[③]。

国土空间规划要坚持"以人民为中心"的发展思想,以"高质量发展、高品质生活、高效能治理"为目标,将城市更新的内容融入国土空间"五级三类"规划体系,推动城市更新,促进经济、社会和环境的可持续发展,不断满足人民群众对美好生活的向往。城市有机更新需要制定城市更新专项规划,明确更新的重点区域、更新目标、更新策略等。根据分级管理的要求,制定与市区政府相适应的专项规划体系,在不同层面指导城市更新工作的推进。同时,应紧密结合城市详细规划审批制度体系,探索适合于城市更新地区的详细规划特别途径,通过叠加或局部替换的方式形成针对城市更新地区、单元或地块的城市更新详细规划指导文件,引导城市更新项目的实施落地。借鉴国际经验,可划定城市有机更新功能区或城市有机更新单元,给予一定的政策支持,在实践中探索城市有机更新的有效路径。

4.4.5 强调政策机制创新

作为城市更新长效机制的重要内容,城市更新的"制度化"以及制度的"体系化"是城市更新目标全面实现,城市更新工作公开、公正、公平和高效地开展,以及促进城市持续、包容、多元、健康、安全与和谐发展的重要保障[④]。然而,我国现有的城市建设管理体制是改革开放后为适应大规模快速建设活动而逐步建立起来的,面对当前城市发展的根本

---

① 秦虹.城市更新助力国内大循环(2020)[R].北京:中国人民大学国家发展与战略研究院城市更新研究中心,2021:19.

② 阳建强.转型发展新阶段城市更新制度创新与建设[J].建设科技,2021(6):10.

③ 陈易.转型期中国城市更新的空间治理研究——机制与模式[D].南京:南京大学,2016:3.

④ 阳建强.转型发展新阶段城市更新制度创新与建设[J].建设科技,2021(6):9.

转型,既有的管理体制显示出越来越多的不适应性,亟须新的制度建设。目前,尽管城市建设用地进入了"存量时代",城市更新仍囿于依靠实体空间增量开发实现经济增长目标的发展思路,实质上是存量既有建设用地上的"增量"再开发逻辑,实施形式是通过以城市更新项目为名的房地产开发获取增量空间资产进行出售或运营。

借鉴发达国家的相关经验,宜在我国尽早构建贯穿"中央+基层"的城市更新制度体系,即在国土空间规划体系框架下,制定主干法+配套法的独立法规体系。在国家层面研究制定"城市更新法"作为主干法,市级管理部门出台"城市更新实施办法";在国家设立城市更新主管部门,加强部门的统筹与协调,省市县区可分别设置城市更新管理部门。制定多层次的城市更新规划体系,在市、县层面构建"总体更新计划—更新单元计划—更新项目实施计划"的三级更新体系;划定城市更新重点区域和城市更新单元,积极推动市场参与,探索发挥金融工具的创新作用①。由于不同城市所处发展阶段和制度框架的差异性,因此所采取的更新制度不宜照搬照套,要因地制宜、因城而异。可以鼓励"自下而上""地方先行先试"改革探索,之后基于地方的成功经验和待时机成熟时,尽快建立国家层面的、具有适用共性的城市更新制度体系,最终构建起包含国家、城市、社区等多层级全覆盖的,规划、行政、政策、法规体系全要素的,以及政府、市场、社会多主体协调的城市更新制度体系。

4.4.6　建立合作共商的治理机制

在"以人民为中心"推进城市建设的新时代背景下,要特别注重全民参与的、共建共享的城市更新管理模式以及政府支持的"自上而下"和社会参与的"自下而上"相结合的更新治理合作伙伴机制的建立,政府须在各方参与方面发挥关键的组织和能力培养作用。面对城市更新中的多元利益主体和不同利益诉求,为了更好地推进城市更新工作,须充分发挥政府、市场与社会的集体智慧,建立政府、市场、社会等多元主体参与的城市更新治理体系,加强公众引导,搭建多方协作的沟通平台,明确不同主体的相应职责、权利和相互间的关系,政府应向提供公共服务、制定规则、实施规则监督以及引领、激励和利益统筹协调的角色转变,进一步平衡与市场之间的伙伴关系,充分发挥市场在资源配置方面的高效作用。

空间治理中的公众参与是治理关系发展的趋势与必然。中国公众参与程度较低,很大程度上与中国长期的政治制度有关,高度集中的国家权力几乎包揽了城市与区域建设中的大部分活动。尽管以行政权力来主导城市建设进程可以提高效率,但是却弱化了公众参与的积极作用。在改革开放前,政府近乎"保姆式"的治理也让公众认为公共事务由政府完成就可,自身并非治理的主体。这样就造成了公众参与中的主体本身

---

① 　阳建强.转型发展新阶段城市更新制度创新与建设[J].建设科技,2021(6):10.

主动缺位。

社区参与是目前空间治理中公众参与的主要形式。中国的基层政府和社区组织拥有良好的社会网络基础。更为重要的是,社区组织一方面是地方政府与居民互动的重要平台,另一方面又拥有深厚的、基于人情的地方性互动网络等非正式因素。这就使得社区参与拥有非常强的动员力量,可有效地让社区群众参与到治理中。随着社区的转型,通过建构一套以感情、人情、互惠和信任为基础的地方性互动网络来获取居民的合作和支持,是基于人情和利益的社会关联的社区参与实践的制度创新。

城市更新作为一项专门针对存量空间的改建提升活动，有其特殊的土地、空间规划和相应技术经济要求，需要从不同层次进行引导城市更新活动的谋划和设计，指导城市更新活动有序健康进行。根据国内外经验，对应城市更新谋划工作的不同层次，一般应单独编制多层级的、从宏观指导到片区策划再到实施指引的城市更新专项规划及项目实施方案，来指导规范城市更新工作。宏观上，全市层面的城市更新规划与城市总体规划（国土空间规划）衔接；中观上，区级城市更新专项规划和区级总体规划（城镇单元规划）、更新单元规划与街区或单元层面控规相衔接；微观上，城市更新改造单元规划和项目实施方案需要与单元层面详细规划以及控规地块图则衔接。

5.1　国内先发城市的探索

5.1.1　广州市

1. 早期的探索

广州市的城市更新工作探索早先源于"三旧"改造工作。"三旧"（旧村庄、旧厂房、旧城镇）改造工作是广东省在经过改革开放近20年的快速工业化、城镇化后规划可用新增建设用地逐年减少的情况下，为统筹利用有限的土地资源、缓解日益突出

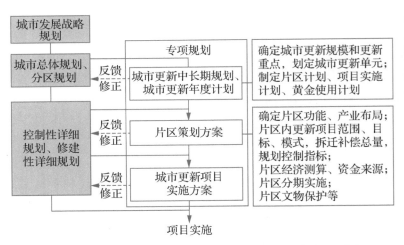

图5-1　广州城市更新专项规划与广州城乡规划体系的关系示意图
资料来源：作者自绘

的土地供需矛盾、保障发展用地所采取的用地挖潜措施。

广州市于2009年出台《关于加快推进"三旧"改造工作的意见》，明确了政府在规划、计划等方面的统筹领导作用。针对"三旧"改造具体工作，广州市编制了2010年至2020年的"三旧"改造专项规划，后来结合城市更新工作的要求，对该专项规划进行修正，形成了2015年至2020年的城市更新专项规划，进一步明确了更新改造的重点任务和相关指引。另外，根据原国土资源部门土地整治规划的工作部署，广州市也编制了两轮土地整治规划，提出以全面改造、微改造等多种方式推进城市更新。

2012年广州市出台《关于加快推进"三旧"改造工作的补充意见》，在2009年文件的基础上对其实施过程中出现的问题加以调整优化，提出按照"政府主导、规划先行，应储尽储、成片改造"的原则进行城市更新①，基本上按照地块自我平衡的原则和整拆整建的方式完成了大部分压力较小的"三旧"地块或片区改造规划设计。随着"三旧"改造逐步进入深水区，剩余的"三旧"地块经济平衡的压力越来越大，迫切需要在更新方式上进行调整，改变大拆大建、整体征收和收储的更新方式，2015年12月正式出台《广州市城市更新办法》，规定城市更新遵循"政府主导、市场运作"的原则，明确城市更新可采取政府征收、与权利人协商收购、原土地权利人自行改造等改造模式，逐步形成了在政府主导下市场、原土地权利人、原农村集体经济组织等多方参与的城市更新治理模式。该办法规定广州市采用"城市更新中长期规划+城市更新片区策划方案+城市更新项目实施方案"的三级更新规划编制体系。三级更新规划编制体系与当时的城市规划编制体系相对接。其中，宏观层次的城市更新中长期规划对接城市总体规划，中观层次的片区策划方案对接控规，微观层次的项目实施方案对接修规（图5-2），但广州市内各行政分区没有编

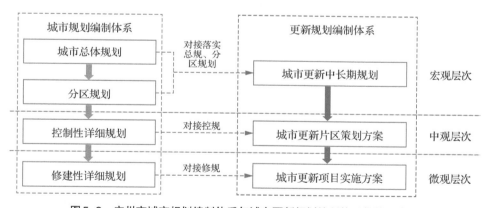

图5-2　广州市城市规划编制体系与城市更新规划编制体系衔接示意图
资料来源：程则全.城市更新的规划编制体系与实施机制研究——以济南市为例[D].济南：山东建筑大学，2018：30.（作者重绘）

---

① 程则全.城市更新的规划编制体系与实施机制研究——以济南市为例[D].济南：山东建筑大学，2018：24.

制相应的区级城市更新规划与分区规划相对接①。

（1）城市更新中长期规划

城市更新中长期规划主要任务是明确中长期城市更新的指导思想、目标、策略和措施，提出城市更新规模和更新重点，并提出更新片区功能引导、强度指引、空间管控指引、专项管控指引、近期重点工作与更新时序指引以及更新实施机制等要求。

在城市更新中长期规划的指导下，由市级相关主管部门结合城市更新片区策划方案统筹编制城市更新年度计划，包括片区计划、项目实施计划和资金使用计划。广州城市更新专项规划中的城市更新中长期规划、城市更新年度计划是在城市总体规划、分区规划的基础上编制的，并对城市总体规划、分区规划进行反馈、修正。

以《广州市城市更新总体规划（2015—2020年）》为例，其明确了广州市城市更新的长期战略主线为提升广州市城市核心竞争力与可持续发展能力，明确了未来五年广州城市更新的关注重点在于人居环境改善、产业转型升级和历史文化保护三大目标，明确了到规划期末的更新规模，明确了中心城区、番禺片区、南沙片区、东部片区、花都片区等各城市功能组团的城市更新方向，明确了城市更新在产业升级、历史文化保护与利用等方面的开发控制指引等。

（2）城市更新片区策划方案

广州市城市更新工作以"城市更新片区"为基本空间单位，更新片区规模一般为1—3平方公里，一个更新片区内包括一个或多个更新项目，并不能对具体的更新项目进行方案落实，只能基于片区整体层面开展城市设计指引、公共要素平衡、改造方式指引等工作，便于在较大范围实现资金平衡、公共设施配套目标。片区策划的主要内容是依据城市更新中长期规划、城市总体规划、城镇地区详细规划等，对城市更新片区的发展定位、更新模式、开发建设指标、公共配套设施建设、城市设计指引、效益评估、资金安排、更新时序等方面作出安排和指引。

片区策划方案以纳入城市更新片区实施计划的区域为对象，对城市更新片区及其中的更新项目制定总体方案；城市更新专项规划中的片区策划方案、城市更新项目实施方案是在控制性详细规划、修建性详细规划的基础上编制的，并对控制性详细规划、修建性详细规划进行反馈、修正。

（3）城市更新项目实施方案

区人民政府依据城镇地区详细规划、片区策划方案组织编制项目实施方案，报市城市更新领导机构审定后作为项目实施的依据。城市更新项目实施方案是区政府针对年

---

① 程则全.城市更新的规划编制体系与实施机制研究——以济南市为例[D].济南：山东建筑大学，2018：29-30.

度计划中的项目而编制的,其主要内容包括制定更新项目的具体实施方案,在满足修规内容要求的同时比修规多出了融资地价、改造方式、供地方式及建设时序等方面的内容。片区策划方案和项目实施方案可以同步编制、同步联审,同步提交市城市更新领导机构审定。市城市更新领导机构可以按照规定委托区人民政府审定片区策划方案和项目实施方案。

2. 最新思路

在国土空间规划体制进行改革的背景下,按照新时代的发展要求和国家有关城市更新工作的指导思想,2021年底拟定的《广州市城市更新条例》(征求意见稿)在以往经验探索的基础上,结合广州市架构的国土空间规划体系提出了新的城市更新专项规划体系,即"城市更新专项规划+城市更新项目建设规划+片区策划+项目实施方案"。

市级层面由市规划和自然资源部门会同市住房城乡建设等有关部门,组织编制城市更新专项规划,结合城市划定的详细规划单元明确城市更新重点管控区域,重点管控区域的详细规划实施较为特殊的技术管理制度,采用刚性指标与弹性指标相结合的管控模式。

市住房城乡建设行政主管部门负责组织编制城市更新项目建设规划。城市更新项目建设规划应当依据国民经济与社会发展规划和国土空间总体规划,划定城市更新实施片区,明确重点项目,指导项目实施,明确近中远期实施时序。

更新片区策划应根据城市更新项目建设规划划定的实施片区开展,进行专项评估和经济测算,明确片区改造范围、发展策略、产业方向、更新方式、利益平衡、实施时序以及规划和用地保障建议等内容,统筹协调成片连片更新。市住房城乡建设行政主管部门或者区人民政府应当按照有关技术规范要求组织编制片区策划方案。

5.1.2　深圳市

1. 早期探索

深圳可能是中国城市化发展最快的城市,也是率先提出面向存量的空间发展模式转型的城市。深圳市土地面积只有1 997平方公里,作为经济特区,改革开放以来经济快速发展,城市空间快速扩展,城市发展面临越来越大的空间制约。为破解土地难题、解决发展空间瓶颈,2009年,深圳市在全国首次提出"城市更新"概念,并在全国率先出台《深圳市城市更新办法》。这一阶段城市更新的重点是针对城中村与旧工业区,基本上以就地平衡的方式改造。此后编制实施的《深圳城市总体规划(2010—2020年)》提出空间发展模式由"增量扩张"转向"存量优化",城市更新成为破解资源约束趋紧困局、推动存量空间优化的核心对策。

《深圳市城市更新办法》规定深圳市采用"城市更新专项规划+城市更新单元规划"的两级更新规划编制体系。2016年之后,深圳开始改变更新方式和理念,通过加强政府对全市的空间管控、政企协同推进片区统筹更新,确立以"城市更新单元"为基本空间单元的城市更新规划与计划管理制度。

在总结早期城市更新工作实践经验基础上,2016年修订的《深圳市城市更新办法》明确城市更新专项规划主要包括全市及各区的城市更新专项规划和城市更新单元规划。

2016年,《深圳市城市更新"十三五"规划》提出施行"更新统筹片区规划"的构想,将其作为城市更新专项规划与城市更新单元规划之间的中观层次。更新规划编制体系分层次与现行城市规划编制体系相对接。其中,宏观层次的全市城市更新专项规划对接总规,中观层次的区级城市更新专项规划对接分区规划,微观层次的更新单元规划对接法定图则。城市更新单元规划可替代法定图则作为城市更新地区的规划管理依据[①]。

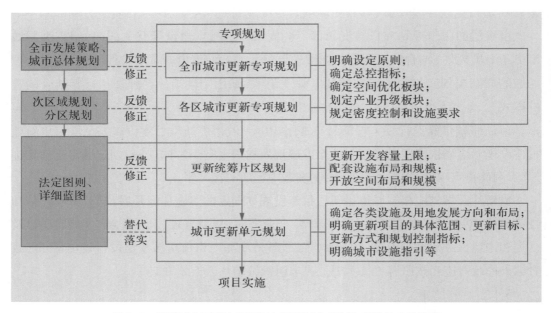

图5-3　深圳城市更新专项规划与深圳城乡规划体系的关系示意图
资料来源:杨慧祎.城市更新规划在国土空间规划体系中的叠加与融入[J].规划师,2021(8):28.(作者重绘)

(1)城市更新专项规划

全市及各区的城市更新专项规划主要明确城市更新的重点区域及其更新方向、目标、时序、总体规模和更新策略、更新方式,以及更新功能指引、保障性住房与创新型产业用房指引、更新分区与近期重点地区指引、实施保障机制等。

以《深圳市城市更新"十三五"规划》为例,其作为深圳全市城市更新工作的纲领性文件与行动指南,在更新目标上,明确规划期内深圳市完成各类更新用地规模30平方公里,完成城市更新固定资产投资约3 500亿元,力争配建保障性住房约650万平方米,配建

---

① 杨慧祎.城市更新规划在国土空间规划体系中的叠加与融入[J].规划师,2021(8):28.

创新型产业用房约100万平方米,规划期末全市城市更新实施率争取达到30%等。在更新策略上,着重优化城市空间布局、提高产业发展质量、提升居民幸福水平、鼓励低碳生态更新、提升基础支撑水平等。在更新方式上,明确对城中村、旧工业区、旧城区进行分类指引。

2016年出台的《深圳市城市更新"十三五"规划》强化了"更新统筹片区"的概念,通过"更新统筹片区规划研究"以"明确各片区的功能定位、更新方式与更新重点","为更新单元划定提供依据"。更新统筹片区以3—5平方公里为宜,重点选择公共配套缺口地区和法定图则编制较早地区。片区统筹规划指由政府对集中连片更新地区进行整体统筹,综合考虑规划功能、交通组织、公共配套、自然生态等因素,统筹划定各单元边界,统筹用地贡献和公共服务设施配置,以统一规则协调多元利益,统筹解决片区内历史遗留问题,并确定各单元规划设计条件,提出实施方案和时序[1]。片区统筹规划主要适用如下几种情况:高度城市化地区,难以通过征收等途径更新;具备连片更新改造的必要性,在平方公里级的较大范围内,有必要拆除重建或整治的建筑比例较高;需由多市场主体联合实施,片区内权益主体复杂,经协调不适合由单一主体整体更新改造。其成果用于指导城市更新单元划定、城市更新单元规划编制、土地整备单元规划编制、法定图则修编等。但是,片区统筹规划成果的法定化仍需借助法定图则[2],但这些"重点统筹片区"的规划更多的是一种"技术手段"而非"管理手段",对片区内外的更新项目管理没有显著

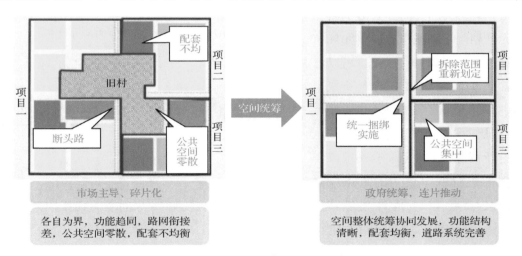

图5-4　深圳市片区统筹规划空间统筹思路

资料来源:戴小平,许良华,汤子雄,等.政府统筹、连片开发——深圳市片区统筹城市更新规划探索与
思路创新[J].城市规划,2021(9):65.

---

① 戴小平,许良华,汤子雄,等.政府统筹、连片开发——深圳市片区统筹城市更新规划探索与思路创新[J].城市规划,2021(9):64.

② 戴小平,许良华,汤子雄,等.政府统筹、连片开发——深圳市片区统筹城市更新规划探索与思路创新[J].城市规划,2021(9):65.

区别作用,其衔接更新单元规划和全市、各区更新五年规划的作用定位,更接近于单纯的技术衔接作用,类似于总规与控规之间的分区规划指引。

(2)城市更新单元规划

深圳市城市更新工作以"城市更新单元"为基本空间单位,更新单元规模一般为8公顷左右,最小1公顷,一个更新单元内一般仅包括一个更新项目,在更新单元规划编制阶段即可对具体更新项目的实施主体、改造方式、实施方案、资金使用计划等加以落实。城市更新单元规划依据法定图则进行编制,明确更新单元内各类设施及用地的发展方向和布局,明确更新单元的范围、目标与定位、更新模式与改造策略、城市设计指引、基础设施与公服设施等的配建、产业方向及布局等,明确单元内更新项目的具体范围、更新目标、更新方式、规划控制指标、分期实施计划,以及更新单元的技术经济指标和经济可行性分析、涉及拆除重建的利益平衡方案等。

2. 最新思路

2021年出台的《深圳经济特区城市更新条例》基本肯定和延续了早先的城市更新规划体系制度,着重提出了更新规划技术深度和规划决策多方共商的要求。

(1)市城市更新部门按照全市国土空间总体规划组织编制全市城市更新专项规划,确定规划期内城市更新的总体目标和发展策略,明确分区管控、城市基础设施和公共服务设施建设、实施时序等任务和要求。城市更新专项规划经市人民政府批准后实施,作为城市更新单元划定、城市更新单元计划制定和城市更新单元规划编制的重要依据。区级也可以视需要编制区城市更新专项规划。"城市更新专项规划"主要在市、区层面进行统筹,定期整理城市更新资源,并划定政府决定或者批准进行城市更新的重点区域,提出重点区域的范围、更新基本目标、更新方式、更新单元划定的基准等基本要求。

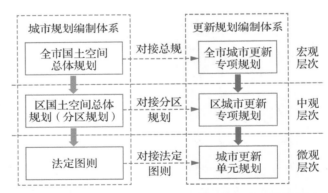

图5-5 深圳市国土空间规划体系与城市更新规划体系衔接示意图
资料来源:作者自绘

深圳对城市更新项目实行更新单元规划和年度计划管理的双重管理制度,纳入年度计划后方可编制更新单元规划。对同一个项目,市政府需要前后审批"规划编制计划""年度计划"以及其更新单元规划本身。区级政府则往往将两个环节同时进行,并且在实践中已经将两者过程并行并制度化。

(2)城市更新单元计划依照城市更新专项规划和法定图则等法定规划制定,包括更新范围、申报主体、物业权利人更新意愿、更新方向和公共用地等内容。其中，更新方向应当按照法定图则等法定规划的用地主导功能确定。区城市更新部门负责对城市更新单元计划草案进行审查。城市更新单元规划草案符合法定图则强制性内容的，由区人民政府批准；城市更新单元规划草案对法定图则强制性内容进行调整或者相关地块未制定法定图则的，由区人民政府报市人民政府或者市人民政府授权的机构批准。城市更新单元规划经批准后视为已完成法定图则相应内容的修改或者编制。

5.1.3　上海市

上海的大规模结构性城市更新起步于20世纪90年代，主要以棚户区改造和工业用地"退二进三"方式为主。进入21世纪后，为筹办"世博会"，上海进行了更大力度的城市更新工作，主要是针对沿黄浦江两岸的滨水老工业片区的改造和低效用地的再开发等。2014年上海市第六次规划土地工作会议和《上海市城市总体规划（2016—2040年）》分别对上海市城市建设用地提出"五量调控"和"负增长"的要求，强调加强存量空间利用、提高土地利用质量，存量的更新提升成为实现上海世界城市定位的重要空间保障。

为更好实施城市更新工作，上海出台了《上海市城市更新实施办法》和《上海市城市更新规划土地实施细则（试行）》，用以指导上海城市更新工作。《上海市城市更新实施办法》（2015年）规定上海市采用"城市更新区域评估报告＋城市更新单元建设方案"的两级更新规划编制体系①。

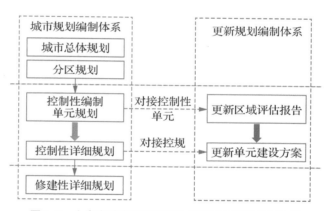

图5-6　上海市城市规划编制体系与城市更新规划编制体系示意图

资料来源：程则全.城市更新的规划编制体系与实施机制研究——以济南市为例［D］.济南：山东建筑大学，2018：32.（作者重绘）

上海城市更新规划工作没有提出编制全市层面的专项规划，而是侧重针对更新任务较大的区域结合控制性详细规划单元进行评估，基于更新改造可操作性的需要对原有详细规划进行调整，促进城市更新工作的推进。区域评估主要是针对控规单元进行评估，确定更新地区及其更新需求，实施计划是对各项更新改造内容的具体安排。

2020年，根据国家有关国土空间规划体系改革的要求，上海建立了自身的国土空间规划体系，该体系分为总体规划、单元规划、详细规划3个层次。总体规划层次包含上海

① 程则全.城市更新的规划编制体系与实施机制研究——以济南市为例［D］.济南：山东建筑大学，2018：32.

市国土空间总体规划以及浦东新区和各郊区国土空间总体规划、专项规划（总体规划层次）；单元规划层次包含主城区单元规划、新市镇国土空间总体规划和特定政策区单元规划；详细规划层次包含控制性详细规划、郊野单元村庄规划和专项规划（详细规划层次）。2021年8月公布的《上海市城市更新条例》规定了"城市更新指引＋更新行动计划＋区域更新方案＋项目更新方案"更新规划体系制度。

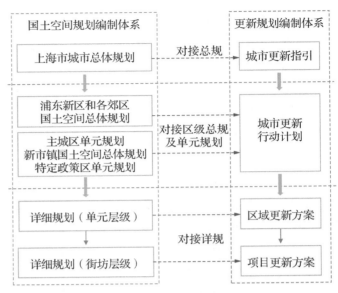

图5-7　上海城市更新专项规划与上海国土空间规划体系的关系示意图

资料来源：作者自绘

1. 城市更新指引

市规划资源部门会同市发展改革、住房城乡建设管理等相关部门编制本市城市更新指引，明确城市更新的指导思想、总体目标、重点任务、实施策略、保障措施等内容，并体现区域更新和零星更新的特点和需求。城市更新指引类似于其他城市的城市更新专项规划，但在城市更新的规模、具体布局、规划指引方面不作具体规定，主要规定了城市更新的目标、原则和工作组织实施的具体要求，对区域更新和零星更新进行了界定，提出了差别化引导要求。

2. 城市更新行动计划

区人民政府根据城市更新指引，结合本辖区实际情况和开展的城市体检评估报告意见建议，对需要实施区域更新的，编制更新行动计划，计划时间跨度一般为3—5年。区更新行动计划主要明确区域范围、目标定位、更新内容、统筹主体要求、时序安排、政策措施等。更新行动计划主要内容包括：更新项目用地现状、更新目标、项目实施方案、公共要素配建规模和布局安排、资金来源与使用安排、实施推进计划等。

3. 区域更新方案

由市、区人民政府确定的更新统筹主体在完成区域现状调查、区域更新意愿征询、市场资源整合等工作后，编制区域更新方案。区域更新方案重点做好与单元层面控制性详细规划衔接。更新区域评估报告对应的控规编制单元，一般1—3平方公里。"城市更新单元"的大小一般最小为一个街坊，即最小1公顷左右，一个更新单元内一般仅包括一个更新项目，在更新单元建设方案编制阶段即可落实具体项目。

区域更新方案主要包括规划实施方案、项目组合开发、土地供应方案、资金统筹以及市政基础设施、公共服务设施建设、管理、运营要求等内容。编制规划实施方案应遵循统筹公共要素资源、确保公共利益等原则，按照相关规划和规定开展城市设计，并根据区域目标定位，进行相关专题研究。在更新方案编制前开展的城市更新区域调查评估（针对控规单元）重点对城市功能、公共服务设施、历史风貌保护、基础设施等七个方面的公共要素进行研究；划定城市更新单元范围，一个更新单元最小为一个街坊大小；结合实际需求以及规划和土地政策，明确各更新单元应落实的公共要素的类型、规模、布局、形式等要求。

更新区域评估主要从已批控详规的实施情况、相关标准的实施、地区发展诉求、其他要求四个方面开展公共要素的评估，形成各更新单元的公共要素清单。公共要素清单主要内容包括：功能定位、社区级和邻里级公共设施、历史风貌、生态环境、慢行系统、公共开放空间、城市基础设施和城市安全等的配置类型和规模、各类建设规划控制要求等。更新区域评估采用以控规整单元作为基本评估范围，采用控规"千人指标＋服务半径"的评估标准。同时，针对城市更新项目提出以"7+1"公共要素为评估重点，以公共要素清单落实评估结论。公共要素清单明确了城市更新必须提供公共服务的公平性、参与度、标准化要求，可以避免开发建设中的随意盲目、降低公共服务质量的急功近利行为，确保更新项目符合区域整体综合的长远利益[①]。

更新评估在划定更新单元、开展公共要素评估的基础上，编制意向性建设方案。对于单元规划尚未覆盖的地区，需统筹考虑规划实施情况、公众意愿、地区发展趋势等开展评估。为鼓励更新地块打开围墙、挖掘地块内部现有公共空间资源，明确对于更新地块内现有公共空间，经更新改造后向公众开放的，可按照提供不能划示独立用地的公共开放空间的标准予以奖励。为鼓励更新地块提供地区紧缺、但可能存在邻避影响的公共服务设施，例如社区养老设施、公共厕所等，经论证奖励面积倍数可适度提高。

5.1.4　北京市

2020年，北京市根据国家国土空间规划体系改革的精神，建立了"三级三类"的国土空间规划体系，将国土空间规划分为市、区、乡镇三级，以及总体规划、详细规划、相关专项规划三类。国土空间总体规划包括城市总体规划、分区规划、乡镇域规划；详细规划包括控制性详细规划、村庄规划和规划综合实施方案；相关专项规划包括特定地区规划和特定领域专项规划[②]。

① 唐义琴.制度设计视角下的上海城市更新实施机制研究[D].北京：清华大学,2018：45.
② 杨慧祎.城市更新规划在国土空间规划体系中的叠加与融入[J].规划师,2021（8）：28.

根据2022年6月《北京市城市更新条例（征求意见稿）》的规定,北京市城市更新规划体系可以归纳为"城市更新专项规划+更新街区详细规划+城市更新项目规划实施方案"。

1. 城市更新专项规划

城市更新专项规划是指导本市城市更新工作的总体安排,由市规划自然资源管理部门负责组织编制,区级城市更新专项规划由区人民政府结合本辖区情况组织编制。

规划遵循"规划引领,街区统筹;总量管控,建筑为主;功能完善,提质增效;民生改善,品质提升"的原则。编制城市更新专项规划前应对控规街区现状进行评估,分类梳理规划范围内需要更新改造的建筑和空间信息,以及存量资源的分布、功能、规模等信息,自下而上查找问题,提出更新利用的引导方向和实施要求。涉及历史文化资源的,应当开展历史文化资源调查评估。对居住环境差、存在重大安全隐患、市政基础设施薄弱以及现有土地用途、建筑物使用功能、产业结构不适应经济社会发展等情况的区域,优先进行城市更新。

规划坚持问题导向、需求导向、目标导向,以北京城市总体规划为引领,以街区为单元,统筹平房院落、老旧小区、危旧楼房、老旧厂房、老旧楼宇等各类存量建筑,综合考虑区域功能、布局结构、空间环境和基础设施、公共设施支撑条件,从以服务"四个中心"建设为导向的功能性更新、以民生保障和环境改善为导向的社会性更新两条线索出发,提出保障首都功能、激发经济活力、改善民生福祉、加强生态保护、传承历史文化、提升治理能力六方面更新目标,促进城市高质量发展。

规划立足更新目标谋划更新策略,分圈层差异化明确更新方向,将首都功能核心区和城市副中心作为更新重点,聚焦存量空间,加强街区统筹,以块统条、以条促块,做好基础设施类系统保障、居住类保护更新、产业类"腾笼换鸟"、公共空间类品质提升,通过系统强化公共服务、市政和安全设施的支撑能力,推动城市环境品质、空间结构和功能效益的整体优化提升。

2. 更新街区详细规划

北京推行以街区为单元的城市更新模式,与详细规划空间单元充分衔接,城市更新规划的内容在国

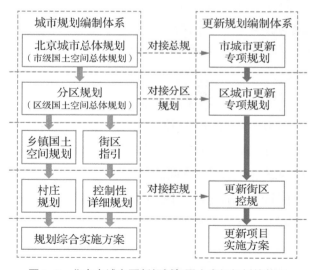

图5-8 北京市城市更新规划与国土空间规划的关系
资料来源:作者自绘

土空间详细规划中有所体现。区人民政府根据总体规划、分区规划要求，以拟计划开展更新工作的街区为对象开展现状评估，合理确定城市更新规划范围，再行编制更新范围的控规。

规划坚持自下而上找问题、街区统筹理资源、多元协商明需求、整体策划定方案、搭建平台统实施，构建清单化管理的工作模式。以街道乡镇为依托，以街区为平台，以现状评估为基础，梳理更新改造的潜力资源，围绕促进产业发展、改善居住条件、补充设施配套、提升公共空间、推动社会治理等目标，深入社区，以问诊方式开展实地调研、问卷调查、部门访谈和大数据分析，就城市功能、生活品质、职住关系、市政交通、公共环境、城市管理等方面进行街区体检评估，形成街区问题清单。综合考虑规划实施情况、建设年代、建筑质量等因素，系统梳理街区内的空间资源和建筑资源，形成资源清单。空间资源包括零星地、"插花地"、边角地等闲置空间和街角空间，以及具有改造提升潜力的低品质空间等。根据街区问题，资源清单、需求，愿景清单、策略，政策清单，综合考虑居民需求紧迫度、产权主体意愿、实施难易程度等，合理安排时序，统筹生成街区更新任务清单、项目清单[①]。

在全市1 371个街区（3 562.5平方公里）管控范围内，聚焦街区实施率≥80%及更新资源任务分布比较集中的地区，结合城市更新行动计划600多个近期拟实施项目，划定近期178个城市更新重点街区[②]。根据北京市更新行动专项规划有关要求，对于城市更新类街区控规，要统筹评估多元价值，按照"一控三导"（管控图则、规划设计导则、规划实施导则、存量更新导则）进行规划管控。管控图则是控规的控制性内容，体现控规的刚性要求，保障系统性、底线性、公益性内容，作为控规的法定性文件，主要包括功能定位、规模管控、三大设施、生态要素、重点区域、总体管控要求等相关内容。规划设计导则和规划实施导则是控规的技术性内容，体现控规的弹性引导，应对复杂的更新需求，主要包括街区引导、街道空间、蓝绿空间、慢行系统、建筑空间、地下空间等内容，作为技术管理文件，重点体现对城市高质量发展、高品质生活、高水平治理的实施引导。存量更新导则应按类型梳理街区范围内闲置低效建筑和空间等存量资源的分布、功能、规模、权属等信息，提出更新利用的引导方向和实施要求等[③]。

3. 城市更新项目规划实施方案

北京提出以综合实施方案作为城市更新规划实施的依据，从规划方案、成本测算方案、实施计划方案三方面提出了具体的实施安排。市、区相关部门指导更新统筹主体及实施主体，整体策划编制更新规划综合实施方案，确定实施主体、实施模式、实施路径、实

---

① 北京市人民政府.北京市城市更新专项规划［R］.北京，2022：53.
② 北京市人民政府.北京市城市更新专项规划［R］.北京，2022：54.
③ 北京市人民政府.北京市城市更新专项规划［R］.北京，2022：18.

施时序,明确指标投放方式和项目捆绑方式。

一般而言,规划方案要收集产权主体、市场投资者、政府与有关主管部门的三方诉求;成本测算方案通过制定合理的拆迁、安置政策,选择适宜的资产管理方式和运营方式,统筹经济账、社会账和生态账;实施计划方案通过确定利益分配规则,综合运用各类政策,结合资金安排和建设计划,选取适宜的实施路径,实现资源与任务的合理匹配。依托更新项目实施方案,探索研究以块统条的街区更新方式,整体统筹各类资源,统筹疏解整治促提升和公共空间的改善,统筹政府投资和社会投资方式,形成"规划加策划、策划转行动、行动推项目"的城市更新实施框架,实现"块、统、条、专"有序推进。

编制城市更新项目实施方案时,应当开展现状评估、房屋建筑性能评估、消防安全评估、更新需求征询、资源整合等工作。项目实施方案应结合实际情况,明确更新范围、内容、方式及建筑规模、使用功能、设计方案、建设计划、土地取得方式、市政基础设施和公共服务设施建设、成本测算、资金筹措方式、运营管理模式、产权办理等内容。

城市更新项目实施方案应当依据控制性详细规划编制,也可与控制性详细规划同步编制,一并上报;重大的城市更新项目可先行编制实施方案,经市政府批准后纳入控制性详细规划。小规模、低风险、功能单一的城市更新项目可直接编制更新项目设计方案。

总体来看,广州、深圳、北京以"城市更新单元(片区)"为基本空间单位,分别构建了以"城市更新单元规划(片区策划)"为核心的城市更新规划编制体系,在规划编制层级上大体可分为宏观、中观、微观三个编制层次,且因各自实际各有特色,在规划编制内容上除了与现行城市规划衔接外,均有城市更新所特有的内容。上海等城市的更新规划是在编制国土空间总体规划、详细规划的过程中,将规划的城乡建设用地划分为若干种地区类型,城市更新地区作为其中一种类型,按照相应类型的规划要点,在国土空间总体规划、详细规划中开展城市更新地区的规划编制工作。各层次更新规划的最终目的是指导城市更新项目的落地,应注意各层次更新规划与现行城市规划编制体系相衔接,在规划内容上除了对接城市规划的基本内容外,还应注重探索自身独有的更新内容。

5.2 构建城市更新规划体系的原则

5.2.1 城市更新规划的作用定位

1.存量规划

关于城市更新中的规划制度的讨论,大多来自珠三角地区特别是深圳的城市规划研究者。城市化先发地区的实践需求大大促进了研究进展,深圳市短短五年时间出台了有关于城市更新法规、政策、技术标准和操作等各个层面的政策,建立了较为完整的一套政策体系。

在城市建设的新阶段和新任务下,城市更新规划在其中的作用与定位也需要重新研讨,从部分先发城市的规划实践来看,上海市提出了总量锁定、增量递减、存量优化、流量增效、质量提高的"五量管控"口号,并通过实施了《上海市城市更新实施办法》;广州较早借助政策试点开展了"三旧"改造和多种类型的实践;深圳市已经有较为成熟的城市更新单元规划等制度[①]。

"存量规划"已经成为近年来规划界讨论的一个热点。对于城市发展进入存量阶段、城市更新益发重要的时期,规划体系整体上需要作出应对和调整,在城市更新项目或者连片更新地区所适用的专门规划制度也需要作出适应性的应对。存量规划一般指通过城市更新等手段促进建成区功能优化调整的规划,包括旧城更新与改造、环境综合整治、交通改善和基础设施提升、历史街区和风貌保护、产业升级与园区整合、土地整备与拆迁安置等等类型。

2. 战略性+规范性+建设性规划范式[②]

城市规划技术体系大致可以分为战略性规划、规范性规划和建设性规划三个层面。战略性规划:包括中国的城市总体规划、法国的国土协调纲要(SCOT),以及其他国家和地区例如英国的结构规划(Structure Plan)、美国的综合规划(Comprehensive Plan)、德国的土地利用规划(Flchennutzungs Plan)和新加坡的概念规划(Concept Plan),这个层面规划基本上具有共同愿景的职能。

规范性规划:包括中国的控制性详细规划、日本的地域地区、法国的地方城市规划(PLU)、英国的地区规划(Local Plan),以及其他国家和地区例如美国的区划条例(Zoning Regulation)、德国的建造规划(Bebauungs Plan)、新加坡的开发指导规划(Development Guide Plan)和中国香港的分区计划大纲图(Outline Zoning Plan),这个层面的规划主要发挥空间管治依据的职能。

建设性规划:包括中国的修建性详细规划、日本的开发项目(市街地开发事业)、法国的协议开发区详细规划(PAZ),以及例如我国台湾的都市更新单元等,这个层面的规划发挥建设实施指引的职能。中、日、法的规划实践表明,建设性规划是一种必要的、相对微观的规划类型,职能是对特定规划区内的建设项目及其周围环境进行设计及管理,面向的主要服务地区是城市核心区、新城、历史文保区、景观区和城市更新区等。总体来看,城市更新规划更多具有建设规划的属性特征。

从全国的视角看,局部地区的城市更新规划制度探索,如深圳的城市更新单元规划与广东"三旧"改造单元规划,较为完整地符合更新区规划的职能要求。"三旧"改造单元规划的成果是控规形式,处于规范性层次;城市更新单元规划也处于规范性规划层次,

① 周显坤.城市更新区规划制度之研究[D].北京:清华大学,2017:18.
② 周显坤.城市更新区规划制度之研究[D].北京:清华大学,2017:234-235.

在更新单元规划审批后,可视为法定图则的组成部分,作为规划管理依据。

3. 纵向传导横向协调的规划

作为面向存量空间的规划,同其他大部分规划一样,都要对国土空间规划体系对接,既要从全市层面对存量更新规划的潜力、目标、策略、重点和政策进行分析把控,也要结合我国行政体制特点,突出区级政府在城市更新中的主体作用,在分区和单元层面加强整体工作谋划和城市更新工作安排部署,明确更新的目标、策略、时序、空间安排及重点片区的实施策略和步骤,对实施计划提出初步安排,并从实施经济性角度对城市更新单元划定和城市更新实施中面临的问题进行综合判断,为制定年度片区和项目实施计划提供指导和基本技术支撑。

针对具体的实施片区和实施项目,需要根据片区规划指引存在的问题和各项设施功能布局的要求,分析梳理实施片区涉及的详细规划相关控制要求,提出功能布局调整的方案,并根据实施方案的拆迁量、改建量以及经济平衡的要求,提出兼顾公共利益、产权人利益、经济平衡、功能改善、地区可持续发展要求的地块功能布局、建筑布局、各项设施布局详细规划方案,一般达到修建性详细规划深度。实施方案要精准测算各类设施的现状、新增量及各类主体的利益分配,各项设施的建设改造以及长期维护投入产出、资金来源和投资运营方案,片区或地块内需要搬迁、置换产权人方案,提出针对原控制性详细规划的调整修改建议。城市更新规划,横向上要分别与城市国土空间总体规划协调对接,与区总体规划或分区规划、区级各类专项规划协调对接,以及与街区深度的详细规划对接,在实施方案层面要与详细规划以及重要设施和地块的改造实施方案对接。

4. 面向实施性的规划

城市更新规划,最终要落实到指导具体更新项目实施上,这是区别于传统控制性详细规划、详细规划的重要区别。以往的控制性详细规划主要对公共设施布局和主要开发用地指标进行控制,是被动型的规划,是针对建设诉求的控制和规范。相比于传统详细规划,更新单元规划非常侧重于可实施性。这种可实施性不仅仅体现在空间设计的深度,以及单元范围、利益平衡、实施措施等新增条目上,更体现在内容背后所考虑的参与各方的利益安排上。更新单元规划达到了修建性详细规划乃至项目方案的技术深度和内容范畴,重点增加土地核算、拆迁安排等应对更新的特殊内容,可以作为项目实施方的项目实施依据。城市更新地块规划必须既要解决功能定位、项目总平面布局、总体开发形态和控制要求,又要解决经济如何平衡,涉及的开发建设主体利益如何协调,产权人、外来投资者和政府利益如何平衡问题,以及如何进行建设开发和融资问题,这些都是传统控制性详细规划、修建性详细规划所不能完全覆盖和解决的问题。

5.2.2 对现行规划体系的适应性评估

在2019年国土空间规划体系改革之前的城乡规划体系以"总规+控规+修规"为基

本框架,主要对城市新增建设用地进行规划管理,从相关实践来看已经不能完全适应以存量空间为对象的城市更新工作。其中宏观层次的城市总体规划(简称总规)基于城市功能提升、产业转型升级等阶段性目标,对城市现状建设用地进行大幅度调整以满足城市建设用地扩张发展的需求;中观层次的控制性详细规划(简称控规)为符合城市快速扩张需要,制定一系列简单直接的用地指标来指导城市开发建设;微观层次的修建性详细规划(简称修规)主要落实上层控规对各类开发地块的强制性指标[1],但以存量建设用地为主的城市更新活动往往涉及复杂的现状权属、就地难以平衡、利益诉求多样等多方面问题,现行城市规划越来越不足以支撑复杂的城市更新工作,主要体现在以下几方面。

1. 总规编制欠缺对城市更新的系统性研究

原先的城市总体规划的主要任务为:确定城市性质、城市规模,统筹安排各类建设用地,合理配置各项基础设施和公服设施,合理确定各阶段发展方向、目标、重点和开发时序,处理好城市近远期发展的关系等,但大部分城市的城市总体规划中除在历史文化遗产保护方面有相关规定,以及基于历史文化名城的保护而对老城区提出相关保护控制要求以外,受城市扩张思维的影响,并没有在城市整体层面对城市更新进行系统性研究,因此也就缺少对城市更新目标、策略、发展方向、开发时序等方面的有效指引[2]。

2. 控规针对存量改造空间的适应性不强

2007年颁布的《城乡规划法》正式确立了控规的法律地位,它是"依法进行规划管理的依据"。控规在规划体系中起着"上承总规,下管项目"的作用,直接约束着包括城市更新在内的各项建设活动[3],主要起到控制公共设施用地和开发容量指标的作用。由于控规主要控制道路交通格局、各项公共设施用地,控制开发地块的高度、容积率等核心指标,以贯彻总体规划、分区规划意图,实现城市整体有序,但由于无法考虑每个具体地块的具体成本、项目效益,特别对现状建成区的更新改造规划要求指导深度远远不够,许多基于新增用地的制度安排不适用于存量用地,控规的地块与产权地块不一致[4]。从全国来看,开发成本较低的地块经过二十多年的建设已基本改造完成,剩余地块或片区主要是由于改造成本太高、地块难以自我平衡的项目,难以通过征收拆迁重建的方式解决,一般采用局部征收、总体上在不征收情况下通过协商的方式对原有建成区进行局部调整改造的方式。以往的控规对这类更新地块研究深度不够,客观上也很难做到,加上成片

---

① 程则全.城市更新的规划编制体系与实施机制研究——以济南市为例[D].济南:山东建筑大学,2018:17.

② 程则全.城市更新的规划编制体系与实施机制研究——以济南市为例[D].济南:山东建筑大学,2018:17.

③ 周显坤.城市更新区规划制度之研究[D].北京:清华大学,2017:77.

④ 周显坤.城市更新区规划制度之研究[D].北京:清华大学,2017:255.

编制批准的控规必然由于工作尺度、项目不确定性等问题面临调整修改问题。

原先的城乡规划法规下的控规技术体系上更为适应城市扩张的新区的用途管控,主要针对的是单一的农用地、耕地整体征为国有建设用地的土地产权变更行为。大部分城市主要通过"功能+指标+图则"的方式,偏重于对具体开发地块提出控制和引导要求。城市更新往往针对的是建成年限较久、环境较差、设施老旧且产权复杂的旧城区,用地调整紧张且利益协调困难,土地改造方式不是简单把改造土地一并征为国有从而重新调整功能和进行市场化销售,而是采取部分土地产权性质和布局变更以提升整个片区服务水平,对部分产权建筑进行使用功能调整、配套功能及环境风貌整治的方式,加上大部分地块重建单个地块难以自我平衡,仅从单一项目地块考虑已经无法满足城市更新在拆迁改造成本、保障安置总量、公共要素配置、容积率平衡等目标上的区域统筹要求。因此需要对一个或多个更新项目进行一定更新区域范围内的统筹研究,有助于协调区域内指标整合、掌控公共利益的落实,亦可有效保障更新区域居民的实际利益[①]。

3. 修规编制内容深度无法满足具体更新项目需求

《城市规划编制办法》(1991年)提出了修建性详细规划类型,根据《城市规划编制办法》(2006年)的规定,修规的主要任务是依据上层控规确定的规划条件,对建设项目作出具体安排和规划设计,主要内容包括建设条件分析、综合技术经济论证、建筑设计、交通规划设计、管线规划设计、竖向规划设计、工程量估算等。通过修建性详细规划方案确认该项目符合规划条件和控规等上位规定,便于管理部门审批。实际操作中,修规编制内容深度无法满足城市更新具体项目实施需求,主要表现在以下几方面:对更新项目用地现状、土地权属情况、土地市场的经济可行性评价、拆建安置建设总量分析、资金来源与使用计划分析、项目开发时序等解读较弱,没有明确更新项目的实施主体、改造方式、公益性用地配建指标等内容。在面对具体的更新项目时,修规在能否有效平衡政府、市场及公众三者间的利益,能否在解决复杂的现状权属基础上分配空间权益,能否有效保障公益性设施配建比例及质量等方面均存在疑问[②]。

总之,"总规+控规+修规"的城市规划编制体系在城市扩张中非常适用,引导了我国近几十年的城市扩张,但在城市更新逐步占主导的语境下,现行城市规划编制体系的缺陷已经十分明显。因此,随着以城市更新为城市化主要方式时代的到来,迫切需要构建一个层级明确、针对复杂产权、主要针对存量利益调整、面向实施的城市更新规划编制体系,在规划层级上与现行城市规划编制体系相衔接,在规划内容上除对接现行规划外

---

① 程则全.城市更新的规划编制体系与实施机制研究——以济南市为例[D].济南:山东建筑大学,2018:18.

② 程则全.城市更新的规划编制体系与实施机制研究——以济南市为例[D].济南:山东建筑大学,2018:19.

应突出对城市更新的具体指引。

5.2.3 构建城市更新规划体系的原则

1. 有机融入国土空间规划体系

许多国家都把更新计划从城市空间规划体系中独立出来,如法德两国的更新计划与空间规划管理体系基本相互独立。仅开发类更新项目涉及对规划土地使用条件的调整才会反馈给规划管理部门,规划管理部门按照通过审批的更新计划方案替换和修改原空间规划中该地块的相关内容。英国则是通过在地方规划中划定特定城市更新区、实施特殊的空间管控政策的方式推动城市更新活动融入空间规划体系。再如美国纽约州按照更新是否涉及对原区划调整分为更新再区划地区和更新特殊政策区,前者是按照法定程序根据已获批准的更新计划对区划进行修改的再开发地区,后者是通过在原区划基础上增补各类特殊更新振兴政策的地区。与其他四国不同,日本则是将更新计划与城市空间规划体系合二为一,采用将各层级更新计划分别对应纳入不同层级的城市规划之中,如在城市总体规划层面纳入都市再开发方针的规划内容,在控制性规划层面纳入都市再生紧急整备区等更新计划内容,在地区详细规划层面纳入市街地开发事业等更新内容。因此,五国的更新计划体系与城市(空间)规划之间也呈现出上述交错并行和融合一体两种交叠关系[①]。

根据城市更新工作要求,对应城市国土空间规划构建的"三级三类"规划体系,城市更新规划应包括市级、单元、地块(项目)三级的专项规划,其中单元级的规划达到详细规划单元层级技术深度,地块(项目)级的详细规划达到详细规划街区层级技术深度,经过市县政府批准可以代替或视作法定的详细规划作为规划技术管理的依据。三个层次的更新规划分别有其不同的定位和任务。

表5-1 不同国家更新法规体系主要内容比较

计划体系	法国	德国	日本	英国	美国
更新计划的层级(类型)	中央:三个城市更新计划;市镇联合体:城市协议;市镇:更新项目	联邦:国家城市促进计划;州:城市促进计划;市镇:城市更新区+项目计划;实施主体:更新项目	都道县府:都市再开发方针;市町村:特别政策区区划;实施主体:市街地再开发事业/详细计划	郡/地区:地区行动规划;地方企业合作组织:各类规划计划;教区:社区规划	社区:社区再开发规划、商业改善街区规划、城市发展行动规划;实施主体:再开发实施规划

① 刘迪,唐婧娴,赵宪峰,等.发达国家城市更新体系的比较研究及对我国的启示——以法德日英美五国为例[J].国际城市规划,2021,36(3):56.

续表

计划体系	法国	德国	日本	英国	美国
更新计划的对象（主线）	衰败社区、协议开发区	社会城市更新区、商业改善区和城市更新区	社区/地域再生区、都市再生特别区	社区、企业区划	衰败社区、具有增长潜力的地块（商业改善区、投资发展区、发展行动区）
更新计划的地区统筹	中央、大区及省统筹资金；市镇联合体统筹更新单元划定	联邦及州统筹资金；自治市层级的城市更新机构统筹更新单元划定	都道县府一级政府统筹划定三类重要更新地区，包括都市再生特别地区、居住调整地区、特定用途诱导地区	地方企业合作组织（LEP）和自治市议会分别统筹企业区划和社区规划单元的划定	市镇一级地方政府负责统筹更新地区的划定
与空间规划体系的关系	涉及地块再开发时交错：由规划管理部门按简化流程修改地方城市规划，并颁发建设和规划许可	涉及地块再开发时交错：涉及再开发的更新项目，由规划管理部门编制建设规划（B-plan），并颁发建设许可	融入规划体系：更新规划完全融入城市规划体系中，是法定城市规划体系的一部分	与空间规划衔接的两种模式：一是可根据地方企业合作组织（LEP）制定的规划调整地方发展规划（空间规划）；二是社区更新规划均属于空间规划体系	与区划衔接的两种模式：按法定程序更改区划和特殊政策区两种
补充	具有自上而下的计划体系，以城市更新三大计划为顶层计划，以城市协议为次一级更新计划，最下一级为更新项目	更新计划体系由自下而上反馈机制构成，国家和州确定城市更新项目分类指引，市镇层面制定具体的更新计划并上报，州负责拼合统筹	更新计划在城市层面构建了完整的体系，但在国家和地区等宏观层面没有更新计划	不存在自上而下的体系，地方企业合作组织（LEP）和社区为代表的非政府部门负责制定两类更新计划	不存在自上而下的体系，基层负责城市各个片区更新规划的制定

资料来源：刘迪，唐婧娴，赵宪峰，等.发达国家城市更新体系的比较研究及对我国的启示——以法德日英美五国为例［J］.国际城市规划，2021，36（3）：56.

宏观层次——系统引导。在国土空间总体规划的指导和约束下，编制城市更新专项规划，对城市存量用地的二次开发与保护利用进行综合部署。着眼于在全市或分区层面对城市更新的宏观指引，主要是针对城市中各类更新用地的性质调整和功能置换在城市总体层面进行系统研究,侧重对城市更新在目标、策略、方式、重点地区、实施时序等方面的指引,如广州的城市更新中长期规划,深圳、南京等的城市更新专项规划,其编制意义主要体现在以下两方面:一方面,城市更新专项规划体现的是城市总体规划的要求和目标,是对城市总体规划的落实和有益补充,在类别上应属于完善城市总体规划的专项规划。另一方面,城市更新专项规划依据城市国土空间总体规划等上位规划编制而成,是地方政府统筹城市存量用地开发建设的纲领性文件,是下一层次更新规划制定的依据。

中观层次——统筹协调。在城市建成空间进一步划分城市更新单元,编制详细规划并进行初步经济测算,作为实施国土空间用途管制、核发建设项目规划许可、进行各项建设等的依据,统筹安排拆除与重建等活动,规范城市更新项目落地实施。中观层次的城市更新规划是整个城市更新规划编制体系的核心,除满足对上层次更新规划内容的落实外,更侧重对城市更新在一定更新范围内的公共要素配置统筹、开发容量统筹、经济可行性统筹等,如广州的城市更新片区策划方案、深圳的城市更新单元规划、上海的城市更新单元建设方案。中观层面的片区或更新单元规划一般由区政府指定牵头部门组织编制,或者由城市更新主体组织编制。

微观层次——开发控制。微观层次的城市更新规划,除满足对上层次更新规划内容的落实外,更侧重对具体更新项目在实施主体、改造方案、改造方式、融资低价、资金来源与安排、开发时序等方面的开发控制,如广州、深圳、北京等城市的更新项目实施方案。

城市更新规划内容是在国土空间规划体系上的叠加,以已编制完成的国土空间总体规划、详细规划为依据,开展城市更新专项规划的编制,并在编制过程中对国土空间总体规划、详细规划进行同步优化、调整。城市更新专项规划在国土空间总体规划、详细规划的基础上划定规划的编制范围,二者在编制范围上呈现出包含与被包含的关系。由于二者在编制内容上为两套相互独立的规划成果,因此将其定义为"叠加"①。

城市更新对应经济、社会、文化等三个维度的需求,城市更新规划的经济目标要能体现提高土地利用效率和促进产业升级转型,社会目标要注重提高公共服务水平和城市生活品质,文化目标要坚持保护与传承地方文化遗产。尤其是在维护社会公平方面,城市更新规划应通过精细化的更新配套政策,引导市场贡献更多的公共利益,为片区功能提升、环境再造提供所需的土地和空间;将底线控制、功能引导等不同的调节方式灵活组合成为公共政策杠杆,把契合不同发展阶段诉求的公共利益落实到各阶段的城市更新中。

2.适应城市治理体系现代化改革需要

对接国土空间规划"三区三线"管控要求,城市更新重点面向城镇空间(城镇开发边

---

① 杨慧祎.城市更新规划在国土空间规划体系中的叠加与融入[J].规划师,2021(8):28.

界)内的存量建设空间,存量空间存在着多样的空间布局,包含着复杂的权属利益关系,常规分配式蓝图规划的技术路径无法解决土地增值收益再分配、市场参与机制等存在的难题。城市更新规划只有尊重既有土地格局和权属关系,充分保障市场主体合法权益,通过政府、企业、原权利主体等多方协调、多轮利益博弈,才能确定可实施的方案。

城市更新管理的不协同,还表现在政府相关职能部门之间缺乏内部的综合协调。城市更新管理工作涉及土地征收、整备和开发规划、建设,以及街道社区管理等事务,涉及自然资源、住建、发改、文物等多部门,以及市、区两级政府,横向、纵向的更新管理协同困难容易导致更新决策与实施过程的反复。如目前广州市城市更新的管理采用两级两轮审批,存在重复审查审批、流程复杂繁琐的行政效率问题,项目过程中规划审查、控规调整和建设报批难以有效协同与获得许可,也造成了区政府与市直属部门的决策矛盾问题。

3. 针对不同城市的特点和问题

不同城市的城市更新规划体系应有所区别。我国大部分城市历史文化悠久,很多是国家级、省级历史文化名城,历史文化资源丰富,但绝大部分存在较多棚户区、高密度老旧居住区等老城空间单元,因而在城市更新规划体系中,对于历史文化资源较多的城市或历史文化名城,一般要在规划体系中关注历史城区、老城区的城市有机更新问题,做好历史文化保护与城市更新的有机融合。新中国成立以来尤其是改革开放以来大力发展工业化,由大量城市工业区或经济技术开发区造就了我国"世界工厂"的地位,城市建设早期的工业企业和工业区,大部分因为产业结构落后、环境影响较大和对城市结构的较大割裂,加上城市扩张以后城市土地区位的改变,存在城市更新升级问题,这也是国内大城市较为普遍的城市更新对象和类型,不同城市的城市更新规划要关注工业区的城市更新模式、途径问题。

针对不同规模和功能的城市构建的更新规划体系应有所区别。特大城市因城市规模大、空间结构复杂、城市更新类型较多,一般需要市级层面编制独立的专项规划,明确全市的城市更新规划的原则、重点和思路,指导各区的城市更新规划和实施工作,而一般的大城市,因为城市规模不大,城市结构简单,城市更新问题不是十分复杂,城市更新规划可以进行深入分析,直接划定更新片和更新类型以及更新策略,区级层面可以不再单独编制城市更新专项规划,可以直接编制单元层面的规划评估和实施策略建议,指导实施方案的编制工作。

5.3 构建国土空间规划体系下城市更新规划体系

营建顶层统筹+基层落实的计划体系是较为普遍的国际经验,即在市、县中心城区层面构建更新计划体系,形成"总体更新计划—更新单元计划—更新项目实施计划"三级更

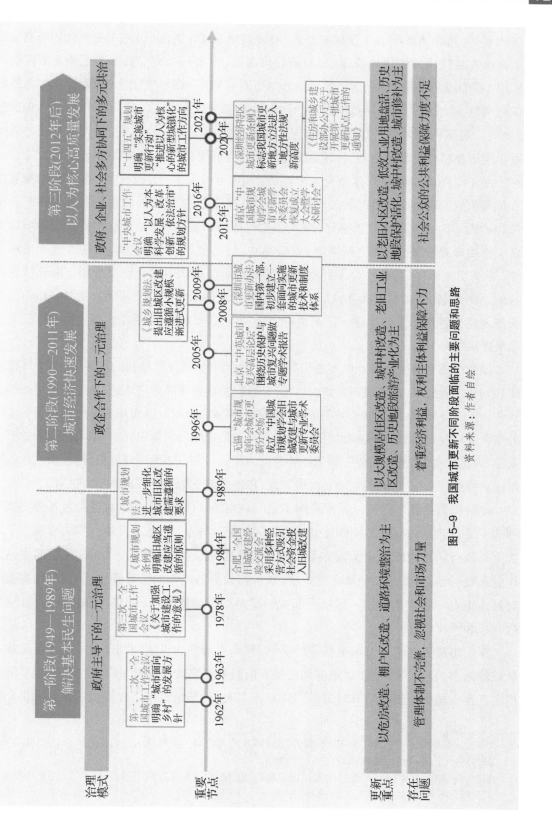

图5-9　我国城市更新不同阶段面临的主要问题和思路

资料来源：作者自绘

新体系①。可参考德国的建设规划办法，对更新单元划定的区域，采用更新计划编制完成后修改并替代原详细规划的办法，目前我国深圳、上海两个有单独城市更新规划编制的城市，所采用的就是此种办法，即更新计划可对容积率、停车位配建、保障房比例等系数进行调整，形成了一定地块范围内更新计划对详细规划的替代制度。另外，从发达国家的经验看，各国的计划体系普遍经历了从"plan"到"program"的转变，我国的更新计划体系也应逐步将社会救助活动、社区营造等非物质空间更新内容纳入治理计划之列②。

基于与国土空间规划体系有效衔接的原则，可以借鉴"五级三类"国土空间规划层次传导方式，形成国家和省重在政策指引、市区重在实施管控的城市更新规划体系。国家和省级层面重在宏观政策引导，研究出台全国城市更新工作的行动纲领，明确城市更新工作的政策框架，包括更新原则、更新目的、行动计划、资金支持、土地及规划适用条件、更新实施流程、运作主体及行动方式等。省级层面城市更新政策的制定需要依据国家的总体要求，结合本省实际，以地方法规、政策文件或行动纲要等形式指导各城市的更新规划建设管理体系的构建。国家和省级宏观政策和规则框架的制定需因地制宜、兼顾地区发展的差异。

城市层面重在更新行动的实施引导管控，在国家和省政策法规的指导下，基于城市总体规划和发展战略，制定城市更新的目标和战略，明确更新的重点地区，提出城市更新的方式和功能引导要求，提出推进城市更新行动的政策体制建议。区级层面一般需要编制专门的更新专项规划，细化落实城市更新规划的要求，划定城市更新单元，提出实施规划的资金安排、人员安置、经济平衡和实施主体等方面的建议。在市区专项规划指导下，由区级政府组织选择更新实施主体，编制项目实施方案，在各方面支持下开展具体项目更新工作。

结合城市更新工作特点及现行国土空间规划编制体系框架，针对各层级各种类型规划的不足，构建系统性、可操作性强的更新规划编制体系，分别从宏观、中观、微观三个层次上与现行国土空间规划编制体系相衔接。其中，宏观层次侧重于对市、区层面更新工作的系统引导，中观层次侧重于对片区、街区层面更新工作的统筹管控，微观层次侧重于对具体更新项目实施控制。城市更新规划是对城市建成空间的统筹谋划，具有战略性、综合性和可实施性。

深圳市最先制定了城市更新专项规划，城市更新的建设规划与现有规划体系形成了良好的结合，也在与控制性详细规划衔接方面做了很有效的探索。广州、上海、北京等城市也在建立城市更新体系方面进行了研究和实践，对城市更新工作提供了良好的引导和

---

① 刘迪,唐婧娴,赵宪峰,等.发达国家城市更新体系的比较研究及对我国的启示——以法德日英美五国为例[J].国际城市规划,2021,36(3):58.

② 刘迪,唐婧娴,赵宪峰,等.发达国家城市更新体系的比较研究及对我国的启示——以法德日英美五国为例[J].国际城市规划,2021,36(3):58.

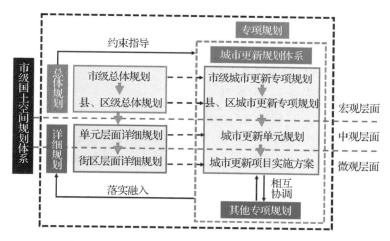

图5-10 城市更新三级规划与国土空间规划的关系

资料来源：作者自绘

指导。以"城市更新单元"为核心，分别从宏观、中观、微观三个层次构建与现行城市规划编制体系相衔接的更新规划编制体系，即宏观层次的更新专项规划，与城市总体规划、片区控规相衔接；中观层次的更新单元规划，与街区控规相衔接；微观层次的更新项目实施方案，与修规相衔接[①]，可概括为以城市更新单元规划为核心的"1+1+1"的三级更新规划编制体系。

5.3.1 城市更新专项规划

1. 编制主体

全市城市更新专项规划由市城市更新主管部门根据相关规划组织编制，报市城市更新领导机构审定，经市政府批准后实施。各区城市更新专项规划由各区城市更新主管部门组织编制，报市城市更新主管部门审议，经市城市更新领导机构审定后实施。

2. 编制年限

编制年限一般与城市国土空间总体规划期同步，近期为五年，与本市五年发展规划保持一致，既满足长期更新目标又适应短期动态修编的要求。

3. 重点内容

城市更新专项规划应体现城市对城市更新的战略高度和统筹思维，重点在于对市、区级城市更新工作进行宏观引导，确保更新工作的有序开展。总体来说，更新专项规划层面应当重点考虑城市更新区域在人居环境改善、产业升级和结构调整、土地资源优化配置、历史文化保护与传承等方面的目标任务，提出更新总体目标与策略、规模控制、功能布局、开发强度、更新方式、配套设施和综合交通等方面的具体指引要求，确定近期重

---

① 程则全.城市更新的规划编制体系与实施机制研究——以济南市为例［D］.济南：山东建筑大学，2018：49.

点更新地区和更新时序指引等。

5.3.2 城市更新单元规划

"城市更新区"，是为推行城市更新所必须界定的权利范围，是受到赋权的更新地区的空间管制单位。"城市更新区"是具有空间管制意义的规范性陈述，是"城市更新区规划"的编制和适用范围①。我国很多城市都对更新单元的含义作出过界定。例如深圳在《深圳市城市更新办法》中就首次引入了中国台湾的"城市更新单元"概念，确立了以城市更新单元为核心的城市更新规划与计划管理制度，将城市更新单元作为管理城市更新活动的基本空间单位。

城市更新单元一般通过城市更新专项规划划定，是具有明确边界和明确管制意义的城市更新的基本单位，也是更新单元规划生效的范围。城市更新单元应当是相对成片的区域，一个更新单元可以包括一个或多个更新项目。"更新单元规划"是深圳市在实践中逐渐发展出来的规划制度，是国内"更新区规划"的先行探索。2009年，随着城市管理办法的出台，在前期调研各国家和地区经验的基础上，深圳市以中国台湾的"都市更新单元"为主要模板正式提出了"城市更新单元"概念，也相应建立了"更新单元规划"制度作为直接指导城市更新项目的规划依据。城市更新单元为实施以拆除重建类城市更新为主的城市更新活动而划定的相对成片区域。城市更新单元是确定规划要求、协调各方利益、落实更新目标和责任的基本管理单位，根据法律法规政策，可以有一定的特殊政策支持。城市更新区单元规划是在特定地区内推行城市更新所采取的工具，是受到赋权的该地区内城市更新改造的管制依据②。

自然资源部在《支持城市更新的规划与土地政策指引（2023版）》（自然资办发〔2023〕47号）中对具体操作层面的空间单元划分提出了不同概念，但总体上还是详细规划单元层面和尺度。该文件提出在国土空间详细规划层面，可根据城市的实际情况，通过城市更新规划单元详细规划、城市更新实施单元详细规划等工作层次，将国土空间总体规划确定的更新目标和要求落实到单元和地块的详细规划中，分层编管，充分对接更新项目的实施管理。

结合广州、深圳、上海三市实践经验，应考虑在一定的区域范围内对城市更新进行统筹研究。在规模上，结合街区控规中对街区规模的划分，考虑将一个或多个街区（以规划交通边界、用地边界、自然边界划分，街区规模为旧区0.5—1平方公里、新区1—2平方公里）划定为一个整体，作为城市更新在中观层面的研究范围，将更新基本空间管理单位选取为"城市更新单元"。更新规划单元可以结合城市更新空间结构，兼顾"15分钟社区生

---

① 周显坤.城市更新区规划制度之研究［D］.北京：清华大学,2017：28.
② 周显坤.城市更新区规划制度之研究［D］.北京：清华大学,2017：29.

活圈"和基层治理单元管辖区域,结合详细规划单元的划定,将更新对象相对集中连片、地域空间相对完整、有利于统筹安排空间布局和规划指标的范围划定为更新规划单元,也可以根据城市中更新对象的规模大小、分布状况和聚集程度等实际情况,将包含更新对象的部分既有控制性详细规划单元作为城市更新规划单元。一个更新规划单元可以在一个既有的控制性详细规划单元内,也可以跨多个既有的控制性详细规划单元。

针对城市更新单元,很多城市也出台了相应的规划管理制度,赋予城市更新单元内更新项目一定程度的特殊规划许可条件和程序。深圳市规划国土委2018年6月22日发布的《关于加强城市更新单元规划审批管理工作的通知》中明确,对于重点城市更新单元的城市更新项目,在满足公共服务设施、交通设施和市政设施等各项设施服务能力,符合法定图则规划的用地主导功能和《深圳市城市规划与准则》等相关设计规范的前提下,可以在市层面城市更新容积率审查技术规则基础上增加建筑面积。成都市规划和自然资源局等5部门印发《关于以城市更新方式推动低效用地再开发的实施意见》(2024年5月1日起施行)的通知,对于纳入城市更新单元内的低效用地再开发项目用地容积率,在历史城区外核心区住宅用地可按容积率不大于3.0执行,历史城区外一般地区住宅用地可按容积率不大于2.5执行。2024年5月自然资源部办公厅《关于进一步加强规划土地政策支持老旧小区改造更新工作的通知》进一步赋予了更新规划单元详细规划的特殊空间管控政策,即"以单元详细规划为平台,在单元中统筹空间功能和建筑量,实现总量控制、结构优化、区域平衡、动态平衡。以不突破市县国土空间总体规划明确的空间管控底线和落实强制性内容为前提,地方可明确建筑量跨单元统筹的规则,转移建筑量所得收益应优先用于保障改造资金的平衡。"

1. 编制主体

更新单元规划一般以所对应的控规编制单元控规为基础,重点就更新单元的改造模式、土地利用、配套设施、道路交通及地权重构等方面做出详细安排。城市更新单元规划由各区政府委托具有相应资质的规划设计单位编制,在按照规定完成意见征询、公示公开和专家论证等程序后,由城市更新主管部门提交市城市更新领导机构审议,经市政府批准后实施,具有与控规相等效力,或者根据更新单元规划变更相应空间的详细规划,作为城市更新规划管理的基本依据。

单元规划编制应充分考虑以下几方面:一是基础数据调查。由各区政府事先对城市更新单元内的土地、房屋、人口、规划、文化遗存等现状基础数据进行详尽调查,建立城市更新基础数据库并定期更新,市国土资源、规划、城乡建设、住房建设等部门应当积极配合提供相关基础数据。二是利益主体诉求。应征求更新单元内各利益相关者的意见,总结分析其意愿和诉求。三是应征求市发展改革、财政、自然资源、审计等部门的反馈意见,涉及产业升级的,应征求相关产业部门的意见。

2. 重点内容

城市更新单元规划重点在于对更新单元进行中观控制,在衔接市、区级专项规划的同时充分对接现行片区(单元)、街区级控规,在现行街区控规的编制模式上进行规划内容的丰富。在更新单元层面,重点研究现状基础数据、现状权属状况、经济可行性分析、资金来源与使用、城市设计指引,以及拆除重建地区涉及的拆迁安置总量、复建建筑面积总量、安置选址地块以及公服设施布局方案等。在更新项目层面,重点确定各项目的更新范围、目标、改造方式和意向性方案。其中,更新单元层面的经济可行性分析可从基于政府收支平衡的经济测算、单元内更新项目市场开发可行性分析以及城市更新整体投资效益等方面探索更新单元内各方利益的平衡。

更新单元规划与城市更新专项规划的不同点在于:第一,在面向建设和市场力量时更新单元规划有更直接的约束力,直接作为管制依据或实施建设的方案;第二,城市更新专项规划可能是在立项以前、更新主体并不明确时编制,而更新单元规划编制时已有项目主体并同时立项;第三,城市更新专项规划主要反映政府意图,而更新单元规划通常是市场、利益主体与政府共同参与的成果;第四,城市更新专项规划是从城市宏观整体的角度考虑,更新单元规划是从地区局部的角度考虑。

在先有法定控规后有更新单元的地区,控规指引明确了更新单元规划的范围和设施等内容,更新单元规划则需要满足控规要求。在先有更新单元后有控规的地区,其成果将纳入法定控规中。一般规定,当更新单元规划修改法定控规一般内容时,由市规划主管部门审批;当修改法定控规强制性内容时,由市规划主管部门报市政府审批。

更新单元规划成为政府进行城市更新项目管理的主要工具,是政府与权利主体、开发商等各方进行博弈和合作的主要平台,同时也是政府实施公共政策的重要载体。更新单元规划主要用于服务拆除重建类的更新项目——需要拆除重建的用地必须为更新单元的主体(占70%以上),很少用于其他类型项目。

更新单元规划的编制内容一般要达到详细规划的深度。就内容范畴来看,它与传统详细规划相比多了单元范围、利益平衡、实施措施和责任等实施性内容。就成果形式来看,它采用了以技术文件与管理文件为主干,附加各类专项专题研究的"1+1+X"的形式。并且,更新主管部门还对其进行了成果标准化的探索。

(1)较传统规划新增实施性内容

更新单元规划的主要内容是:

● 更新目标与方式:目标定位、计划更新模式等。

● 更新单元范围:依据城市更新计划、相关规划和土地核查结果等,控制更新空间范围,并从空间上明确单元更新权益划分。

● 功能控制:地块用地性质、功能布局、建筑面积分配、道路交通和基础设施、公共服务设施、历史文化遗产保护等。

● 空间控制：城市空间组织、建筑形态控制、公共开放空间控制、地下空间管控等。

● 利益平衡：确定更新单元与城市间，既有用地主体、各实施主体间的利益平衡等。

● 实施措施：确定实施责任、分期实施、保障措施等。

在内容构成方面，更新单元规划与传统的详细规划（修详规和控规）相比，除了同样会涉及空间安排、用地功能、开发强度等各类规划指标之外，主要差异在于增加了更新单元特性说明、土地核查、更新单元范围、利益平衡、实施措施等加强规划可实施性的内容。

图5-11　某更新单元规划拆除与建设用地范围图
资料来源：深圳坪山区坪山街道宝山南片区城市更新单元规划

"土地核查"是对更新单元内土地和建筑物状况的整理和说明。传统详细规划也涉及对土地和建筑物现状的说明，但往往是粗略的，或者是采用不及时的二手资料，而更新单元规划需要对更新单元的各个地块的产权属性进行全面的、有效的整理，甚至是第一手的调查，因为深圳城市更新的特殊性，往往还要涉及对存在历史问题的土地的补充处置。

"更新单元范围"是对更新单元边界，以及"独立占地的公共利益用地范围"和"开发建设用地范围"等其他几项重要边界的确定，涉及上位规划、产权主体意愿和土地核查结果等，其编制确定的过程本身就是一种权益划定和空间管制的手段，因此通常是在项目推进和规划编制中反复修改，并将成果以规范性文件的形式确定下来。更新单元规划可优化城市更新计划阶段划定的"拆除范围"。

"利益平衡"至少包括更新单元与城市间、单元内各权利主体间的利益平衡等等。更新单元与城市间的利益平衡方案，包括新增空间总量、政府参与溢价分成比例，以及单元中的基础和公共服务设施、政策性用房等的相关要求和责任；各主体间利益平衡方案，包括各主体获得的空间增量、相应拆迁和配建责任等。确定各方利益分配是项目推进所必需的重要内容，集中反映在土地与空间的划分中。

"实施措施"是为了推进项目开发的辅助措施,包括项目的开发时序、拆迁捆绑责任、公共设施落实方案等。通常对公共设施的规模安排在传统详规中都有,但更新单元规划中明确了其实施责任并且强制落实到用地空间。

相对于传统详规处理新增用地的简单划定的分期安排,更新单元因为涉及迫切的回迁要求等,与项目成本和收益关联密切,对分期安排的研究也更为深入。并且,更新单元规划要求在附件中提供详细的经济可行性分析方案。

(2)灵活附加的专项专题

附加的专项研究与专题研究,是在基本的规划内容即"规定动作"之外,另外的"附加动作"与"自选动作"。特别需要编制的内容包括:新增历史文化保护专项研究,涉及紫线、文物保护单位、历史建筑等,需要进行历史文化保护专项研究,提出对应的保护措施;保障性住房专项研究;涉及产业升级的,应当进行产业发展专题研究;位于特殊地区的更新单元,应开展相应的专项研究。

5.3.3 城市更新项目实施方案

根据自然资源部印发的《支持城市更新的规划与土地政策指引(2023版)》(自然资办发〔2023〕47号),与城市更新相关的详细规划分为更新单元详细规划和更新实施单元详细规划。

更新实施单元是在城市更新实施阶段为确定更新实施项目的地块规划管控指标和管控要求而划定的详细规划范围,旨在结合更新实施项目的具体情况,精准确定更新项目各个地块的规划设计条件,作为更新项目规划许可、方案设计和实施的依据。

更新实施单元的边界应以更新对象的土地权属界线为基础,在实施可行的前提下结合自然地形地貌以及更新规划单元规划的地块、街坊和道路等来划定,并根据更新对象的实际情况和更新实施计划的实际安排确定用地规模。一个更新实施单元中可以包含一个或多个更新对象和更新实施项目,集中连片的更新项目或更新对象应作为一个整体组织编制更新实施单元详细规划。

1.编制主体

城市更新项目实施方案由各区政府委托具有相应资质的规划设计单位编制,在按照规定完成意见征询、公示公开和专家论证等程序后,由城市更新主管部门提交市城市更新领导机构审定后实施。

2.内容要点

城市更新项目实施方案在修建性详细规划深度方案的基础上,应侧重于对更新项目所在地现状分析、项目设计方案、拆迁补偿安置方案、公共要素的规模和布局、融资地价、改造方式、项目建设时序等方面的研究。

在城市更新规划体系中，针对全市进行的市级城市更新专项规划居于重要地位，是指导市（区）级城市更新规划和更新单元规划的重要依据。市级城市更新专项规划，主要进行整个城市更新行动的总体谋划、布局引导和实施政策指导等方面研究。市级城市更新专项规划作为宏观指导性规划，应借鉴国内外先发地区的经验，衔接国家国土空间规划体系和用途管制制度，全面谋划城市更新的策略、布局、路径和时序，引导城市更新工作的科学有序开展。

6.1　总体技术路线和框架内容

当前，国内很多城市如北京、深圳、广州、长沙、济南等已经开展了市级城市更新专项规划编制工作，规划内容和深度基本一致或相似。总结我国很多先发城市市级城市更新规划经验，宏观层次的市（区）城市更新专项规划要与国土空间市区级总体规划加强衔接。通过对不同城市更新专项规划的梳理归纳，结合相关实践总结，总体上遵循"基础研究—资源摸查—潜力评价—目标规模—对象分类—划定单元—统筹指引—实施保障"的技术路线。市（区）级城市更新专项规划的主要规划内容也主要包括上述8个方面。

6.2　规划的主要原则

作为对一个城市更新工作的总体指导，城市更新专项规划的主要原则应体现城市更新工作的规划定位、规划属性、核心目标、规划理念、实施导向，也要适应不同规模城市、不同类型城市和不同发展阶段城市的需要，总体而言，一般应遵循以下基本原则。

（1）政府引导、规划先行。建立健全政府引导、多部门协同合作的工作机制，加强统筹协调，形成工作合力；坚持规划先行，对城市更新的区位、范围、规模、时序等进行统筹安排，确保城市更新工作的有序开展。

（2）市场运作、因势利导。厘清政府与市场的关系，充分发

第六章　市（区）级城市更新专项规划

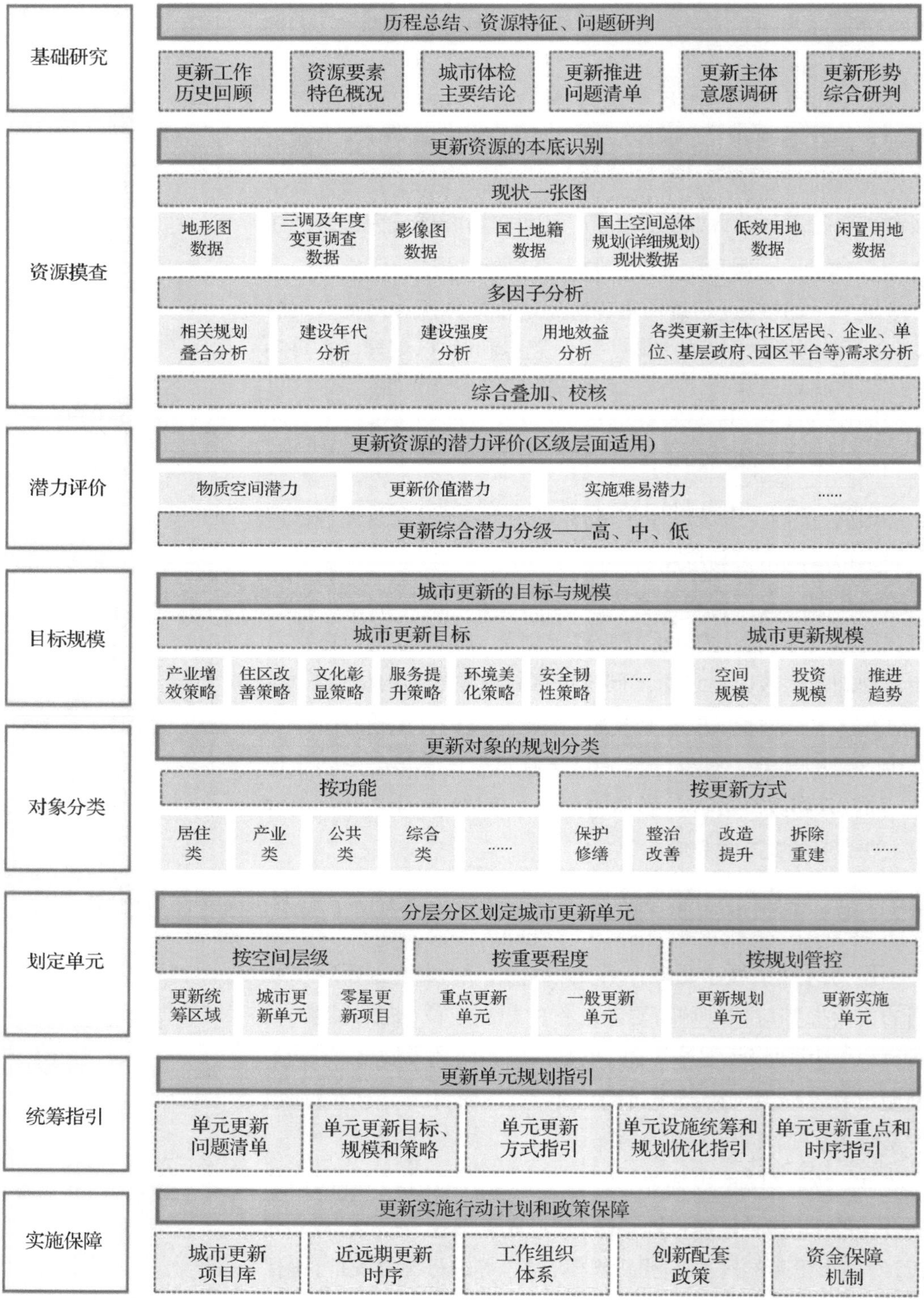

基础研究	历程总结、资源特征、问题研判					
	更新工作 历史回顾	资源要素 特色概况	城市体检 主要结论	更新推进 问题清单	更新主体 意愿调研	更新形势 综合研判

资源摸查	更新资源的本底识别						
	现状一张图						
	地形图 数据	三调及年度 变更调查 数据	影像图 数据	国土地籍 数据	国土空间总体 规划(详细规划) 现状数据	低效用地 数据	闲置用地 数据
	多因子分析						
	相关规划 叠合分析	建设年代 分析	建设强度 分析	用地效益 分析	各类更新主体(社区居民、企业、单位、基层政府、园区平台等)需求分析		
	综合叠加、校核						

潜力评价	更新资源的潜力评价(区级层面适用)			
	物质空间潜力	更新价值潜力	实施难易潜力	……
	更新综合潜力分级——高、中、低			

目标规模	城市更新的目标与规模								
	城市更新目标						城市更新规模		
	产业增 效策略	住区改 善策略	文化彰 显策略	服务提 升策略	环境美 化策略	安全韧 性策略	……	空间 规模	投资 规模	推进 趋势

对象分类	更新对象的规划分类								
	按功能					按更新方式			
	居住 类	产业 类	公共 类	综合 类	……	保护 修缮	整治 改善	改造 提升	拆除 重建	……

划定单元	分层分区划定城市更新单元					
	按空间层级		按重要程度		按规划管控	
	更新统 筹区域	城市更 新单元	零星更 新项目	重点更新 单元	一般更新 单元	更新规划 单元	更新实施 单元

统筹指引	更新单元规划指引				
	单元更新 问题清单	单元更新目标、 规模和策略	单元更新 方式指引	单元设施统筹和 规划优化指引	单元更新重点和 时序指引

实施保障	更新实施行动计划和政策保障				
	城市更新 项目库	近远期更新 时序	工作组织 体系	创新配套 政策	资金保障 机制

图6-1　市(区)级城市更新专项规划编制技术路线图

资料来源：作者自绘

表6-1 市(区)级城市更新专项规划内容框架一览表

序号	一级框架内容建议	二级框架内容建议	框架内容概要
1	基础研究	(1)更新工作历史回顾 (2)资源要素特色概况 (3)城市体检主要结论 (4)更新推进问题清单 (5)更新主体意愿调研 (6)更新形势综合研判	系统梳理国家、省、市相关法规文件,明确城市更新相关政策要求;对本市(区)更新工作取得的成绩、典型经验做法、地区资源要素特色作出分析总结。结合城市体检工作,系统评估全市(区)发展现状,诊断"城市病"问题。同时,梳理城市更新推进中存在的主要问题,形成问题清单,剖析问题产生的根源。 采取基础资料收集、部门座谈、实地踏勘、问卷调查等多种方式开展意愿诉求调研,全面掌握各类主体对于城市更新的意愿和诉求。 结合发展形势与相关规划,总体分析规划期内实施城市更新面临的机遇、挑战与重点
2	资源摸查	(1)更新资源现状一张图 (2)更新资源多因子分析 (3)更新资源叠加、校核	首先,基于地形图、影像图、国土调查、地籍、总规现状、相关低效闲置用地等基础数据,形成现状更新资源一张图。 其次,在现状一张图基础上,基于规划叠合、建设年代、建设强度、用地效益、各主体需求调研等多因子分析,进一步精准识别更新资源。 最后,通过各因子层叠加、校核,确定本市(区)更新资源本底
3	潜力评价	(1)更新资源潜力多维度分析 (2)更新资源潜力分级	建议在区级层面,相关支撑性数据完备的条件下,可从更精细的角度,从物质空间、更新价值、实施难易等维度,对更新资源的更新潜力做多维分析,划分更新资源高、中、低不同层级的潜力水平,为更新项目的精准有序实施提供支撑
4	目标规模	(1)城市更新目标 (2)城市更新规模 (3)城市更新策略	根据本市(区)城市更新的综合研判和更新资源特点,确立本市(区)城市更新的总体目标;城市更新空间、投资及推进规模;并提出相匹配的城市更新策略
5	对象分类	(1)按更新对象的功能分类 (2)按更新方式分类	明确本市(区)城市更新对象的总体规划分类,主要为两类,一是按照更新对象的功能,如居住、产业、公共、综合等分类;一类是按照更新方式如保护修缮、整治改善、改造提升、拆除重建等
6	划定单元	(1)更新片区/单元划分依据 (2)更新片区/单元划分类型与布局	根据本市(区)已出台的城市更新条例、办法、指导意见等要求,确立本市(区)划定更新片区/单元划分依据,形成更新片区/单元划分类型与布局。主要包括按空间层级(更新统筹区域、城市更新单元、零星更新项目)、按重要程度(重要更新单元、一般更新单元)、按规划管控(更新规划单元、更新实施单元)

续表

序号	一级框架内容建议	二级框架内容建议	框架内容概要
7	统筹指引	（1）单元更新问题清单 （2）单元更新目标、规模和策略 （3）单元更新方式指引 （4）单元设施统筹和规划优化指引 （5）单元更新重点和时序指引	在更新片区/单元划分的基础上，进一步围绕更新片区/单元的功能定位、改造模式、类型、更新要素制定规划指引
8	实施保障	（1）城市更新项目库 （2）近远期更新时序 （3）工作组织体系 （4）创新配套政策 （5）资金保障机制	对本市（区）更新项目库，更新的近远期实施时序，工作组织体系，规划、土地、资金等各类更新创新配套政策等提出建议和安排

挥市场在资源配置中的重要作用，鼓励业主、集体经济组织等市场主体和社会力量参与城市更新，形成多元化的城市更新改造模式，增强更新改造动力。

（3）功能提升、以人为本。城市更新应遵循"以人民为中心"的理念，应突出提升城市经济活力和提供更多的就业岗位，提升城市的综合服务功能和城市竞争力，协调好开发与保护的关系，提升改造片区居民的基本公共服务水平，满足居民基本生活需要。

（4）利益共享、多方共赢。建立完善经济激励机制，协调好政府、市场、业主等各方利益，实现共同开发、利益共享；严格保护历史文化遗产、特色风貌和保障公益性用地，统筹安排产业用地，实现经济发展、民生改善、文化传承多赢。

（5）因地制宜、规范运作。充分考虑各区经济社会发展水平、发展定位等，系统统筹、因区施策，依据城市总体发展布局，合理确定城市更新方向和目标，分类实施，加强监管，保证城市更新工作量力而行、稳妥有序、有序推进。

（6）公众参与、平等协商。充分尊重业主意愿，提高城市更新工作的公开性和透明度，保障业主的知情权、参与权、受益权；建立健全平等协商机制，妥善解决群众利益诉求，做到公平公正，实现和谐开发。

6.3 规划编制的重点

城市更新规划作为专项规划，是落实国土空间总体规划中城市更新相关战略要求、指导城市更新工作的战略指引。同时，也是具体片区、更新单元规划编制的重要上位依据。相关学者也总结了城市更新专项规划所应关注的重点方面，如明确更新目标、提出重点改造区域和更新对象，并明确实施指引①。在此基础上，结合城市专项规划的工作定位和市（区）级不同的侧重点，市（区）级更新专项规划编制一般包括规划总则、更新目标、更新对象识别、更新策略和方式、更新片区／单元划定、更新片区／单元更新指引、实施保障等7个方面的重点内容。

6.3.1 规划总则

主要对规划指导思想、规划范畴、规划定位、规划依据、规划范围、规划期限等作出基本界定。

关于规划定位，一般定义为：规划是城市更新工作的纲领性文件，是市级国土空间总体规划在城市更新领域的专项规划，是城市更新五年规划、城市更新单元计划与城市更新单元规划编制的重要依据，是指导控制性详细规划编制的重要文件。

同时，在总则中需要界定本规划即更新专项涉及的范畴或定义。

如《广州市城市更新专项规划（2021—2035年）》（征求意见稿）明确城市更新的对象为：以"三旧"用地（旧村庄、旧城镇、旧厂房）为基础，纳入村镇工业集聚区、专业批发市场、物流园区以及其他老旧小区、旧楼宇等更新资源；《济南市城市更新专项规划（2021—2035年）》中对城市更新定义为：指在城市建成区以及市人民政府确定的其他城市重点区域内，为持续改善城市空间形态和功能，对城市更新存量资源开展的建设和治理活动。

又如《佛山市城市更新专项规划（2016—2035年）》中指出：佛山市城市更新是指对符合"三旧"改造的特定城市建成区（包括旧城镇、旧厂房、旧村居及其他用地）内具有以下情形之一的区域，进行综合整治、功能改变、拆除重建、生态修复、局部加建以及历史文化保护等活动。（1）因城市基础设施和公共设施建设需要或实施城乡规划要求，进行旧城镇改造的用地；（2）布局分散、土地利用效率低下和不符合安全生产和环保要求的工业用地；（3）按照"退二进三"要求需要转变土地功能的工业用地；（4）国家产业目录规定的禁止类、淘汰类产业转为鼓励类产业或以现代服务业和先进制造业为核心的现代产业的工业用地；（5）城中村、园中村、空心村改造的用地；（6）布局分散、不具保留价值、公共服务设施配套不完善和危房集中以及被列入土地整治工程的村居；（7）城乡建设用地增减挂钩试点中拆旧复垦区域；（8）在坚持保护优先的前提下进行适度合理利用的古村落、历史建筑、历史文化街区、文化遗产等用地；（9）城市治理、村级工业园整治提升等及其他经市级或区级人民政府认定属于城市更新范围的用地；

6.3.2 更新目标

依据国民经济和社会发展规划，分阶段落实国土空间规划，衔接相关专项规划和市（区）相关工作部署等，根据城市发展阶段和特征，制定城市更新总体目标和更新规模（总

---

① 陈群弟.国土空间规划体系下城市更新规划编制探讨[J].中国国土资源经济,2022,35(5):60.

体规模和居住类更新、生产类更新、公共类更新、综合类更新四种更新类型规模)。结合城市发展的重点地区和重点领域,形成城市更新空间总体结构。结合城市体检评估中存在的短板弱项和城市资源要素特征,围绕历史文化、民生服务、生态修复、产业升级等方面分类提出更新策略。有条件的区结合更新需求或城镇体系,根据各片区不同职能和特征提出分片区更新策略。

北京市提出以街区为单元,统筹平房院落、老旧小区、危旧楼房、老旧厂房、老旧楼宇等各类存量建筑,综合考虑区域功能、布局结构、空间环境和三大设施支撑条件,从以服务"四个中心"建设为导向的功能性更新、以民生保障和环境改善为导向的社会性更新两条线索出发,提出保障首都功能、激发经济活力、改善民生福祉、加强生态保护、传承历史文化、提升治理能力六方面更新目标,促进城市高质量发展。

佛山市则提出了城市更新的远期目标是通过多元化的城市更新,逐步改善和优化城市空间布局结构,促进产业集群化发展和用地高效利用,全面改善旧城镇、旧村居的人居环境,均衡化布局公共服务设施,完成一批具有示范性的城市更新项目,为把佛山建设成为"先进制造基地、产业服务中心、岭南文化名城、美丽幸福家园"提供空间保障,在此基础上明确了近期具体更新规模、投资、重点更新片区、项目计划:

(1)全市更新规模约为30平方公里,其中,拆除重建规模为15平方公里。在拆除重建规模中应提供3平方公里的居住用地、5.25平方公里的工业用地、3平方公里的商业服务业用地,以及3.75平方公里的市政公用设施、道路广场、绿地等其他用地。

(2)全面完成中心城区旧村居改造;基本完成"1+2+5"组团内主要片区的旧村居配套设施完善、环境综合整治;稳步推进旧城镇生活环境质量提升,初步实现宜居城市建设目标。

(3)力争完成3—5个重点产业片区改造,为战略性新兴产业腾挪空间,带动产业结构调整,提升园区产业竞争力。

(4)完成2—3条成片岭南建筑的风貌街区建设;借助历史街区的文化符号、内涵和集体记忆,规划引导公共文化综合体建设,促进文化相关物质空间的有效保护,提升城市形象品质。

(5)通过城市更新有效增加各类配套设施、公共绿地、开敞空间等公益性设施;通过城市更新持续稳定提供保障性住房,力争到2020年共计提供保障性住房建筑面积31万平方米。

6.3.3　更新对象识别

市(区)级城市更新专项规划的一个重要任务便是梳理更新对象,其中,既包括更新对象的分类,也包括具体各类更新对象的规模数量盘整。更新资源梳理工作主要要摸查梳理区内旧居住用地、低效工矿及仓储用地、低效商业服务业用地及其他更新地块,根据不同更新对象，以最新年度的国土变更调查数据为基础，结合1：1000地形图、影像图等进行细化，从现状问题、规划要求等维度识别更新潜力地块，并明确更新潜力地块的分布、边界、规模、类型、利用情况等特征，提供空间数据成果。

1. 工作底图

以最新年度国土变更调查数据为基础，调取各类用地的现状用地边界为调研底图，结合1：1 000地形图、影像图等进行细化。

2. 基础调研

（1）调研对象构成：按照《国土空间调查、规划、用途管制用地用海分类指南》，调研建成区内已经完成建设的八类现状用地为：居住用地、公共管理与公共服务用地、商业服务业用地、工矿用地、仓储用地、交通运输用地、公用设施用地、绿地与开敞空间用地。

（2）调研基础信息：各类用地调研的基础信息通常宜包含土地数据（现状与规划功能、土地权属等）、基础地理数据（市、区、街道办等行政边界）、人口数据、建筑数据（建设年代、建设强度）等。

3. 总体识别方法

（1）直接筛选

a. 市区国土空间总体规划中提出战略调整的用地：市（区）级国土空间总体规划确定的机场、火车站、港口等大型公共设施，老工业区搬迁等，由此引发用地本身及周边用地的更新，此类用地直接纳入更新资源库。

b. 存在健康安全隐患的用地：建筑老化严重，物质空间环境恶劣，生活条件和居住环境低下，存在公共健康安全隐患的用地，直接纳入更新资源库。

c. 配套公共设施薄弱的用地：市政基础设施落后，使用超过年限，存在不健全、不完善和不达标情况的用地，直接纳入更新资源库。

d. 用途不符合城市发展要求的用地：现状用地性质与规划用地性质叠加比对，不符合城市发展要求的现状用地，直接作为更新资源识别出来。

e. 历史风貌提升需求强烈的用地：位于历史文化街区、一般历史地段地区，在保护传统历史风貌、传承历史文化、塑造城市形象和提升活力等方面需要加强，历史风貌整体提升需求强烈的用地。

（2）部门反馈：依据部门、街道、平台等地方更新意愿调查，以及正在推进和"十四五"计划相关项目确定的更新改造区域。

（3）城市体检评估：通过国土空间规划体检评估和城市体检评估、社会满意度调查等反馈确定的更新改造区域。

（4）多因子评估：采用多因子综合评估法，对调研用地进行更新潜力评价，参见中国城市规划学会团体标准《城镇更新区划定技术导则》。

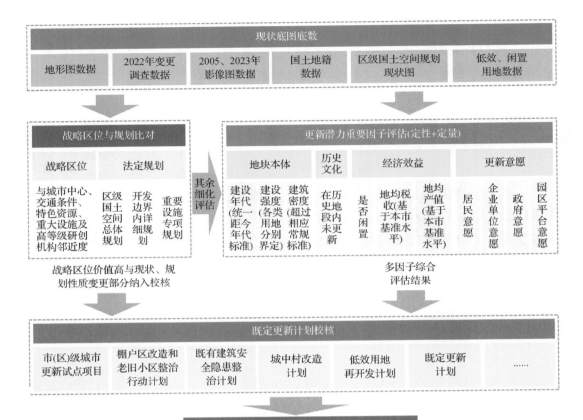

图6-2　市（区）城镇开发边界内存量用地更新潜力评估技术路线

资料来源：作者自绘

　　成都市以中心城区为重点，制定四类更新对象——老旧居住区、低效工业仓储区、低效商业区、其他更新区的认定标准，采取上下结合的方式，识别出中心城区更新对象总面积约112.2平方公里，占总建成区比例约20%。

　　南京市为保证存量更新用地底图底数的精确，建立了一套存量用地分析的技术路线，结合规划和自然资源局多年城乡规划现状"一张图"基础数据平台，利用地形图、三调、地籍、影像及网络大数据，通过相互叠合和校核，运用GIG数据分析软件，提取存量城镇建设用地的边界、规模、建筑层数、年代、性质、权属等信息，并结合居住、工业、商业等各类用地的实际现状，叠加总体规划、详细规划等各类国土空间规划要求，结合地均效益、开发强度、历史文化保护等要求，梳理确定了南京更新潜力资源总体规模，为科学制定城市更新策略奠定了重要基础。

　　南京市玄武区城市更新专项规划，主要采取自上而下研判及自下而上意愿收集的方式开展了更新对象识别工作，从城市各类老旧低效用地、城市战略地区更新潜力用地梳理及全区更新意愿调研统计三个维度，汇总形成了玄武区更新对象潜力用地库。

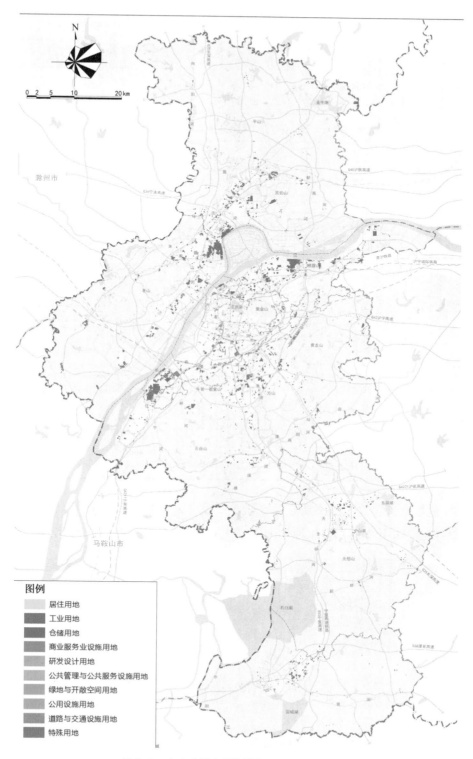

图6-3　南京市城市更新资源识别结果分布图

资料来源：《南京市城市更新专项规划（2023—2035年）》

表6-2　南京市玄武区城市更新对象识别技术思路一览表

识别方式	识别维度	识别内容和要素
自上而下盘整	城市各类老旧低效用地	工业仓储类——不适合都市工业门类、效益低、容积率低、有污染达不到环保要求的工业、仓储用地
		居住类——2000年前建成，容积率低、建筑质量低、环境品质差
		商业商办类——空置率高、建筑及环境质量差、效益低的低效楼宇或地块
		公共服务类——设施老旧、利用效率低、周边需求强烈、有复合利用潜力的现状公共服务用地
		交通场站类——闲置废弃、待改造升级、有复合利用潜力的各类交通场站
		特殊用地——由原特殊用地划转融通的相关用地
		零星用地(边角地、夹心地、插花地)——结合现状用地梳理判别
	城市战略地区更新潜力用地	城市中心体系、结构性轴线——市级、地区级中心，城市轴线区域
		重要交通枢纽、轨道交通站点——火车站、地铁站等
		高校、重要产业园区平台及周边
		优势特色资源(历史文化、自然山水)——滨水沿山、明城墙沿线、重要绿地公园广场、重要历史地段等
自下而上反馈	全区更新意愿调研统计	民众更新意愿诉求调研(问卷、社区规划师跟踪)
		街道层面更新项目、行动计划梳理

　　城市各类老旧低效用地主要包括工业仓储类、居住类、商业商办类、公共服务类、交通场站类、特殊用地及零星用地七大类。主要是从物质空间衰败、产出效率低下、安

图6-4　南京市玄武区城市更新潜力用地识别技术路线图

资料来源：《南京市玄武区城市更新专项规划(2023—2035年)》

全隐患严重等现实问题凸显的维度出发，提出了各类用地识别的具体要素组成及识别要点。

城市战略地区更新潜力用地主要包括城市中心体系和结构性轴线、重要交通枢纽及轨道交通站点、高校和重要产业园区平台周边、优势的历史文化和自然山水特色资源周边四大类。

主要结合城市规划，从城市未来发展战略的维度，梳理出对城市有重要战略意义的区域，并结合其现状发展状况，整理可更新的潜力空间。

全区更新意愿调研则从更新主体实际改造意愿的维度，通过问卷、访谈、街道层级的更新行动计划统计等方式，自下而上收集，同时与前两种识别维度相衔接，综合判断能够纳入更新项目库的更新对象。

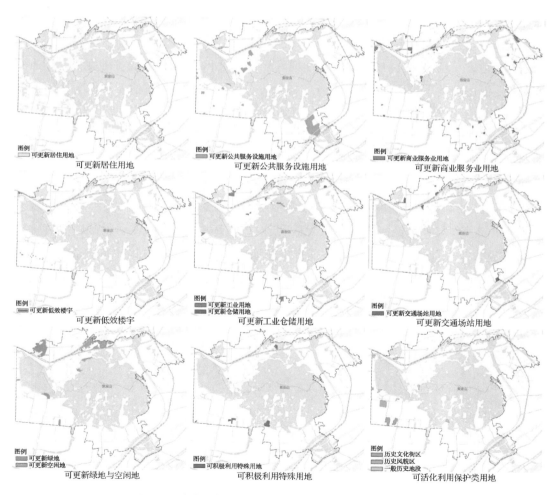

图6-5　南京市玄武区城市更新潜力用地识别过程分析图

资料来源：《南京市玄武区城市更新专项规划（2023—2035年）》

4. 重点更新对象精细化识别

城市更新资源中占较大比例的类型是居住类和产业类，对于这两类更新资源，除通过前述总体识别技术路线开展识别外，根据专项规划市（区）级不同的深度要求，基于相关资料数据的丰富完整程度，可开展更为精细化的识别工作。在中国城市规划学会团体标准《城镇更新区划定技术导则》相关评估要素指引的基础上，根据城市更新专项规划实践总结，建议总体可按照本体基

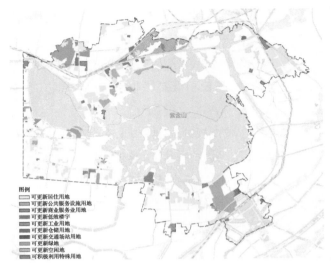

图6-6　南京市玄武区城市更新潜力用地识别结果图
资料来源:《南京市玄武区城市更新专项规划（2023—2035年）》

础、环境配套、经济效益、价值战略、实施难易五个维度出发，相应形成各维度综合评估要素体系，根据各类更新用地性质和特点的不同，分别选取相应的评估要素作为精细化评估的因子项。

其中，本体基础维度主要是基于更新地块本身，即用地开发指标和建筑建设状况的基本物质空间性评估要素，主要评估用地利用是否集约或是否超标，建筑建设现状衰败程度等；环境配套维度主要针对居住类更新资源，评估其居住环境品质和周边基础服务配套设施的高低和完备程度；经济效益维度主要针对产业类更新资源，评估其现有企业产出效益、与社会经济的良性匹配程度、对周边环境的影响等；价值战略维度主要从城市现状及规划战略的角度，评估现有更新地块区位价值和规划结构战略地位，以明确是否将其纳入更新对象或划定更新优先时序；实施难易维度主要从更新地块实施的

图6-7　南京市秦淮区城市更新潜力居住及产业用地识别结果图
资料来源:《南京市秦淮区城市更新专项规划（2023—2035年）》

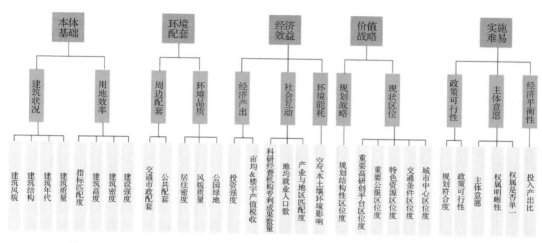

图6-8　重点更新对象精细化识别评估要素体系

资料来源：作者自绘

政策可行性、主体意愿、经济平衡性，来判断更新项目实施的可行性并据此安排更新实施计划。

表6-3　南京市秦淮区居住用地城市更新资源评价指标体系表

评估维度	权重	评估要素	权重	评估因子	权重
本体基础	0.67	建筑年代	0.40	建筑年代	1
		建筑质量	0.60	建筑质量	1
环境配套	0.33	居住品质	0.42	人均住宅建筑面积	0.33
				住房成套率	0.67
		公共服务配套	0.35	物业综合服务站配置情况	0.17
				生活垃圾分类收集点配置情况	0.35
				居家养老服务站配置情况	0.30
				绿地配置情况	0.18
		市政交通配套	0.23	雨污分流管网建设情况	0.44
				居民非机动车停车场（库）配置情况	0.32
				居民机动车停车场（库）配置情况	0.24

资料来源：《南京市秦淮区城市更新专项规划（2023—2035年）》

　　以南京市秦淮区更新专项规划为例，在底图识别和直接筛选的基础上，进一步选取了居住类更新资源的本体基础和环境配套，以及产业类更新资源的本体基础和经济效益等维度开展综合因子评价。

表6-4 南京市秦淮区居住用地城市更新资源评价指标赋值表

选取维度及相关评估要素				赋值标准	备注
本体基础		建筑年代	/	4档	① 1978年以前赋值为9 ② 1978—2000年赋值为6 ③ 2001—2011年赋值为4 ④ 2012年以后赋值为1	2000年之前
		建筑质量	/	5档	① 很差赋值为9 ② 较差赋值为7 ③ 一般赋值为5 ④ 较好赋值为3 ⑤ 很好赋值为1	本体质量、内部安全隐患、外部隐患（消防）、管线
环境配套	居住品质		人均住宅建筑面积	4档	① 低于35平方米赋值为9 ② 35—40平方米赋值为7 ③ 40—45平方米赋值为5 ④ 45—50平方米赋值为3	2019年全国城镇居民人均住房建筑面积39.8平方米。江苏省2020年城镇居民人均住房建筑面积超过47平方米。南京市2018年全市人均住宅建筑面积34.26平方米，小康水平为35平方米
			住房成套率	3档	① 低于85%赋值为9 ② 85%—95%赋值为5 ③ 高于95%赋值为1	成套住宅建筑面积占实有住宅建筑面积的比例。2018年我国城镇居民住房成套率为85%。2018年江苏省住房成套率为94.7%
	公共服务配套		物业综合服务站配置情况、生活垃圾分类收集点配置情况、居家养老服务站配置情况、绿地配置情况	3档	① 配置与标准差距很大赋值为9 ② 配置与标准差距一般赋值为5 ③ 配置基本满足标准赋值为1	
	市政交通配套		雨污分流管网建设情况	3档	① 未建设雨污分流管网赋值为9 ② 雨污分流建设不完善赋值为5 ③ 雨污分流全覆盖赋值为1	
			居民非机动车停车场（库）	3档	① 配置与标准差距很大赋值为9 ② 配置与标准差距一般赋值为5 ③ 配置基本满足标准赋值为1	
			居民机动车停车场（库）	3档	① 配置与标准差距很大赋值为9 ② 配置与标准差距一般赋值为5 ③ 配置基本满足标准赋值为1	

表6-5　南京市秦淮区产业用地城市更新资源评价指标赋值表

选取维度及相关评估要素			赋值标准
本体基础	土地使用强度	地块容积率	土地使用强度低赋值9分 土地使用强度一般赋值5分 土地使用强度较高赋值1分
		地块建筑密度	3档
	建筑年代	—	4档 1978年以前赋值为9 1978—2000年赋值为6 2001—2011年赋值为4 2012年以后赋值为1
	建筑质量	—	5档 很差赋值为9 较差赋值为7 一般赋值为5 较好赋值为3 很好赋值为1
经济效益	经济适应性	工业企业资源集约利用绩效（产业用地）	11档 依据《南京市工业企业资源集约利用绩效综合评价办法（试行）》： ① 评价为D的赋值10分 ② 评价为C的赋值7分 ③ 评价为B的赋值3分 ④ 评价为A的赋值1分
	亩均税收收入	—	11档 单元地均税收/全区地均税收≥1赋值0 0.9—1赋值为1 0.8—0.9赋值为2 0.7—0.8赋值为3 0.6—0.7赋值为4 0.5—0.6赋值为5 0.4—0.5赋值为6 0.3—0.4赋值为7 0.2—0.3赋值为8 0.1—0.2赋值为9 0—0.1赋值为10
	生态环境影响	对空气的影响程度	3档 ① 影响程度较高赋值9分 ② 影响程度一般赋值5分 ③ 影响程度较低赋值1分
		对水体的影响程度	
		对土壤的影响程度	
	人口就业	地均就业人口	11档 单元地均就业人口/全区地均就业人口≥1赋值 0.9—1赋值为1 0.8—0.9赋值为2 7—0.8赋值为3 0.6—0.7赋值为4 0.5—0.6赋值为5 0.4—0.5赋值为6 0.3—0.4赋值为7 0.2—0.3赋值为8 0.1—0.2赋值为9 0—0.1赋值为10

资料来源：《南京市秦淮区城市更新专项规划（2023—2035年）》

6.3.4　城市更新策略和方式

在对全市（区）更新对象进行识别后，针对各地区更新用地潜力的特征和问题，在市级或区级层面划分城市更新策略分区，差异化制定更新规划策略，有助于对更新工作重点及实施时序的有效把握，使更新专项在市级或区级层面具有更宏观的控制与抓手。

佛山市城市更新专项规划中提出城市更新方式包括综合整治、功能改变、拆除重建、生态修复、局部加建以及历史文化保护等。

广州市黄埔区城市更新专项规划提出通过策略分区落实国土空间总体规划的空间结构，划定鼓励性改造地区、敏感性改造地区、一般性改造地区三类更新策略分区。鼓励性改造地区主要包括城市重点平台发展区、轨道交通场站综合开发区、产业发展集聚区域以及公共服务完善区、重点道路沿线。敏感性改造地区主要包括历史文化保护区、城镇开发边界外的农业及生态空间、安全风险防护地区、环境风险防护地区等。将位于敏感性改造地区的更新用地资源纳入负面清单管理，未来城市更新在改造中须与所在地区空间管制规则相适应。一般性改造地区主要包括除鼓励性改造地区和敏感性改造地区以外的其他地区。未来需要合理地引导该区域内城市更新改造，采取严格的计划制管理，符合政策及规划要求的可允许改造，不符合的则禁止改造。

中山市针对本市更新用地特点，划分五类更新策略片区，包括优先政府整备、优先微改造、有条件全面改造、特殊协调和全面改造。优先政府整备指对于塑造中山城市门户形象、发挥区域综合服务功能具有重要战略意义的市级中心和重要轨道交通枢纽周边地区；土地权属不清或被认定为闲置用地的连片低效旧厂房；重大平台内，需统筹联动增存土地的重要产业片区。应通过城市更新片区统筹规划或城市更新单元计划，识别适于政府整备的具体范围，优先由政府主导对相应范围进行土地整备。

优先微改造主要指位于历史城区、历史文化街区、历史风貌区、历史文化名村、历史村落、紫线、各级文物保护单位和不可移动文物、历史建筑等范围内的；属于中山市工业遗产的；属于美丽宜居村、特色精品村等乡村振兴项目的；属于老旧小区微改造项目的；其他市城市更新主管部门认为应严格控制建设行为、避免大拆大建的区域应依据相关政策法规和上位规划，优先开展微改造工作，可根据实际情况适当进行局部改造。

有条件全面改造指对于全面改造潜力资源相对集中成片的区域，单个区块的面积原则上不低于100亩，并符合现状为集中连片分布的低效产业园区，且具有较大更新潜力的；位于全市国土空间总体规划明确的市级或组团级中心区、全市重要轨道交通枢纽周边地区，且建成环境较差、开发强度较低的；位于经评估公共设施配套严重不足，须借助全面改造完善配套的地区；位于市层面确定应进行政府整备的；依据全市国土空间总体规划，须进行生态腾退和土地复垦的等条件。位于有条件全面改造范围内的城市更新项目，应依据相关政策法规和上位规划，在现状评估、意愿征集、产权信息核查基础上，细化明确拆除范围。

特殊协调类指为强化保护历史城区传统山水格局，有效管控城市天际线与景观视线通廊，规划针对中心城区划定特殊协调范围。严格把控全面改造规模，全面改造类项目原则上应对中心城区品质提升具有重大意义，具有全面改造的迫切性，且应符合《中山市历史文化名城保护规划（2020—2035年）》及中心城区（或中心组团）、岐江河一河两岸总体城市设计有关历史文化保护、城市天际线、建筑高度和景观视线廊道等的管控要求。特殊协调范围内的全面改造项目需由市政府"一案一策"研究确定。

全面改造是指把控有条件全面改造范围的传导弹性。镇街城市更新专项规划可结合镇街实际情况，在市城市更新专项规划划定的有条件全面改造范围基础上，适当增补有条件全面改造范围。镇街城市更新专项规划增补的有条件全面改造范围总面积，原则上不得超过镇街辖区内市城市更新专项规划划定的有条件全面改造范围面积的10%，且不得位于优先微改造范围内。

6.3.5　更新片区/单元划定

城市更新专项规划具有战略性，应根据国土空间总体规划确定的城市空间战略和结构，结合存量用地分布特征、更新潜力用地布局、城市行政单元范围等，综合确定城市更新的重点片区/单元，为下一层次城市更新单元规划的编制提供重要依据。

2021年8月，住建部《关于在实施城市更新行动中防止大拆大建问题的通知》：

（一）严格控制大规模拆除。除违法建筑和经专业机构鉴定为危房且无修缮保留价值的建筑外，不大规模、成片集中拆除现状建筑，原则上城市更新单元（片区）或项目内拆除建筑面积不应大于现状总建筑面积的20%。提倡分类审慎处置既有建筑，推行小规模、渐进式有机更新和微改造。倡导利用存量资源，鼓励对既有建筑保留修缮加固，改善设施设备，提高安全性、适用性和节能水平。对拟拆除的建筑，应按照相关规定，加强评估论证，公开征求意见，严格履行报批程序。

（二）严格控制大规模增建。除增建必要的公共服务设施外，不大规模新增老城区建设规模，不突破原有密度强度，不增加资源环境承载压力，原则上城市更新单元（片区）或项目内拆建比不应大于2。在确保安全的前提下，允许适当增加建筑面积用于住房成套化改造、建设保障性租赁住房、完善公共服务设施和基础设施等。鼓励探索区域建设规模统筹，加强过密地区功能疏解，积极拓展公共空间、公园绿地，提高城市宜居度。

（三）严格控制大规模搬迁。不大规模、强制性搬迁居民，不改变社会结构，不割断人、地和文化的关系。要尊重居民安置意愿，鼓励以就地、就近安置为主，改善居住条件，保持邻里关系和社会结构，城市更新单元（片区）或项目居民就地、就近安置率不宜低于50%。践行美好环境与幸福生活共同缔造理念,同步推动城市更新与社区治理,鼓励房屋所有者、使用人参与城市更新,共建共治共享美好家园。

2021年8月,住建部《关于在实施城市更新行动中防止大拆大建问题的通知》提出城市更新单元概念,并对更新单元内拆除面积、拆建比、就近安置等方面提出指标约束。可见,城市更新单元成为一项衡量城市更新合理性、合规性以及可实施性的重要政策。

根据中国城市规划学会的团体标准《城镇更新区划定技术导则(2023年)》,城市更新片区、单元的划定,主要应遵循以下几个方面的原则:(1)整体引领。以城镇长远发展目标为先导,整体研究更新内容构成与城镇可持续发展的协调性、更新活动区位对城镇健康安全的影响以及更新实践对地区社会进步与创新的推动作用等重大问题,提出城镇更新的重点区域。城镇更新区中与有历史保护要求、生态保护要求或其他特别规划建设要求的区域相重叠的区域,应严格遵循相关文化遗产、生态安全等管控要求。(2)片区统筹。城镇更新区划定满足在一定空间范围内的人口、产业、公共设施等的统筹协调,利于城镇整体功能结构调整和更新资源优化配置。(3)因地制宜。在对城镇更新资源的现状物质空间、公共服务、基础设施、健康安全等方面进行综合评价的基础上,充分考虑城镇更新所在地区的社会经济水平与未来发展潜力,因地制宜地划定城镇更新区。(4)有利实施。城镇更新区划定需要考虑行政事权管理边界和相关利益者合理意愿,利于更新区内更新工作的统筹协调、统一管理和有序推进。

中山市提出市级重点城市更新片区、镇级重点城市更新片区、一般城市更新片区三类更新片区。其中,市级重点城市更新片区指对全市具有重大战略意义、重要历史文化保护意义、典型示范作用,或由政府实施战略性土地整备的城市更新片区,由市级层面重点统筹协调和指导实施;镇级重点城市更新片区指对镇街属地的产业发展或品质提升具有重要战略意义,或需通过更新统筹补足公共设施的片区,由镇街重

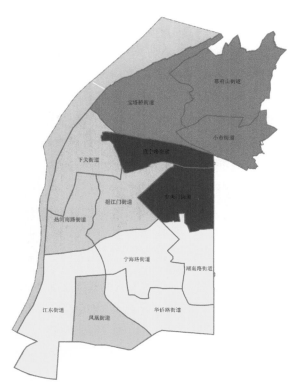

图6-9　南京市鼓楼区城市更新单元划分图
资料来源:作者自绘

点统筹规划和监督实施；一般城市更新片区是指除市级和镇级重点城市更新片区以外的片区。

长沙市以城市更新潜力图斑识别结果为基础，结合区级行政界线、主次干道、轨道线网、重大公共服务设施、重点项目、重点意图区等要素，将单个更新片区规模控制在4—6平方公里，特殊地段可适当缩小，划定更新片区32片，总用地面积129.6平方公里。

南京市鼓楼区在更新对象梳理的基础上，根据更新用地布局情况，划定城市更新片区及重点更新片区。衔接街道行政边界及详细规划编制单元，对于更新潜力用地占详细规划编制单元面积达50%以上的，即城市更新活动已成为片区空间发展的主要内容，划为城市更新片区，后期传导详细规划编制，并引导编制更新片区规划。在划定城市更新片区的基础上，再梳理出对城市更新需求最为迫切、对城市发展最有战略价值的地区，将其划为重点更新地区，作为组织城市近期更新规划(更新片区规划、更新单元规划)编制和开展城市更新项目的重要抓手。

6.3.6　更新片区/单元更新指引

1.更新目标及工作重点指引

中山市按照城市组团的空间分布，分别制定了相应组团的更新目标及更新工作重点。

表6-6　中山市各组团更新目标及工作重点指引

组团名称	更新目标	更新工作重点
中心城区	打造辐射全市的综合性服务中心、精品宜居典范城区和人文气息浓厚的历史文化名城，营建"文化浓厚、精品宜居、魅力乐活、绿色生态"的中心城区	规划重点推动岐江新城、中山科学城核心区及岐江河沿线地区的更新统筹与实施，着力优化中心城区功能格局与空间结构，塑造城市地标体系与特色门户形象，促进岐江河沿岸生态修复与品质提升，推进历史城区活化复兴
火炬区（新）	发挥火炬开发区国家级高新区创新引领作用，进一步提升政府整备力度，强化增存土地统筹，建设湾区重大产业发展平台，做大做强战略性新兴产业与先进装备制造业，打造世界级先进制造业基地	规划重点推动东利、沙边等片区的旧厂房连片改造，打造一批重点高新产业空间载体，强化创新发展主引擎作用，促进高端产业集聚、空间风貌提升和综合服务完善的协同发展
翠亨新区	加强政府整备力度，统筹增存土地，建设湾区重大产业发展平台，建成国际化、现代化、创新型城市新中心，强化对港澳全面合作与促进珠江口东西两岸融合发展的示范作用，打造引领中山未来发展的高能级战略平台	规划重点推动南朗工业区、大车、横门等片区的更新改造，塑造东部重要门户空间，建设高端产业园区，提升公共服务设施配套质量，助力翠亨新区有效承接国际化、创新型产业要素

续表

组团名称	更新目标	更新工作重点
西部组团	依托深中产业走廊与珠江西岸先进装备制造业产业带,整合空间资源,加快旧厂房连片改造和重点门户地区综合提升,把西部组团建设成新旧动能转换示范区、珠江西岸重要的产业功能集聚区	规划重点推动小榄城轨站、联丰片区、横栏三沙片区等的更新改造,助力中山西部产业园核心区建设,促进传统产业加快转型升级,同时有力提升组团中心空间品质与风貌形象,稳步完善片区公共服务体系,形成高品质产城融合发展区
南部组团	稳步推进更新改造,提升城镇空间品质,助力打造南部新城,促进南部组团各城镇融合发展,构建珠江西岸先进制造高地、生态休闲旅游基地、粤港澳优质生活示范区	规划重点推动南部新城核心区建设,有效统筹增存土地资源,助力产业发展全面升级,发挥毗邻珠澳的区位优势,打造中山市南部交通节点,塑造重要门户空间,加快提升公共服务水平
北部组团	联动南头镇、东凤镇、阜沙镇智能家电产业优势资源,维育传统优势产业集群,引导旧厂房自主改造升级,稳步推动轨道站点周边功能整合,打造湾区先进装备制造产业带重要基地、珠江西岸现代物流枢纽、岭南特色水乡都市	规划合理维育现状优势产业集群,打造智能家居产业高地,稳步推动黄圃大岑片区等连片改造,助力建设中山北部产业园,有序提升组团服务中心和空间风貌,落实公共服务设施配套,强化生态修复

2. 按更新类型的指引

佛山市按照城市更新中主要的三种类型即旧村居、旧厂房、旧城镇,分别开展了细化的更新指引,包括旧村居更新指引、旧厂房更新指引、旧城镇更新指引。

3. 按更新系统要素的指引

广州市黄埔区则按照城市更新涉及的城市各系统控制要素,开展了支撑城市更新的相关规划指引,主要包括历史文化保护指引、生态环境保护指引、环境安全控制指引、海绵城市建设指引、城市设计管控指引。

6.3.7 实施保障

结合城市更新中存在的突出问题,提出更新规划的实施机制和相关支持政策,一般要明确全市更新工作机制、确定牵头部门和相关部门的职责、明确区县政府作为本行政区推进城市更新工作的责任主体。

此外,实施保障方面还需要结合城市的行政层级和立法权限,根据国家和省级有关法律法规和政策标准,对立法、规划、土地、技术标准和资金保障方面提出针对性的政策建议。

在规划支持政策方面,重点在用地性质的兼容与转换、公共服务设施集约设置、容积率补偿、开发权转移及建筑面积奖励等方面制定规划支持政策。

在土地支持政策方面,重点在带实施方案挂牌、零散用地整合、鼓励工业用地功能转变等方面制定土地支持政策。

在完善相关技术标准方面，针对重点城市更新实施内容，以问题为导向，重点研究制定危旧楼房改造、历史建筑和工业遗产修缮、历史街区消防和市政、建筑节能改造等技术标准，完善历史建筑和工业遗产功能更新的正负面清单。

在加强更新资金保障方面，积极争取国家、省级相关奖补资金，加大市、区财政投入力度，充分利用政府专项债券、政策性贷款等资金渠道。经认定的重点城市更新项目所产生的土地出让金，在扣除国家和省规定计提的相关基金后，争取更大比例返还，平衡改造成本。

6.4　规划的成果表达

市（区）城市更新专项规划的成果一般包括文本、附表、图件、附件（含说明书、专题研究报告、基础资料汇编）及相应的更新用地数据库等相关成果。

6.4.1　规划文本

规划文本是以条款形式，根据规划核心内容，形成的规定性要求的文件。对于市（区）城市更新专项规划，规划文本可在市（区）级城市更新规划内容框架建议一览表的基础上，根据各地实际，因地制宜形成符合本地要求和特点的文本框架。

图6-10　《广州番禺区城乡更新总体规划（2015—2035）》及《济南市城市更新专项规划（2021—2035）》文本框架

6.4.2　规划图件

梳理各地城市更新专项的文本图件，主要包括涉及城市更新片区划分、空间布局结构及分要素更新指引的相关图件。

表6-7 不同城市城市更新专项规划成果主要规划图件

	《北京市城市更新专项规划（北京市"十四五"时期城市更新规划）》	《长沙市城市更新专项规划（2021—2035）》	《黄埔区 广州开发区城市更新专项总体规划（2020—2035年）》
图件内容	分圈层更新引导图 城市更新街区分布示意图 老旧小区集聚程度分布示意图 老旧楼宇集聚程度分布示意图 老旧厂房集聚程度分布示意图 主要商圈分布示意图	城市更新结构规划图 城市更新对象分布图 重点片区布局指引图 城市更新绿地布局指引图 城市更新公共服务设施布局指引图 城市更新基础设施布局指引图	更新策略分区划定图 空间布局结构图 统筹片区及更新单元划定图 更新单元功能指引图 历史文化保护指引图 城市设计管控指引图 17个更新片区功能结构图

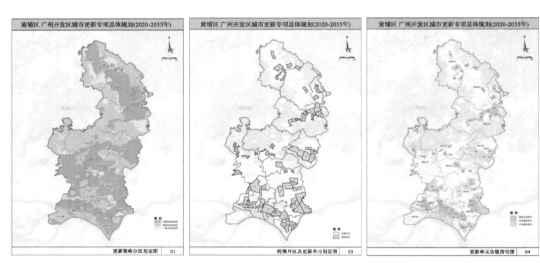

图6-11 黄埔区 广州市开发区城市更新专项规划相关图纸

资料来源:《黄埔区 广州市开发区城市更新专项总体规划(2020—2035年)》

6.4.3 规划说明

规划说明是对规划内容形成过程、意图、依据、策略等进行详细阐述的文件,是规划文本的具体支撑和补充说明,可根据需要在成果中予以展示。

6.4.4 专题研究

根据各地发展特征及需求,可针对性开展城市更新专题研究工作。专题研究可包括:

针对本市(区)城市更新的体检评估报告;

针对本市(区)具体城市更新类型的专题研究(如居住地段类、工业类、公共空间类、历史文化类等);

针对本市(区)具体更新试点单元、片区的专题研究;

针对本市(区)城市更新实施保障的专题研究,如开发模式和路径、创新政策、资金策略、运维治理等。

6.4.5 基础资料汇编

对本市（区）城市更新各项现状基础信息（土地、建筑功能、层数、质量、年代、使用状况）、对居民更新意愿调查的抽样统计报告和城市更新存在的主要问题进行汇总成册，为更新专项及下位规划的编制提供基础依据。

6.4.6 城市更新数据库

城市更新单元规划数据库，是指将现状更新基础数据通过搜集、提取、归纳，整合进GIS系统，从而可对城市更新单元的搜索、定位和核心指标实现快速提取，大大提高了城市更新决策研判的准确性和效率。此项工作面广量大，数据要求详实精细，宜单独立项，作为城市更新专项的重要基础技术支撑成果。

第七章 城市更新单元划定和规划

城市更新一般在市级专项规划中划定重点更新单元范围，在区级规划中划定一般更新单元的范围，并可以结合规划深化工作对重点更新单元范围进行优化。城市更新单元在规划体系中起到承上启下的作用，主要是落实国土空间总体规划、专项规划和详细规划的要求，特别是便于待更新地块在公共设施配套方案、更大范围进行城市更新财务平衡方面的研究。城市更新规划要进行用地功能布局、经济平衡初步测算工作，并根据测算结果提出更新单元范围优化建议或政府财政支持建议。

7.1 城市更新单元划分的目的与原则

7.1.1 更新单元划分的目的

更新单元划分的主要目的主要有三个方面：一是统筹空间资源。以单元为空间载体，对建筑空间、低效用地、公共设施等各类要素进行整合、优化和高效利用。二是保障公共利益。以单元为统筹范围，确保公服设施、基础设施、保障性住房、公共绿地等公共利益不被侵占。三是实现利益平衡。以单元为沟通平台，协调政府、公众和投资主体多方利益，保障更新项目有效落实。

7.1.2 更新单元划分的原则

（1）科学划定，衔接法定规划

城市更新单元应成片连片、边界合理，应衔接详细规划街区范围，以道路、河流、山体等自然要素为界，并综合考虑街道、社区等行政管理边界，便于实施与管理。

（2）底线约束，严控大拆大建

坚持"留改拆"并举，落实住建部《关于在实施城市更新行动中防止大拆大建问题的通知》中对城市更新单元内拆除建筑规模、拆建比、居民就地和就近安置率及租金年涨幅的要求。

（3）民生优先，确保公共利益

以人为本，以保障公共利益为基本原则，聚焦人民群众需求，完善公共服务体系，补齐基础设施短板，提升人居环境品质,促进产业经济发展。

（4）单元统筹,平衡多方利益

鼓励政府统筹、市场运作、公众参与的划定机制,深入调研、多方联动、协调平衡,形成统筹兼顾各方利益,实施保障完善的更新单元。

7.2 更新单元划分的方法

7.2.1 各地已有划分概况

1. 中国台湾地区[①]

1998年,中国台湾颁布《都市更新条例》提出"都市更新单元"规划空间政策单元概念。自2006年始,中国台湾对《都市更新条例》做了大范围调整,通过降低门槛、缩小更新单元面积、简化审批流程等多项措施吸引私人资本。

都市更新单元既指城市更新事业具体落实的范围,又体现城市更新事业的最基本单元。它作为单独实施城市更新的分区,强调城市更新单元唯有在划定区域内开展,同时也明确更新单元内对各项改造项目（商业性质的开发、公共文化基础设施的建设等）的有机结合,实现城市利益最大化。依据《台北市都市自治更新条例》,台北市更新单元的面积较小,划定思路上以规划最低等级支路为尺度,如基地四周面临规划道路的情况下,其面积大于2 000平方米即可成为一个更新单元。

中国台湾地区城市更新单元划定原则有:（1）原有社会、经济关系及人文特色的维系;（2）具有整体再发展效益;（3）符合更新处理方式一致性的需求;（4）公共设施的合理公平负担;（5）土地权利整合的可行性;（6）环境亟须更新的必要性。

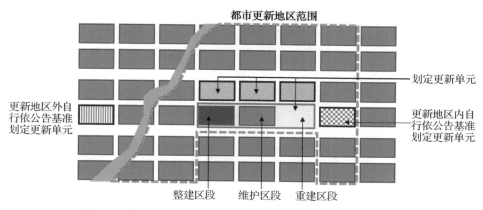

图7-1 中国台湾地区更新地区、更新单元、不同区段划分示意图

资料来源:依相关资料整理重绘

---

① 严若谷,闫小培,周素红.台湾城市更新单元规划和启示[J].国际城市规划,2012,27（1）:100,101.

2. 深圳：统筹片区—更新子单元两级体系

《深圳市城市更新办法》(2009年)、《深圳市城市更新办法实施细则》(2012年)明确了城市更新单元划定原则。为实施以拆除重建类城市更新为主的城市更新活动而划定的相对成片区域，是确定规划要求、协调各方利益、落实更新目标和责任的基本管理单位。针对拆除重建类型的更新改造，城市更新单元以道路、自然河流为边界，以"城市基础设施、公共服务设施亟待完善""环境恶劣或存在重大安全隐患""现有土地用途、建筑物使用功能或者资源、能源利用明显不符合社会经济发展要求，影响城市规划实施"的区域为主。城市更新单元的面积不宜小于3公顷，其中拟拆除重建的用地面积不低于更新单元总面积的70%。通过设置更新单元最小规模门槛和适宜的用地比例，保证公共利益和规划可实施性。

由于早期城市更新单元面积较小，产生碎片化开发、开发商挑肥拣瘦、蓝绿空间和文物保护缺位、容积率过高、公共利益受损等问题，如今的城市更新迫切需要政府从宏观层面进行整体统筹。为此，2021年3月，深圳市颁布实施《深圳经济特区城市更新条例》，城市更新工作由项目主导向片区统筹转变，构建了深圳市统筹片区—更新子单元两级体系。

图7-2　深圳市城市更新统筹片区及更新子单元划分示意图
资料来源：《深圳市福田区城市更新统筹规划工作技术指引》

3. 广州：形成更新片区—更新单元两级，更新单元对接控详编制单元

2020年广州市发布《城市更新单元详细规划编制指引》，提出城市更新单元是国土

空间详细规划单元的一种类型,城市更新单元详细规划法律效力与控规等效,即为针对更新改造单元规划管理需要的控规类型。

图7-3　广州市白云区城市更新单元划分示意图

资料来源:《广州市白云区城市更新专项规划大纲(2020—2035年)》

更新片区划定:以国土空间详细规划单元为基础,保证基础设施和公共服务设施相对完整,综合考虑道路、河流等自然要素及产权边界、行政管理界线等因素,符合成片连片和有关技术规范的要求。一个更新片区用地规模一般为2—5平方公里,可包括一个或多个城市更新项目。城市更新片区边界可结合实际情况进行调整。

图7-4　广州市城市更新片区及更新单元划分示意图

资料来源:《广州市白鹅潭聚龙湾片区城市更新单元启动区子单元(AF0212规划管理单元)详细规划》

更新单元划定：以城市更新项目范围为基础，可包括多个更新项目，以成片连片为基本原则，综合考虑到路、河流等要素及产权边界等因素，保证基础设施和公共服务设施相对完整，落实国土空间详细规划单元划分要求，划定城市更新单元。城市更新单元内可结合具体更新项目划分子单元。

4. 成都：构建重点和一般更新单元

针对普遍存在的单个项目开发导致的系统性不强、公共服务短缺等问题，从城市有序发展角度出发，成都市构建起"重点更新单元＋一般更新单元"的不同类更新单元，统筹推进片区综合更新。

重点更新单元是对城市发展有结构性影响的成片区域，如重要的中心区、产业功能核心区、城市重点形象片区、TOD重点开发区、历史文化资源富集区域和结构性开敞空间等。重点更新单元规模在1—5平方公里，更新对象总面积占单元总面积不得少于50%，尽量不跨15分钟公服圈。

图7-5　成都市城市更新单元划分示意图
资料来源：《成都市"中优"区域城市有机更新总体规划》

一般更新单元根据更新对象类型区分规模，以老旧居住区为主的一般更新单元规模在0.5—2平方公里，以低效工业与仓储区为主的一般更新单元规模在3—5平方公里，以低效商业区为主的一般更新单元规模为0.3—1.5平方公里。

5. 综合比较分析

综合不同城市的城市更新单元的划分思路发现，由于不同城市面临的主要城市更新问题和管理政策不同，城市更新单元的划分思路及其在城市更新规划管理体系中的作用都有所不同。

从城市面临的主要更新问题看，一是面向拆除重建的，主要为深圳、广州。由于深圳和广州存在众多城中村，城市更新源于已经成熟的"三旧"改造工作，更新单元实施基本面向拆除重建。二是面向综合更新的，主要为成都、南京，贯彻住建部"留改拆"改造原则，以整治提升为主，覆盖部分拆除重建的类型。南京有别于深圳、广州，基本没有城中村的问题，有较多居住类历史地段，城市更新工作阶段与成都相近，更新单元的类型应以整治提升为主，包含部分少量拆除重建。

表7-1　不同城市有关城市更新单元划分思路和主要特点

城市	深圳	广州	成都
概念	城市更新单元	城市更新单元	城市更新单元
来源	《深圳市城市更新办法实施细则》（2012年）《深圳经济特区城市更新条例》（2021年）	《广州市城市更新单元详细规划编制指引》（2020年）	《成都公园城市有机更新导则》（2021年）
概念定义	为实施以拆除重建类城市更新为主的城市更新活动而划定的相对成片区域，是确定规划要求、协调各方利益、落实更新目标和责任的基本管理单位	国土空间详细规划单元的一种类型，以低效存量用地再开发利用（城市更新改造项目）为主	更新对象相对集中的区域，是确定规划要求、协调各方利益、落实更新目标和责任的基本管理单元，也是公共设施配建、建设总量控制的基本单元
单元规模	不小于3公顷	未明确规模项目实践中单元平均规模约1.3平方公里	重点单元：1—5平方公里一般单元：老旧居住区0.5—2平方公里；低效工业与仓储物流区3—5平方公里；低效商业区0.3—1.5平方公里
单元层次	统筹片区—更新子单元	更新片区—更新单元	重点单元—一般单元
单元特点	单元划定聚焦拆除重建类更新，综合整治类更新可不纳入更新单元计划更新单元规划与法定图则等效	微改造、全面改造、混合改造更新单元规划与法定图则等效	老旧居住区、低效商业区、低效工业仓储区、其他更新区更新单元规划与控详衔接，落实核心内容

资料来源：作者自绘

从城市更新单元的划分层次上来看，深圳、广州采取"统筹片区（更新片区）—更新子单元"划分，基本类比于更新单元—更新子单元的层次。其他城市主要区分重点和一般单元。

从与法定规划衔接关系看，深圳、广州承认城市更新单元规划的法定地位，批复的单元图则可覆盖控详。成都把单元规划（策划）作为详细规划调整的重要依据。南京考虑到详细规划管理以及国土空间规划体系改革的周期，近期单元策划作为详细规划调整的必要性论证材料，远期探索单元规划等同于控详的可能性。

7.2.2　现有技术导则划分指引

2023年中国城市规划学会发布的团体标准《城镇更新区划定技术导则》将城镇更新

区划定为城镇更新重点区域和城镇更新空间单元两个层次。

1. 城镇更新重点区域

城镇更新重点区域是总体规划层面基于所处地区的发展定位与城市更新总体目标，综合考虑片区的物质形态、配套设施、基础支撑能力、生态环境以及健康安全等现状基础条件，按照城市发展成熟程度，在城镇建成区内划定的物质空间环境恶劣、存在重大安全隐患、基础设施和公共服务设施亟须完善、现有土地用途和建筑物使用功能不符合城市发展要求、土地利用低效，以及在保护传统历史风貌、塑造城市形象和提升城市活力等方面需要加强的重点地区。其划定条件主要考虑：

（1）更新资源有一定聚集度

城镇更新资源在区域内具有一定的聚集度。城镇更新重点区域内的各类更新资源的占地面积原则上不小于划定区域总占地面积的50%。

（2）区位条件优越或更新需求迫切

更新资源所在的区域区位条件较好，对城镇未来空间格局影响较大；或历史文化资源丰富且具有传统风貌提升需求；或物质空间环境恶劣、存在重大安全隐患、基础设施和公共服务设施亟须完善，更新需求迫切的区域。

（3）统一的事权管理边界

纳入城镇更新重点区域的用地，通常位于统一的行政事权管理边界范围内。

（4）一定规模的占地面积

通常占地面积不小于1平方公里，宜以15分钟生活圈居住区规模作为城镇更新重点区域考虑的最小占地规模。

2. 城镇更新空间单元

城镇更新空间单元是详细规划层面面向城市更新项目实施，以城市更新重点区域为基础，综合考虑自然环境条件、现状产权条件、公共服务设施配置、土地及房屋产权整理、规划统筹、改造经济核算、公众参与、财税激励、容积率奖励以及开发强度管理等因素所划定的设施相对完整、更新方式单一和产权边界清晰的片区，是确定规划要求、协调各方利益以及落实更新行动计划的基本空间单元。其划定条件主要为：

（1）具有明确的空间边界

划定过程中需考虑自然环境、城市道路、产权边界等因素，结合自然地物、权属信息、主干路网等对边界进行局部修正，对边界跨越同一权属、现状或规划主干路网等情况进行调整，具有明确的空间边界。

（2）遵循已有的法定保护范围

严格遵循已经划定保护范围的历史文化街区、历史地段、工业遗产以及历史建筑等的法定保护界线。

（3）考虑公共设施的合理公平

城镇更新空间单元需要基础设施和公共服务设施相对完整，以能够保证城市公共设施配置的公平和公正。

（4）尊重事权人意愿

充分考虑行政管理事权和产权人的更新意愿。遵循行政管理事权划分的要求，考虑产权人的更新意愿与需求，原则上不突破镇街边界、行政村界，并兼顾土地权利整合的可行性。

（5）具有相对统一的更新方式

划定城镇更新空间单元时，考虑更新资源特征与需求，按照有利实施原则，尽可能在更新单元内以一种更新方式为主导。

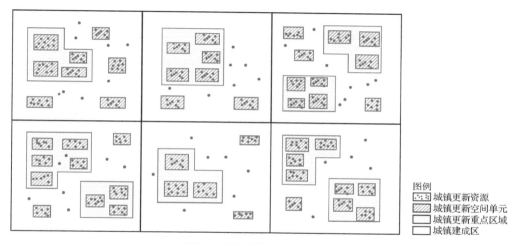

图例
▨ 城镇更新资源
▨ 城镇更新空间单元
□ 城镇更新重点区域
□ 城镇建成区

图7-6　城镇更新区划定示意图

资料来源：《城镇更新区划定技术导则》（中国城市规划学会）

7.2.3　更新规划单元划定

2023年11月10日，自然资源部办公厅印发的《支持城市更新的规划与土地政策指引（2023版）》（简称《指引》）（自然资办发〔2023〕47号）从加强城市更新与详细规划衔接角度提出了"更新规划单元"的概念，虽不同于住建部侧重于实施层面提出的"城市更新单元"概念，但两者划分的思路基本一致。在很多地方城市更新单元划定过程中，基本同化为一个概念。

自然资源部《指引》提出的更新规划单元是国土空间详细规划的一种单元类型，涵盖了一定规模和集聚度的更新对象，旨在统筹更新对象所在地区的环境条件和发展需求，分析、研判和协调更新对象及周边地区的空间布局、功能构成、设施配套、建设规模、城市风貌、公益性贡献等要求，并综合判断对地区综合承载力的影响。

更新规划单元可以结合城市更新空间结构，兼顾"15分钟社区生活圈"和基层治理单元管辖区域,结合详细规划单元的划定,将更新对象相对集中连片、地域空间相对完整、有利于统筹安排空间布局和规划指标的范围划定为更新规划单元。也可以根据城市中更新对象的规模大小、分布状况和聚集程度等实际情况,将包含更新对象的部分既有控制性详细规划单元作为城市更新规划单元。一个更新规划单元可以在一个既有的控制性详细规划单元内,也可以跨多个既有的控制性详细规划单元。

7.2.4 南京更新单元划分示例

南京市结合市区城市更新规划同步编制工作,根据国内相关城市经验以及更新单元划定技术导则,在市和区城市更新单元规划中开展了城市更新单元的划分工作。

南京市总体划分思路:一是落实《南京市城市更新办法》总体要求,按照城市更新区域、重点更新单元、一般更新单元落实划分。二是结合相关城市经验总结,统筹空间资源,保障公共利益,结合15分钟社区生活圈、衔接详规单元分区进行划定。三是结合更新对象识别、各区级主体更新行动项目计划和事权边界,考虑更新行动项目集聚性、产权边界、街道边界、社区边界开展划定。依此形成了从更新对象识别—更新片区界定—更新单元划定的技术路线。以南京市玄武区为例,划定的流程及划定结果如下:

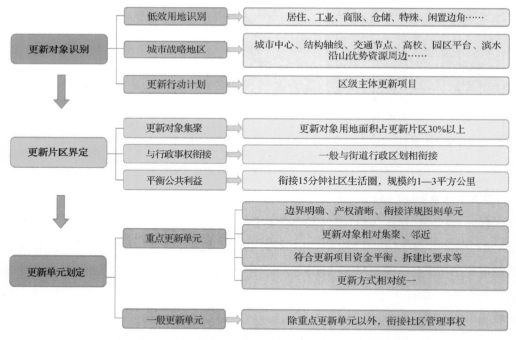

图7-7 南京市玄武区城市更新单元划定研究技术路线图
资料来源:《南京市玄武区城市更新专项规划(2023—2035年)》

首先,更新对象识别是划定更新单元的工作基础,主要采取自上而下研判及自下而上意愿收集的方式开展,从城市各类老旧低效用地、城市战略地区更新潜力用地梳理及全区更新意愿调研统计三个维度,综合汇总形成了南京市玄武区更新对象潜力库。

其次，界定更新片区。按照与街道行政事权衔接，更新对象用地面积占更新片区30%以上，及按照15分钟社区生活圈要求，每个更新片区的面积控制在1—3平方公里。南京市玄武区结合街道行政边界和钟山风景名胜区范围，共试划7个更新片区。

最后，则是在更新片区基础上，进一步划定以项目实施为导向的更新单元范围。按照南京市重点更新单元和一般更新单元的区分，对重点更新单元的划分进一步明确规则：（1）边界明确、产权清晰，衔接详细规划图则单元；（2）更新对象相对集聚、邻近；（3）符合更新项目资金平衡、拆建比要求等；（4）更新方式相对统一。重点更新单元以外，以社区范围为基础，划定一般更新单元。南京市玄武区共试划20个城市更新重点单元及32个城市更新一般单元。

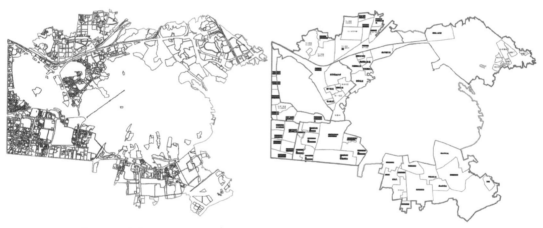

图7-8　南京市玄武区更新单元划分主要依据——地籍权属及街道、社区边界
资料来源：《南京市玄武区城市更新专项规划（2023—2035年）》

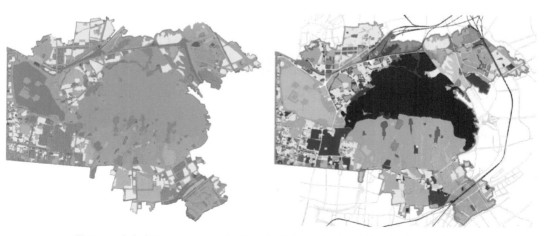

图7-9　南京市玄武区更新单元划分主要依据——国土空间规划用地图、现状图
资料来源：《南京市玄武区城市更新专项规划（2023—2035年）》

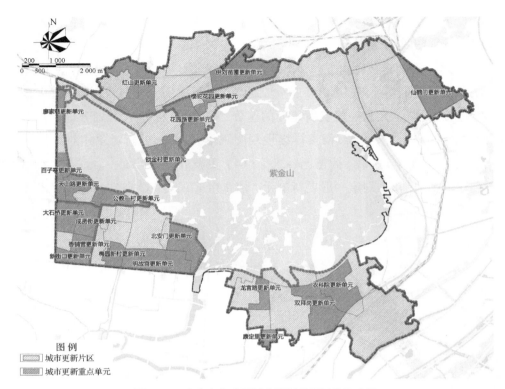

图7-10　南京市玄武区城市更新单元划分示意图
资料来源:《南京市玄武区城市更新专项规划(2023—2035年)》

7.3　不同地区更新单元规划的实践和探索

目前,以更新单元作为城市更新规划与管理的工具且较为成熟的地区,主要包括广州市和深圳市,两市都出台了各自的城市更新单元详细规划编制指引或技术规定。

7.3.1　广州

2020年9月,广州市规划和自然资源局印发了《广州市城市更新实现产城融合职住平衡的操作指引》《广州市城市更新单元设施配建指引》《广州市城市更新单元详细规划报批指引》《广州市城市更新单元详细规划编制指引》《广州市关于深入推进城市更新促进历史文化名城保护利用的工作指引》等5个指引,完善了城市更新单元管理制度,明确了编制要求、报批程序,以及产业配置、设施配建、历史文化保护等管控要求,以高质量推进城市更新工作。这5个指引于2022年再次进行了修订。

《广州市城市更新单元详细规划编制指引》(2022年修订稿)提出:城市更新单元是国土空间详细规划单元的一种类型,以低效存量用地再开发利用(城市更新改造项目)为主。鉴于其特殊性,涉及改造主体、政府、社会公众、合作企业等多方权益,比其他国土空间详细规划单元情况更加复杂,其规划须统筹考虑多方面因素,除需按照国土空间详细规划的技术规范要求编制外,还需对城市更新单元的目标定位、改造方式、历史文化保护、科学绿化、洪涝安全、地质环境质量、职住平衡、公共配套、规划指标、土地整备、经济分析、区域统筹及分期实施等方面作出细化安排。同时,指引中给出了具体的城市更新单元详细规划方案编制框架内容。

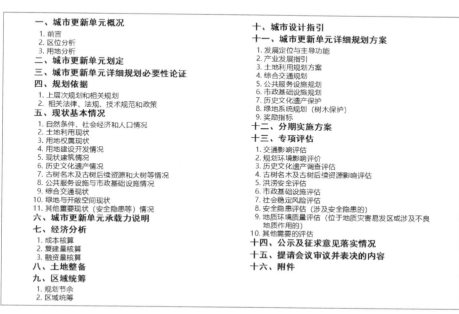

图7-11 广州市城市更新单元详细规划方案编制框架内容
资料来源:《广州市城市更新单元详细规划编制指引》(2022年修订稿)

7.3.2 深圳

2009年《深圳市城市更新办法》(简称《更新办法》)确立了"城市更新单元规划"法律地位。2011年,深圳规划国土委为规范更新单元规划的编制、衔接审批与实施,制定并出台了《深圳市城市更新单元编制技术规定(试行)》(简称《规定》),将"更新单元规划"纳入深圳城市规划管理体系,并使之成为政府规范和引导城市更新的重要工具。至2018年,根据城市发展目标和理念,结合"强区放权"新形势、城市更新实践遇到的问题,开展了《规定》的修订工作,将《规定》更名为《深圳市拆除重建类城市更新单元规划编制技术规定》(简称《编制技术规定》)。

深圳市拆除重建类城市更新单元规划的主要任务是:以已生效的城市总体规划、土地利用总体规划、分区(组团)规划、城市更新五年专项规划等法定上层次规划、法定图则、已批城市更新单元计划(简称"已批计划")以及城市更新的法规、政策为依据,结合城市修补、生态修复、海绵城市、绿色低碳等城市发展理念,对城市更新单元的目标定位、更新模式、土地利用、开发建设指标、公共配套设施、道路交通、市政工程(含地下综合管廊)、城市设计、利益平衡等方面作出细化规定,明确更新单元规划强制性内容和引导性内容,明确城市更新单元实施的规划要求,协调各方利益,落实城市更新目标和责任。

深圳市拆除重建类城市更新单元规划的主要成果包括:技术文件和管理文件。

技术文件包含规划研究报告、专项/专题研究、技术图纸,是关于规划设计情况的技术性研究论证的文字、图纸、表格等,是制定管理文件的基础和技术支撑。

管理文件包含文本、附图、规划批准文件。规划批准文件是规划国土主管部门和城市更新主管部门实施城市更新单元规划管理的审批依据。

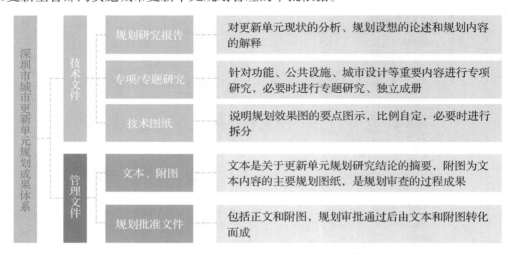

图7-12 深圳市城市更新单元规划成果体系框图
资料来源:《深圳市拆除重建类城市更新单元规划编制技术规定》

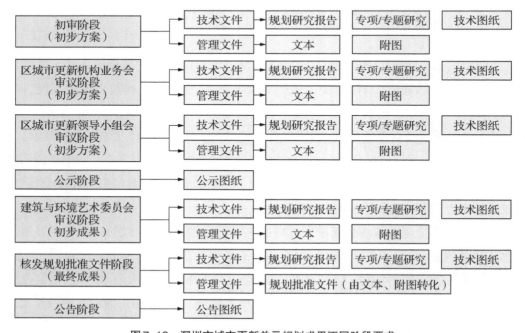

图7-13 深圳市城市更新单元规划成果不同阶段要求
资料来源:《深圳市拆除重建类城市更新单元规划编制技术规定》

7.4 更新单元规划的编制重点

根据自然资源部办公厅《支持城市更新的规划与土地政策指引(2023版)》(简称《指引》)的要求,更新单元详细规划的基本任务是以单元为单位落实总体规划确定的强制性管控要求,落实总体规划传导的用地布局结构、公共服务设施配套要求以及更新对象、更新对策和更新方式等内容。更新单元详细规划需明确包含更新对象功能导向的单元主导功能、更新建筑量的单元总建筑规模、更新后单元总人口规模和公益性设施及公益性用地规模配置等涉及单元总量管控的强制性要求,需明确功能布局、空间结构和城市风貌等涉及单元总体布局的引导性要求,需细化更新对象的边界,并可根据实际需要提出更新实施组织方式和计划安排等建议性内容。

对于分散的零星更新对象,可根据其所在区位、重要程度、规模大小等不同情况,结合周边条件,将其纳入所在的详细规划单元统筹确定管控要求,或单独划定更新实施单元按地块详细规划深度确定管控要求。

根据《指引》规定和广州、深圳等地的实践,根据这些城市出台的相关城市更新单元方面的政策制度和项目实践,城市更新单元规划的编制重点如下:

范丽君提出,较之法定图则,城市更新单元规划的编制内容更侧重对更新目标、控制体系、权益分配、实施责任等方面的论证和说明。主要包括城市更新单元内基础设施、公共服务设施和其他用地的功能、产业方向及其布局,城市更新单元内更新项目的具体范围、更新目标、更新方式和规划控制指标,城市更新单元内城市设计指引等方面的内容[①]。

表7-2 广州市与深圳市城市更新单元规划内容比较

类别	广州市	深圳市
法定地位及审批	片区策划方案、详细规划修改方案、实施方案同步编制、统一编制,属于详细规划,由市政府审批	对法定图则的强制性内容作出调整的,相应的内容应当纳入法定图则,由市城市规划委员会建筑与环境艺术委员会审批(简易情形的可由区政府审批)
编制成果体系	必要性论证报告+技术文件(规划说明书、方案图集、专项评估)+管理文件(城市更新单元通则、城市更新单元地块图则)+法定文件(文本、城市更新单元导则)	技术文件(规划研究包括专题/专项研究、技术图纸)+管理文件(文本、附图、规划批准文件)

① 范丽君.深圳城市更新单元规划实践探索与思考[C]//2013中国城市规划年会论文集,2013:1-15.

续表

类别	广州市	深圳市
单元的划定	包括一个或多个城市更新项目，以成片连片为原则，综合考虑道路、河流等自然要素及产权边界等因素划定	根据土地与建筑物核查结果，以空间范围控制为手段明确单元更新权益划分，划定"拆迁用地范围""独立占地的城市基础设施、公共服务设施及保障性住房用地范围"以及"开发建设用地范围"
规划主要内容	区位分析；城市更新单元划定；规划依据；现状基本情况；城市更新评价；土地整备；城市设计指引；经济测算；区域统筹；城市更新单元规划方案（发展定位、产业、用地、交通、公服、市政、历史文化保护等）；分期实施方案	现状概况与分析；规划依据与原则；土地信息核查；更新范围；更新目标与更新方式；功能控制（说明地块划分、用地性质、开发强度功能配比、公共服务设施、市政工程设施、海绵城市建设、道路交通系统、地下空间开发等控制要求）；城市设计；利益平衡等
专题研究	交通影响评估；环境影响评估；历史文化遗产影响评估；安全隐患评估（涉及安全隐患的）；不良地质评估（涉及不良地质的）；社会风险评估；工程造价评估（涉及其他工程项目纳入改造成本的）；其他评估	产业发展专题研究；规划功能专项研究；交通影响评价专题研究；市政工程设施专题研究；公共服务设施专项研究；历史文化保护与利用专项研究；城市设计专项研究；建筑物理环境专项研究；海绵城市建设专项研究；生态修复专项研究

资料来源：陈群弟.国土空间规划体系下城市更新规划编制探讨[J].中国国土资源经济，2022，35（5）：61.

陈群弟提出城市更新单元规划作为指导城市更新项目落地实施的法定规划，是土地资源利益分配的工具，其核心内容主要包括土地整备和开发建设方案两部分[①]。

总结各地更新单元政策体系及项目实践经验，更新单元规划的编制重点主要包括以下几个方面。

7.4.1 保障公共利益

城市规划作为一种公共政策，维护公共利益是其首要的核心价值取向。城市更新往往会带来各方利益的重组，各方对利益的争夺会导致公共利益的侵害。同时，在市场力介入城市更新活动后，其追逐经济利益的天然诉求，更会忽视公众利益、影响城市公共配套设施的配置。因此，从政府的角度出发，在城市更新单元规划中，更需要从城市整体发展目标和公共利益需求角度出发，完善相关涉及公共利益的设施和空间配置的相关内容。

在《深圳市拆除重建类城市更新单元规划编制技术规定》中，编制原则第一条即为公共利益优先原则。鼓励增加公共用地，优先保障城市基础设施、公共服务设施或者其

① 陈群弟.国土空间规划体系下城市更新规划编制探讨[J].中国国土资源经济，2022，35（5）：61.

他城市公共利益项目,促进完善城市公共空间体系。同时,公共服务设施专项研究也是《深圳市拆除重建类城市更新单元规划编制技术规定》中规定应编制的五个专项/专题研究内容之一。其主要任务要求是:评价更新单元及周边地区现状公共服务设施供给条件和缺口规模;根据更新单元及周边地区已规划但未实施的项目核算人口增量,预测各类型设施需求;说明上层次规划和专项规划、已批计划的相关要求和落实情况;进行设施影响评估并提出相应的改善措施;强化文化设施(特别是社区级文化设施)的配套建设要求;依据《深圳市城市规划标准与准则》优化、落实法定图则规定的各类公共服务设施或其他城市公共利益项目的种类、数量、分布和规模。

此外,《广州市城市更新单元详细规划编制指引》(2022年修订稿)也将保障公共利益、实现土地整备与城市更新双轮驱动作为规划编制的主要原则之一。在该指引的城市更新单元详细规划方案编制框架中,提出了公共利益区域统筹要求:"城市更新项目改造范围规划建设量超出项目自身改造建设量的,规划节余优先用于政策性住房配置,以及历史文化保护项目、老旧小区微改造项目的组合实施等。应明确政策性住房的配置要求和项目组合实施的策略。"在此基础上,广州市进一步制定发布了《广州市城市更新单元设施配建指引》(2022年修订稿),作为广州市行政区域范围内城市更新单元规划编制和管理工作的依据。其中对公共服务设施的分类、分级和配建要求做了明确而细化的界定。如规定公共服务设施分为面向居住片区人群的公共服务设施和面向产业(商业商务服务业)片区的公共服务设施两类,并规定原则上居住片区的公共服务设施建筑面积配建比例下限为11%;产业(商业商务服务业)片区的公共服务设施建筑面积配建比例下限为6%—11%。

7.4.2　权益平衡

与增量规划不同,存量规划时代的城市更新,任何对现有空间资源的重新调配,往往伴随着相关物业权益人所获取的空间资源及由此延伸的利益的损益,即有人受损、有人受益。如何合理平衡各相关权益人的利益,保证城市更新的推进和实施,达到帕累托改进(帕累托改进是指"在不减少一方的福利时,通过改变现有的资源配置而提高另一方的福利"的现象),是更新单元规划的又一重要内容。

在《深圳市拆除重建类城市更新单元规划编制技术规定》中,对于利益平衡有专门章节的编制技术要求:一是详细分析更新单元现状权益分布对更新单元的空间布局、交通组织、地块划分、合宗开发、权利与责任分配等产生的影响。二是说明本更新单元适用的相关政策,如项目改造类型、移交用地的规模和比例、人才住房和保障性住房、人才公寓与创新型产业用房配建比例等方面。三是综合现状权益与相关政策影响,制定更新单元与城市间的利益平衡方案,主要包括:单元总规划建筑规模及功能配比;须承担的独立占地的城市基础设施、公共服务设施、其他城市公共利益项目、创新型产业用房、人才住房和保障性住房、人才公寓用地的拆除责任和移交要求；配套建设城市基础设施、公共服务设施、其他城市公共利益项目、创新型产业用房、人才住房和保障性住房、人才公寓的相关要求（包括类型、规模、位置、产权管理等）；政府主管部门要求落实的其他绑定责任。四是明确利益平衡的分期实施方案，保障各分期的独立可实施性。包括各分期分配的规划建筑规模，各自需承担的拆除责任、土地移交、配套建设及其他绑定责任等，明确各分期的责权利划分等。

7.4.3 功能重构与品质提升

城市更新最终的目的和驱动力，是在既有建成环境的基础上，对城市功能业态进行完善或重构，对物质空间环境进行品质提升，使城市存量空间资源得到不断的迭代增值。因此，需要在城市更新单元规划中，整体谋划功能业态升级及环境品质提升。

1. 功能业态升级

在《广州市城市更新单元详细规划编制指引》（2022年修订稿）中城市更新单元详细规划方案要求的产业发展指引为：提出产业转型升级方向、门类选择与发展指引，对接产业区块线，提出产业空间布局，确定建设规模。如涉及已划定的工业产业区块调整的，应提出具体的调整和占补平衡方案。

在《深圳市拆除重建类城市更新单元规划编制技术规定》的产业发展专题研究内容要求中，提出"综合上层次产业发展研究、区域政策研究，评估更新单元的产业发展机遇，结合城市更新单元的发展条件进行综合评价，分析产业发展的需求和供给潜力。提出更新单元总体发展定位，并提出产业细分门类选择、功能配置与产业发展目标，进行产业发展依据分析，包括产业门类选择及主要依据分析、产业功能配置分析、产业开发强度分析。落实产业发展目标，提出产业发展的对策措施建议"。

功能业态升级是对于城市地区或地段具有重大结构性优化的一项更新手段，主要包括产业功能升级、文化功能植入、商业商务功能提升等方面。

在产业功能升级方面，首先需以企业权属为单位进行企业产值效率评估，识别更新单元内的低效产业用地开发潜力，提出对低效产业进行的优化升级策略，避免大拆大建式的产业空间重构模式。同时，调研识别具有保护利用价值的工业遗址，合理融入相关文化、创意、科创办公功能，从而适应社会创新空间需求的不断升级。

在文化功能植入方面，主要是充分挖掘和利用城市中各类历史文化资源，通过文化功能植入、街区价值重构，来综合解决社区破败、设施老化、功能衰退、权属关系混乱等问题。在这方面，各地已经形成众多实践案例，如上海的田子坊、南京的小西湖、成都的宽窄巷子、常州的青果巷等。

在商业商务功能提升方面，此类更新项目一般位于城市中心地区或重要交通节点，更新模式以拆除重建居多，需要妥善处理历史文化的脉络延续及原住居民的合理安置。

一方面需要强调用地功能的混合性,通过综合开发商业、商务、娱乐、酒店、展示会议等多种功能构成,形成城市业态新场景;另一方面,需着重研究完善与周边交通节点如轨道站点的接驳,强化街区的慢行可达,加强轨道站点与更新建设地下空间的连接,引导地上地下一体化的综合开发模式。

2. 环境品质提升

《广州市城市更新单元详细规划编制指引》(2022年修订稿)提出了城市设计指引要求:落实上层次规划有关城市设计要求和重点地区城市设计方案要求,针对城市更新单元及其周边地区的建筑高度、天际线、重要景观节点、绿地系统与开敞空间、风廊视廊等重要廊道以及地区特色风貌控制等提出城市设计指引,明确城市设计要素和控制要求。

在城市物质空间环境品质提升方面,应以更新型城市设计的方式,通过城市空间结构优化、建筑空间形态塑造、城市景观环境改善、公共空间增拓等进行设计指引;同时,明确通道、连廊、地下空间联通和立体化通道连廊等整体更新开发要求,并注重城市特色地区如历史文化片区、城市中心地区、科创产业片区的重点打造,营造特色、便捷、宜人的高品质城市环境。

(1)公共空间的拓增优化

城市公共空间是指对全体公众(全时)开放的、支持公共活动的城市空间。城市公共空间的规划是对城市规划与设计体系的必要补充,具有促进社会交往、提升城市活力、展示城市历史文化和风貌、提供城市公共服务的重要作用。如南京市编制了《南京主城公共空间规划》,优化主城公共空间结构,健全和完善主城公共空间体系,明确了主城公共空间品质建设要求,能够有效引导城市更新单元内公共空间的系统、合理布局及详细设计。一是建立以特色为导向的主城公共空间网络。整合自然、历史、现代要素,建立彰显城市特色的不同层次、类型、要素的公共空间体系。二是建立以均衡为导向的公共空间系统。引导城市公共空间均衡分布,查漏补缺,减少公共空间盲区,加强与现有山水资源相协调,串联整合绿道、河道、街道、城墙等,形成畅通的公共空间系统。三是建立以品质为导向的规划指引。通过公共空间设计通则、节点设计示意和图则控制等综合方法引导公共空间建设。四是建立以实施引导为导向的项目库。结合全市环境整治和棚户区改造,梳理特色空间网络上的重要空间要素,建立公共空间建设行动项目库,提出空间增加、品质提升或改善的实施引导措施,指导各区公共空间项目建设。

(2)慢行系统的连接

城市的"可步行性"是评价一个城市宜居程度的重要指标。城市慢行系统能够塑造城市宜居形象,提升居民生活品质;缓解城市交通拥堵,促进低碳出行;体现社会公平和谐,平衡交通路权,是市民通勤、购物、休闲、运动、交往、观光等复合功能的特色空间网络。如南京市通过编制《南京市绿道详细规划（2020—2035年）》，以市区级结构性绿道为主线，锚固"一带、两片、两环、六楔"的市域生态骨架，提升市民宜居生活品质，以社区级绿道为媒介，将绿道延伸至老百姓家门口，塑造"出门有林荫，归途伴花香"的绿道场景，植入多元使用功能，打造有景致、有底蕴、有温度、有趣味的生态之道、都市之道、人本之道、活力之道。其中，城市型绿道位于中心城区、副城、新城等集中建设区内，其景观风貌、设施配套应符合城市景观风貌要求和城镇居民使用需求，规划总长度5 247公里。这部分应落实至各城市更新单元规划中，进行具体落实及精细化设计，为城市塑造连续、安全，兼顾休闲、运动、交通等复合功能的系统，提升城市人性化环境品质。

在精细化设计方面，《深圳市拆除重建类城市更新单元规划编制技术规定》对更新单元层面的慢行系统规划提出了更为细化的要求：公共空间设置宜与慢行系统组织结合；说明慢行系统与公共空间的联系方式以及慢行环境规划控制要求；慢行系统组织涉及必须设置人行通道时，还需提出具体的设置要求；提高路网密度的同时，应保证慢行网络的系统性与连通性；慢行系统应按相关规定进行无障碍设计。同时，对"慢行系统示意图"的技术图纸同样提出了细致的表达要求：标绘单元内部慢行系统各类要素的控制指引，表达与周边慢行系统、开敞空间及重要公共设施出入口的衔接关系与距离的指引要求；表达空间形式（包括地下通道、骑楼、挑檐、架空连廊等）；表达建设指引，包括地面铺装、街道家具、无障碍设计、绿化配置等。

（3）地下空间一体化利用

在城市现状建成地区，尤其是众多城市中心区，地面已经完成了高强度开发，但往往地下空间的开发受制于历史原因，存在开发强度低、相互联通弱、设施品质差等突出问题。在城市更新单元规划中，通过对城市重点地区的地下空间一体化综合利用，能够有效拓展城市空间资源，增加地下空间的公共功能，为中心地区的人群活动提供高品质空间。如在南京市新街口地下空间详细规划中，提出了连通紧密、功能完善、整体有序、环境舒适的"新街口地下城"规划目标，主要通过构建互联互通的地下空间网络、推进重要节点详细设计、加强地下空间功能优化与品质提升、强化地上地下一体化交通衔接，打造城市中心地区地下空间迭代更新示范区。

（4）生态环境的营造

由于历史原因，许多城市的现状建成区中，存在众多影响城市结构性生态环境的建设行为。在存量更新和高质量发展新时代，就有了对更新单元内的城市内部生态环境改善和与城市功能相互融合的需求。主要的方式一类是在现有缺乏公共开敞空间的高密度城市建成环境中，通过新增公园、社区绿地等方式，提升开发地区的环境质量和地区价值的正外部效应；另一类是利用城市生态环境基底，与城市功能合理融合，在生态地区准入条件允许的条件下,通过项目开发进一步丰富生态地区的综合功能,展现城市的魅力,取得生态环境和城市公共效益的平衡。

7.5　更新单元规划的审批

城市更新规划在珠三角地区如广州、深圳等地形成了较为成熟的编制、审查、报批体系。如《广州市城市更新单元详细规划报批指引》(2022年修订稿),主要落实了《中共中央 国务院关于建立国土空间规划体系并监督实施的若干意见》的精神,坚持国土空间规划对城市更新的统筹引领和刚性管控。具体体现为以下四个方面的原则:

(1)坚持规划统筹引领和刚性管控原则。强化规划在城市建设中统筹引领和刚性管控的重要作用,落实国土空间总体规划的管控要求,结合城市更新专项规划,科学编制城市更新单元详细规划,合理确定规划指标,有序推动城市更新项目实施。

(2)坚持依法依规原则。严格遵守详细规划编制、修改、审查、审批的法律法规及法定程序,开展城市更新单元详细规划相关工作,坚持市规划委员会专家领衔、集体审议、投票表决、全程公开的客观独立审议制度。

(3)坚持高效审批原则。落实"放管服"行政审批制度改革要求,根据《广东省旧城镇旧厂房旧村庄改造管理办法》建立"单元详细规划+地块详细规划"分层编制和分级审批管控体系,既坚持全市规划"一盘棋",又提高审批效率。

(4)坚持有序推进原则。优化工作流程,加强市区联动,明确工作界面,强化工作组织,发挥区政府城市更新第一责任主体作用,稳妥有序推进城市更新。

在规划编制主体方面,广州市由市规划和自然资源行政主管部门统筹组织,市规划和自然资源局各区分局(广州空港经济区国土规划和建设局)具体负责,可结合城市更新需要组织编制或者修改城市更新单元范围内的国土空间详细规划,即城市更新单元详细规划。按照《广州市城市更新办法》,区政府(广州空港经济区管委会)是城市更新第一责任主体,负责统筹推进本辖区内的城市更新工作。

在报批工作程序方面,广州市总体上分为四个阶段:a.城市更新单元详细规划必要性论证阶段;b.城市更新单元详细规划方案编制(包括编制规划及开展评估、征求意见及公示、区政府组织成果上报、市规划和自然资源行政主管部门审查)阶段;c.城市更新单元详细规划审批(包括市规划委员会审议市政府批准)阶段;d.备案和归档阶段。

广州市在更新单元规划审批中形成了以下三个方面的借鉴经验:

(1)全市规划"一盘棋"和放权强区结合。落实《中共中央 国务院关于建立国土空间规划体系并监督实施的若干意见》等上位文件精神,建立城市更新"单元详细规划+地块详细规划"分层编制和分级审批管控体系。落实事权回收中详细规划报批要求及详细规划局部调整实施细则的要求,明确因项目实施需要优化地块指标的,符合《广州市控制

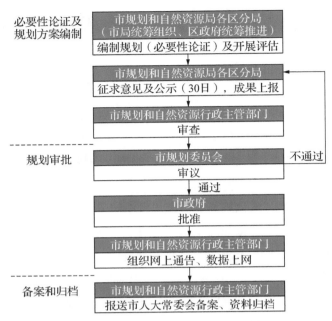

图7-14 广州市城市更新单元详细规划报批流程图
资料来源：《广州市城市更新单元详细规划报批指引》
（2022年修订稿）

性详细规划局部调整和技术修正实施细则》情形要求的，按照详细规划局部调整程序办理。

（2）通过政策组合拳缩短编审时间。明确可将必要性论证纳入详细规划方案一并公示和报批，弹性指标优化可由区政府审批；明确片区策划和详细规划可同步编制、同步审议；形成提高编制审批效率的政策组合拳，可缩减一半的编审时间。

（3）科学决策、民主决策、依法决策，强调"阳光规划""打开门做规划"。详细规划在编制过程中要多种形式征求城市更新单元内利害关系人、社会公众及专家的意见，其中涉及资源与环境保护、区域统筹与城乡统筹、城市发展目标与空间布局、历史文化遗产保护、交通规划和工程地质环境影响等重大专题的，还应当组织相关领域的专家进行研究论证，相关意见需在规划中落实[1]。

---

① 根据广州市规划和自然资源局《规划资源赋能 助推高质量发展：〈广州市城市更新实现产城融合职住平衡的操作指引〉等5个指引（2022年修订稿）印发实施政策解读》整理。

　　城市更新项目实施方案是指导更新项目实施的直接依据，是决定城市更新实施成败的关键。在整个城市更新规划体系中，城市更新项目实施方案详细明确实施项目的规划方案、实施组织、资金平衡和更新收益分配等内容，相对于市区级城市更新专项规划、更新单元规划操作性更强。

8.1　城市更新项目实施方案

8.1.1　编制主体和技术路线

1.编制主体

　　城市更新可以由市政府工作部门或区政府及其工作部门作为实施主体，也可以由单个土地权属人作为主体，或多个土地权属人联合作为主体，综合运用政府征收、与权属人协商收购、权属

表8-1　主要城市更新项目实施方案编制主体一览表

城市	文件名称	编制主体
南京	《南京市城市更新试点实施方案》(2022)	实施主体(各区、市有关部门或单位组织实施主体编制)
上海	《上海市城市更新条例》(2021)	城市更新中心、更新统筹主体(城市更新中心，按照规定职责，参与相关规划编制；市、区人民政府遴选、确定与区域范围内城市更新活动相适应的市场主体作为更新统筹主体，可以赋予更新统筹主体参与规划编制的职能)
广州	《广州市城市更新办法》(2019)	区政府(由区政府组织编制，负责上报)
深圳	《深圳市城市更新办法》(2022)	区政府(由所在区政府制定实施方案并组织实施)
重庆	《重庆市城市更新管理办法》(2021)	指定机构、物业权利人(由政府指定的机构或物业权利人作为前期业主编制项目实施方案)
北京	《北京市城市更新条例》(征求意见稿)(2022)	实施主体(实施主体编制城市更新项目实施方案，城市更新项目涉及单一物业权利人的，物业权利人可作为实施主体。城市更新项目涉及多个物业权利人的，协商一致后由其共同委托的物业权利人或者其他主体担任实施主体)

资料来源：作者整理

人自行改造等多种改造模式。一个城市更新片区可以包括一个或者多个城市更新项目。

城市更新项目实施方案的编制主体通常为项目的实施主体(或物业权利人),或由区政府组织编制。更新项目实施方案需要报市政府或区(县)政府审批,经审批通过的更新项目实施方案将作为指导未来更新项目实施的重要依据。

2. 编制技术路线

城市更新项目实施方案编制一般在市区城市更新专项规划指导下,根据城市更新单元策划(规划)的总体要求进行深化。需要重点落实传导上位规划确定的总体定位、改造方式、建设规模、用地布局、空间形态强度上线、公益设施安排等要求。

在城市更新项目实施方案中,需要基于翔实的现状调查明确项目的更新模式,确定"留、改、拆"内容范围和安置方式。

结合"城市体检先行"的工作方法,对优势条件、限制条件、存在问题等进行综合诊断,提出具体规划、设计、建设、运营和资金筹措方案。

实施方案的重点内容包括主要更新任务的明确、资金平衡的测算、保障措施的制定和专题分析等。

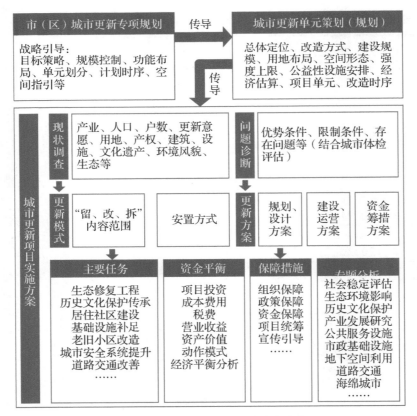

图8-1 城市更新项目实施方案技术路线图

资料来源:作者自绘

3. 项目实施工作流程

项目实施主体根据工程建设基本程序,办理立项、规划、用地、施工等手续,组织建设。涉及搬迁的,实施主体应与相关权利人协商一致,明确产权调换、货币补偿等方案,并签署相关协议;涉及土地供应的,实施主体组织开展产权归集、土地前期准备等工作,配合完成规划优化和更新项目土地供应等事项。

各地的城市更新政策鼓励在符合法律法规的前提下,创新土地供应政策,激发市场主体参与积极性。城市更新项目土地供应方式包括公开招拍挂(含带方案招拍挂)、协议出让、划拨、租赁、作价入股等,部分地区还给予过渡期以及土地价款分期支付等政策支持。

8.1.2　更新项目实施方案编制工作要点

根据自然资源部办公厅印发的《支持城市更新的规划与土地政策指引(2023版)》(简称《指引》)(自然资办发〔2023〕47号),与城市更新相关的详细规划分为更新规划单元详细规划和更新实施单元详细规划。

更新实施单元是在城市更新实施阶段为确定更新实施项目的地块规划管控指标和管控要求而划定的详细规划范围,旨在结合更新实施项目的具体情况,精准确定更新项目各个地块的规划设计条件,作为更新项目规划许可、方案设计和实施的依据。

更新实施单元的边界应以更新对象的土地权属界线为基础,在实施可行的前提下结合自然地形地貌以及更新规划单元规划的地块、街坊和道路等来划定,并根据更新对象的实际情况和更新实施计划的实际安排确定用地规模。一个更新实施单元中可以包含一个或多个更新对象和更新实施项目,集中连片的更新项目或更新对象应作为一个整体组织编制更新实施单元详细规划。

更新实施单元详细规划的基本任务是以更新规划单元详细规划为依据,通过对更新项目及周边地区的分析研究,将更新规划单元详细规划的各类规划管控和引导要求细化分解到地块,作为更新实施项目方案设计和管理的依据。更新实施单元详细规划的主要内容包括优化完善更新项目的功能定位和空间功能布局,确定更新项目的人口及建筑规模,精准细化地块划分,统筹确定更新地块规划指标,提出更新对象的更新规划措施和建筑"留改拆"面积比例要求,提出更新地块土地使用兼容性和建筑功能混合构成比例要求,深化城市风貌、公共空间、建筑高度、道路交通等规划内容。

1. 现状调查与问题诊断

现状调查是城市更新项目实施方案能够落地实施的前提和基础。一般主要对产业、人口、户数、更新意愿、用地、产权、建筑、设施、文化遗产、环境风貌、生态等基础数据进行收集、整理和调查分析。

表8-2　各类型城市更新现状调研主要数据一览表

城市更新类别	调研数据
社区类	人口、户数、更新意愿、土地、文化遗存、公共服务设施、集体组织、更新资金、产权、建筑年代、建筑风貌、建筑环境。（建筑环境应考虑物业管理、绿地率、户均停车位、健身设施配套、给排水情况等多方面内容，主要识别出危旧房、老旧小区、城中村、低洼地以及城郊接合部住宅等类型）
工业类	更新意愿、土地、房屋、文化遗存、公共服务设施、企业、更新资金、产权、行业分类、产业类型、地均产出效益、容积率、环境效益等。（产业类型可分为国家规定的禁止类及淘汰类产业、战略性新兴产业、其他产业三类；环境效益可选用单位用地或单位产出的大气污染排放及水污染排放指标、安全隐患评价等。工业用地的属性数据涉及经信、环保等多个部门。如同一地块上涉及多家不同类比的企业，需要填写多家企业的相关信息）
商业类	更新意愿、土地、产权、文化遗存、公共服务设施、企业、更新资金、地均产出效益、空置率、建筑风貌、建筑质量等。（根据多地实际情况，低效商业服务业用地的识别当前建议主要针对B1商业设施用地，尤其是占地面积较大的批发市场用地）
文化类	人口、户数、更新意愿、土地、文化遗存、公共服务设施、更新资金、产权、建筑年代、建筑风貌、建筑质量、建筑环境。（建筑环境包括市政、配套、绿化、管理情况等）
公共空间类	服务人口、更新意愿、产权、地方文化、公共服务设施、空间环境。（服务人口包括主要服务对象及其空间偏好、需求，地方文化包括历史遗存）

资料来源：作者整理

　　针对社区类、工业类、商业类、文化类、公共空间类更新的调研对象的不同特点，应当按需调查相关数据信息。建议整理成规范数据集，以便接入数字化平台，实现城市更新基础数据共享。

　　2. 城市更新方案设计

　　制定全面的更新方案包括明确更新的总体规模，并合理规划保留、改造、拆除和新建的对象和范围。设计内容应综合关注更新方式、资金筹措方案、设计规划方案、建设实施方案和运营管理方案等内容。坚持项目策划、规划设计、建设运营一体化推进，以优化资源配置，充分利用政策支持，力求实现项目自身盈亏平衡。

　　3. 主要任务与项目支撑

　　根据城市更新单元特点明确差异化的任务内容，并据此设定具体的目标和相应的策略，主要任务一般包括生态修复工程、历史文化保护传承、居住社区建设、基础设施补足、老旧小区改造、城市安全系统提升、道路交通改善等。针对这些不同的任务需求，结合每个更新单元的实际情况,识别并确定一个或多个重点更新项目,并明确这些项目的建设任务和标准,成为推动城市更新行动实施的关键抓手。

4.资金平衡分析

对城市更新项目的投入产出情况进行分析,并对实施资金的来源做出安排。主要包括项目投资、成本费用、税费、营业收益、资产价值、运作模式等内容,最终对项目的收入情况和支出情况进行科学、详细的测算,判定项目的资金平衡情况。针对实施过程中可能出现的资金平衡问题,提出针对性的优化建议。

5.综合保障措施

主要包括组织保障、政策保障、资金保障、项目统筹、宣传引导等。

6.专题研究分析

可以根据不同项目特点,在社会稳定评估、生态环境影响、历史文化保护、产业发展、公共服务设施、市政基础设施、地下空间利用、道路交通、海绵城市等方面开展进一步的专题研究和分析。

8.1.3　编制成果内容构成

1.典型方案大纲

为指导实施主体系统科学地编制城市更新实施方案,很多城市出台了城市更新实施方案的编制大纲,其中,比较典型的大纲一般包含以下内容:

第一章　项目背景

项目区位、范围、更新动因等

第二章　现状调查

(一)基础数据调查

(二)公众意愿调查

第三章　综合分析

(一)问题与挑战

(二)需求和动力

(三)上位/相关规划的传导与衔接

第四章　总体思路、原则和建设目标

(一)总体思路

(二)基本原则

(三)实施范围和期限

(四)建设目标

第五章　更新模式

（一）"留、改、拆"内容和范围

（二）安置方式

第六章　更新方案

（一）规划设计方案

（二）建设运营方案

（三）资金筹措方案

第七章　主要任务（根据不同项目具体确定主要任务内容）

（一）进行城市体检评估

（二）实施城市生态修复工程

（三）强化历史文化保护

（四）加强居住社区建设

（五）推进新基建建设

（六）加强城区老旧小区改造

（七）增强城区防洪排涝能力

（八）完善城区交通系统

（九）其他内容

第八章　重点支撑项目

单个项目或多个项目

第九章　资金平衡分析

（一）投资构成

（二）筹资方案

（三）资金平衡方案

（四）运营管理模式

（五）更新时序及年度实施计划

（六）投融资计划

第十章　保障措施

（一）组织保障

（二）政策保障

（三）资金保障

（四）项目统筹

（五）宣传引导

2. 相关案例

城市更新项目实施方案的编制成果一般包括总则、实施方案、附件、附则四个板块，以佛山城市更新项目实施方案[①]为例，其编制成果主要涵盖以下内容：

（一）总则
- 编制目的
- 适用范围
- 单元计划衔接
- 编制依据

（二）实施方案

（1）改造地块的基本情况
- 基本情况：改造范围、人口情况、标图建库情况、边界调整说明（如涉及调整）。
- 现状用地情况：历史土地利用情况，现状土地利用情况，上盖物占地比例等。项目范围内不存在抵押（查封）情况，如存在，请说明具体抵押情况和解押计划。
- 现状建筑情况：总体情况（改造范围内总建筑基底面积××平方米，建筑面积××平方米，建筑用途××），保留建筑情况（整体拆除重建的无需说明），建、构筑物拆除计划（涉及旧厂房改造的需要说明）。
- 规划情况：改造范围符合《××××国土空间总体规划》（土地规划用途为××××），已纳入《××××城市更新改造专项规划》和××××年度实施计划，《××××控制性详细规划》（批复文号）的用地功能为××××（详见附件册的规划情况图纸）。

（2）拟改造情况
- 改造类型、实施方式、模式与供地方式
- 完善历史用地方案
- 保留自居自用集体建设用地
- 保留建筑改造可行性的承诺（涉及保留建筑再利用的需要承诺）
- 无偿移交的公益性用地及设施
- 土地拟实施开发用途
- 实施计划：资金安排、时间进度
- 单一主体形成方案（涉及单一主体的需说明）的三种情况：权利主体以房地产作价入股成立或者加入公司，权利主体与搬迁人签订搬迁补偿安置协议，权利主体的房地产被收购方收购

---

① 佛山市城市更新（"三旧"改造）项目实施方案编制与报批指引（试行）[S].佛山：佛山市城市更新局，2020：1-18.

（3）实施方案意愿征询结果

（4）补偿安置途径：货币补偿，回迁安置，异地安置等

（5）其他专题

● 社会风险评估专题：涉及旧城镇、旧村居改造的项目，说明社会风险评估情况

● 历史文化建筑保护等专题

● 根据实际情况说明相关内容

（6）附图与附表

附图1：《项目范围界线图》

附图2：《建设拟征（占）用土地权属情况及完善历史用地手续分析图》

附图3：《项目用地实施规划图》

附图4：《无偿移交的公益性用地及设施示意图》

附表：项目用地实施情况一览表

（三）附件册内容

附件册的材料构成依项目具体情况确定，包括但不限于以下材料，如与用地报批材料一致，重复的材料可用复印件方式提供。

（1）项目纳入三旧改造的申请书和项目认定文书或者单元计划批复；

（2）项目范围界线调整示意图（视情况提供）；

（3）《建设拟征（占）用土地权属情况汇总表》；

（4）权属证明材料；

（5）项目范围用地 ××××年度和最新年度的土地利用现状图和地类表；

（6）××××年 ××月 ××日前已经建设使用的说明和佐证（视情况提供）；

（7）《保留建筑分析图》（标出需要保留的建筑基底平面及面积，若涉及多栋，应编号并对建筑权属情况列表说明）（视情况提供）；

（8）各类规划情况图纸及年度实施计划（包括规划的批准文件、项目范围规划情况图纸等）；

（9）单一权益主体或者单一意向主体形成的证明材料（视情况提供）；

（10）已按要求完成意愿征询的证明材料；

（11）社会风险评估材料（视情况提供）；

（12）其他材料。

（四）附则

（1）有效期

（2）解释权

（3）过渡期

8.2　安置方案

城市更新是在已建成环境上的再开发,势必需要通过从私人土地拥有者(产权拥有者)那里获得土地(产权)并整合城市其他用地以形成开发用地的过程。因此,拆迁与安置的实质是土地拥有者(产权拥有者)的利益重构,也伴随着对城市建成环境的价值提升与公共利益的重塑。在现实情况中,拆迁与安置是决定城市更新项目能否落地的最关键一环。

8.2.1　城市更新安置方式

城市更新改造中,对于原住居民的安置有传统安置方式和双方协商式安置方式。传统安置方式主要有异地安置、货币安置、回迁安置三种形式。双方协商式安置方式则充分尊重居民意愿,兼容多种安置选项。

1. 传统安置方式

异地安置:指在原拆迁房以外的地方为居民提供安置房或团购商品房,将居民进行安置的方式。

货币安置:指拆迁人将应安置的房屋按相关规定折算成安置款,由拆迁人支付给被拆迁人,由被拆迁人在房地产市场自行购买房屋安置的方式。

回迁安置:指在原来被拆迁房屋所在地范围内,待新的工程建好后再迁回原地进行安置的方式。

表8-3　不同项目传统更新安置方式

案例名称	安置类型	具体安置办法
成都宽窄巷子历史街区改造	异地安置	大部分原住居民采用异地安置的方式进行安置,都被安置到成都市龙华北路9号的新建小区里
上海新天地旧城改造	货币安置	前期总投资14亿元人民币,其中6.7亿元人民币用于安置拆迁居民,占前期成本的47.85%
黄山市屯溪老街	回迁安置	1995年屯溪老街被定为建设部试点保护的历史街区。在规划和整治中居民没有迁走,完全采用原地安置的方式

资料来源:作者整理

2. 协商式安置方式

协商是基于双方平等的基础上进行的,采取异地安置、货币安置、回迁安置三种方式协调并用的形式。协商的内容包括但不限于拆迁补偿方式,货币补偿金额,安置用房面积、标准和地点,搬迁期限和搬迁过渡方式,搬迁补助费,以及违约责任和争议解决的方式等,这种方式更有利于充分保障被拆迁人的合法权益,也促进了社会和谐。

表8-4 不同项目协商式更新安置方式

案例名称	安置类型	具体安置办法
南京小西湖历史风貌区更新改造	协商安置	片区通过共商、共建、共享、共赢,实施小尺度、渐进式微更新改造模式,"一院一策"开展更新,充分尊重老百姓"迁"与"留"的意愿,采用以"院落和幢"为单位,按照"公房腾退、私房收购或租赁腾迁、厂企房搬迁"的方式推进搬迁安置工作
杭州小河直街历史街区改造	协商安置	改造涉及居民285户,对居民采用异地安置、货币安置和回迁原地安置等三种安置方式。愿意货币安置的部分居民通过住宅评估,可以拿到一笔可观的费用购置新房;而喜欢异地安置的居民,则安排入住小河直街附近新建的高层楼房。改造完成后,大部分居民则重新回到整修后的小河直街原居
成都城北中铁二局四大片区改造	协商安置	在前期做了详细的民意调查,发现大多数居民愿意选择产权调换的安置方式,其中又有很大一部分希望能够原地返迁或就近安置。因此,政府提供货币补偿、原地安置、就近安置、异地安置等安置方式供居民选择
广州市越秀区高密度危房改造	协商安置	居民安置措施因情况而异:单位自有的危房,由各单位自行负责进行维修改造,迁出住房;私有危房由政府协助进行危房住户的迁出安置;直管房危房住户可以临时迁出,在危房维修改造后产权人回迁安置,或由产权人提供安置房,住户永久迁出安置,危房按规划建设绿化

资料来源:作者整理

8.2.2 城市更新安置政策

表8-5 不同城市安置政策一览表

地方城市/中央机构	文件名称	安置方案
南京	《开展居住类地段城市更新的指导意见》(2020)	拓展安置形式,提供多途径改善选择。 更新过程中通过自愿参与、民主协商的方式,原则上应等价交换、超值付费,探索多渠道、多方式安置补偿方式。可以采用等价置换、原地改善、异地改善,放弃房屋采用货币改善、公房置换,符合条件的纳入住房保障体系等方式进行安置。 坚持按区平衡原则,各区政府可自行制定房屋面积确定原则、各类补贴、补助标准、奖励标准等相关政策
上海	《上海市城市更新条例》(2021)	在城市更新过程中确需搬迁业主、公房承租人,更新项目建设单位与需搬迁的业主、公房承租人协商一致的,应当签订协议,明确房屋产权调换、货币补偿等方案。 城市更新活动涉及居民安置的,可以按照规定统筹使用保障性房源

续表

地方城市/ 中央机构	文件名称	安置方案
深圳	《深圳经济特区城市更新条例》(2020)	城市更新搬迁补偿可以采用产权置换、货币补偿或者两者相结合等方式，由物业权利人自愿选择。政策性住房原则上采取产权置换方式，补偿与被拆除住房产权限制条件相同的住房
北京	《北京市城市更新条例》(征求意见稿)(2022)	城市更新项目确需迁出原物业权利人的，实施主体可以采取产权调换、提供租赁房源或货币补偿等方式，实施产权归集
住房和城乡建设部	《关于在实施城市更新行动中防止大拆大建问题的通知》(建科〔2021〕63号)	严格控制大规模搬迁。不大规模、强制性搬迁居民，不改变社会结构，不割断人、地和文化的关系。要尊重居民安置意愿，鼓励以就地、就近安置为主，城市更新单元(片区)或项目居民就地、就近安置率不宜低于50%

资料来源：作者整理

8.2.3　城市更新安置方案

涉及人员安置的城市更新主要是住宅类的更新改造，对应"留(综合整治)改(有机更新)拆(拆除重建)"的工作内容，对城市更新的人员安置方案有如下建议：

1.综合整治类

综合整治类，不涉及房屋拆除，人员无需搬离或仅需短暂搬离，对于短暂搬离的人员可以采取提供公租房过渡，或给予一定租房补贴。

2.有机更新类

有机更新类一般建议较少涉及人员安置，对于老旧不成套住宅的改造，涉及建筑的部分拆除则需要安置，一般提供公租房过渡，或给予一定租房补贴，对于自主更新的项目，也可自主安置。

3.拆除重建类

对于建筑结构差、年久失修、功

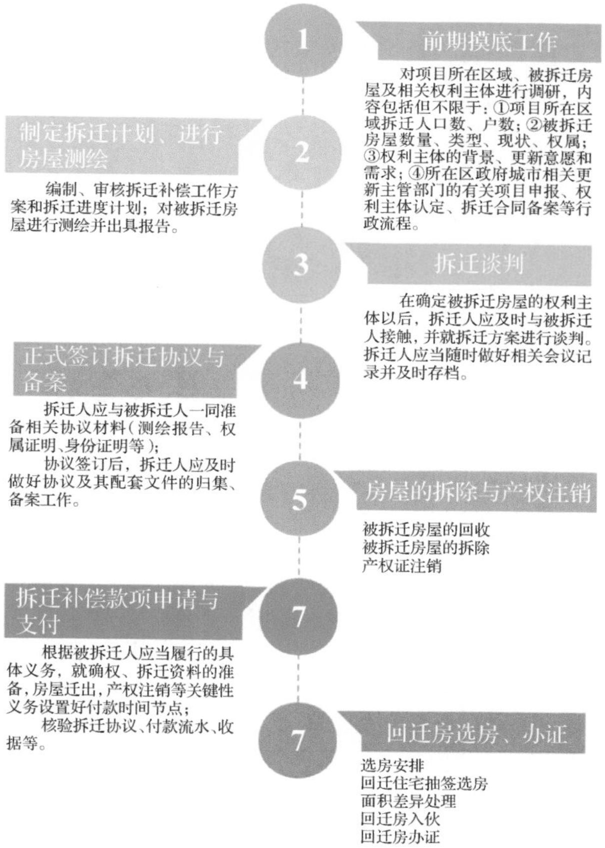

图8-2　城市更新拆迁安置流程图

资料来源：作者自绘

能不全、存在安全隐患且无修缮价值的老旧住房,经房屋管理部门组织评估,通常需要采用拆除重建方式进行更新的,拆除重建方案应当充分征求公房承租人意见,并报房屋管理部门同意。拆除重建类项目需要对被拆迁人员进行安置。

表8-6 综合整治类安置方案一览表

改造类型	更新改造相关内容	安置方案
公用设施改造	小区及周边适老设施、无障碍设施、停车库(场)、电动自行车及汽车充电设施、智能快件箱、智能信包箱、文化休闲设施、体育健身设施、物业用房等配套设施	无需安置
景观环境改造	公共绿地、游园修整翻新,口袋公园、社区花园建设等	无需安置
市政设施改造	提升小区内部及与小区联系的供水、排水、供电、弱电、道路、供气、供热、消防、安防、生活垃圾分类、移动通信等基础设施,以及光纤入户、架空线规整(入地)等	若不对住户日常生活造成长期影响,无需安置
老旧建筑改造	对有安全风险的建筑进行结构加固,建筑立面出新,加装电梯	若不对住户日常生活造成长期影响,无需安置
修缮历史建筑	保护、活化利用不可移动文物或者历史风貌区、历史建筑	无需安置

资料来源:作者整理

表8-7 有机更新类安置方案一览表

改造类型	更新改造相关内容	安置方案
老旧住宅改建	对于建筑结构差、功能不全的老旧住房,确需保留的,采取成套改造方式进行更新,即保留主体框架,改造户型,使其成套,便于使用	需安置(提供公租房过渡,或给予一定租房补贴,或自主安置)
公共用房加建	配建公共服务设施,包括改造或建设小区及周边的社区综合服务设施、卫生服务站等公共卫生设施、幼儿园等教育设施、周界防护等智能感知设施,以及养老、托育、助餐、家政保洁、便民市场、便利店、邮政快递末端综合服务站等社区专项服务设施	无需安置
空间腾挪置换	将原本的底层住宅或由于历史原因被改造占用的公共用房、宿舍等改建为其他功能用房,补充社区公共服务设施,或平衡物业资金的必要商业设施	需安置(提供公租房过渡,或给予一定租房补贴,再通过加建住房安置)

资料来源:作者整理

城市更新的拆迁与安置工作基本是在政府管理部门的指导下,由开发主体与现状土地权利主体进行谈判的过程,大体包括以下步骤:前期摸底工作—制定项目拆迁计划,对拆迁房屋进行测绘—拆迁谈判—正式签订拆迁协议与备案—房屋的拆除与产权注销—拆迁补偿款项申请与支付—回迁房选房、办证[①]。

8.3　经济平衡方案

城市更新作为国家"十四五"规划的战略抓手,是塑造经济新增长点、促进民生福祉、引领产业转型提质的长期性事业。项目周期长,程序多,资金需求量大,如何在地方政府财政和债务负担加重、市场资金预期转弱的背景下实现可持续的城市更新,保障项目收益与融资的平衡性,成为城市更新项目有效推进亟待回答的问题。

8.3.1　经济平衡测算

1.经济测算定义与目标

城市更新项目经济测算主要指以城市更新项目为具体研究对象,研究从项目启动、项目申报到建设完成、运营实施的成本投入及预期收益(或价值)。

经济测算的目标是在财务平衡的基础上实现收益。由于城市更新工作是一项复杂的系统工程,尤其涉及多个主体的利益诉求,需兼顾各方诉求并制定切实可行方案才能顺利推进,因此更新规划方案编制中的经济测算评估尤为重要。

从政府(平台)方的视角看,即要实现城市整体功能完善与品质提升以及土地价值增益,兼顾社会

图8-3　城市更新中各方利益诉求示意图
资料来源:作者自绘

效益与经济收益;从市场方的视角看,即获取增量指标以追求利润最大化;从所有者(业主)的视角看,更关注自身物业保值、增值及利益变现等,即获得土地发展权和更新补偿。

2.经济测算的经济学基础

城市更新同任何一项投资一样,在财务上必须满足静态财务平衡公式:收入,即收益(R)减去成本(C)要有正的剩余(S),即收益(价值)≥成本投入(费用支出)。

财务平衡一般要考虑两个阶段,资本性投入阶段$R_0-C_0=S_0$,$S_0 \geq 0$,现金流性运营阶段$R_k-C_k=S_k$,$S_k \geq 0$。资本性投入阶段,更新涉及资产重置(征用、拆除、重建)必须通过贷款、发债、卖地等资本性收入找到一次性的资本加以平衡,融资-征拆建安成本=剩余

---

① 刘生军,陈满光.城市更新与设计[M].北京:中国建筑工业出版社,2020:33-35.

$(S_0)>0$。现金流运营阶段,即更新(用途或强度改变)后带来新增运维支出(公共服务增加、拆旧维护、融资还款付息等运营型收入)还需获得经常性现金流收入(税、费)加以平衡,新增税费－新增运维成本=剩余$(S_t)>0$。

3. 城市更新规划不同阶段中经济测算的要求

在城市更新单元详细规划阶段,侧重经济测算的可行性要求,应按分区实施要求制定各分期的利益平衡方案,在对该阶段方案中具体的土地和各类建筑指标进行详细分析的前提下,形成经济收益平衡的说明性附件。

项目实施方案阶段,其经济测算主要关注投资测算和各权益主体的经济利益平衡,一是对政府、集体、企业、居民等不同权益主体的经济利益进行测算并提出经济利益平衡方案;二是在片区指引的基础上,对土地、建设、安装、管理、运营、财务、租赁、办公等各类费用进行详细测算,明确投资总额;三是对项目的建设资金来源和使用进行说明,包括自有资金数量、融资渠道、融资方式、融资规模、担保主体、利息偿还、资金使用说明等。

4. 经济测算的数据收集

城市更新经济测算所需基础数据包括但不限于:

(1)现状建筑面积

为满足拆迁补偿,需要按照住宅(有产权)、农民房、祖屋、商业用房(有产权、擅改)、厂房(有证、无证)、空地进行分类统计。一般来说,为满足地价计算要求,针对国有已出让用地上合法建筑,需要单独统计。

(2)用地权属

如非农建设用地、国有已出让用地、已办理合法建筑产权用地、国有未出让用地、未征转建成区等。

(3)建筑信息

如建筑物年限、建筑质量等。

(4)当地拆迁补偿标准

过渡期补偿、装修补偿、搬迁费、货币收购、临时建筑构筑物补偿等。

(5)其他数据

城市更新方案经济测算需明确的内容还包括但不限于:更新与拆除范围;回迁比例、回迁业态;规划指标,如各地块容积率、分业态指标(住宅、商铺、公寓、办公、酒店、产业研发及配套)、可建设用地量、更新量等。

5. 经济测算的一般内容构成

城市更新经济测算的一般内容包括项目投资、成本费用、税费、营业收入(收益)以及资产价值等5项关键性数据。

(1)项目投资

包括前期费用、建安成本、建设工程其他费用、基本预备费、建设期贷款利息、运营产品的前期投资等。

前期费用，主要包括规划范围内土地及房屋取得费及搬迁、拆迁成本，土地开发费用和税费等。

建设工程其他费用，包括建设单位管理费、监理费用、可行性研究费、研究试验费、勘察设计费、环境影响评价费、场地准备及临时设施费、工程保险费、市政公用设施建设及绿化费、检验试验费等建设工程其他费用。

基本预备费，为了保证建设工程正常进行而产生，以建筑安装（改造）工程费用的比例提计。有些地方没有这项费用，则不计。

建设期贷款利息，通常包括政策性贷款利息、商业银行贷款利息、其他融资渠道资金利息。

前期投资还包括政策性鼓励的奖励投资或补贴，如鼓励原住居民回迁（鼓励迁出去）的奖励政策，吸引特殊行业入驻项目的奖励政策，或对原使用者的补贴等。

（2）成本费用

主要包括建设期与运营期间的管理费用、宣传推广费用、销售租赁费用、建筑与设施维护维修费用、设施更新费（摊销费）、固定资产折旧、运营期财务费用、其他费用。

对分散产权房屋的整体租赁支付的租金，是指如果更新项目全部或部分的其他产权物业可以被投资主体集中租赁，每期需要支付的租金。

管理费用，是指建设项目开发方为组织和管理物业开发经营活动的必要支出，包括人员工资及福利费、办公费、差旅费等，按照土地取得成本与建设成本之和的一定比例来测算。

宣传推广费用，主要是指广告性支出，包括发放的印有宣传标志的礼品、纪念品等。

销售租赁费用，是指项目销售或租赁的必要支出，包括销售租赁资料制作费、售楼或招商处建设费、营销人员费用或者销售租赁代理费等。销售租赁费用通常按照开发完成后的物业价值的一定比例来测算。

维护维修费用，是指维护与维修设备所需的费用。

设施更新费（摊销费），是指工程或设备由于破损或技术落后而进行更换所需的费用，按照建筑项目成本的一定比例测算。

固定资产折旧，是指各种原因造成的建筑物价值减损，其金额为建筑物在价值时点的重新购建价格与在价值时点的市场价值之差

其他费用，是指从工程筹建起到工程竣工验收交付使用止的整个建设期间，除建筑安装工程费用和设备及工、器具购置费用以外的，为保证工程建设顺利完成和交付使用后能够正常发挥效用而发生的各项费用。

运营期财务费用，是指企业在生产经营过程中为筹集资金而发生的筹资费用。包括

企业生产经营期间发生的利息支出（减利息收入）、汇兑损益、金融机构手续费、企业发生的现金折扣或收到的现金折扣等。

（3）税费

税费是指企业发生的除企业所得税和允许抵扣的增值税以外的各项税金及其附加。通常包括纳税人按规定缴纳的消费税、营业税、城市维护建设税、资源税、教育费附加等，以及发生的土地使用税、车船税、房产税、印花税等。

（4）营业收入（收益）

主要包括土地出让收益、销售物业的出售收益、持有物业的租赁收益、车位收益等。其中，经营项目的经济效益估算包括投资主体直接参与经营与不直接参与经营两种模式。

直接参与经营的模式，需要考虑的内容包括：经营的直接投资（直接经营的资金）；直接经营费用（旅游经营投入费用）；每期（年）对其他产权建筑的经营补贴；直接经营收益与税费等。

投资经营公司或经营外包的模式，需要考虑的内容包括：投资额、收益、税费、每期（年）对其他产权建筑的经营补贴或分成与其他收益等。

（5）资产价值

即指项目运营期末持有资产的价值，主要包括物业资产、其他资产和股权价值等。

物业资产是物业服务、设施、房地产资产、房地产组合投资的统称。通常用经济评价时点的物业估价值，不用账面价值，后者不能体现资产增值。

其他资产包括设施设备、车船等资产，一般用账面原值与折旧的计算方式测算。

股权价值，是指如涉及投资公司股权，运营期末的股权估值。

6.不同类型城市更新项目经济测算重点

城市更新项目总体上可分为综合整治类、有机更新类、拆除重建类，即"留、改、拆"三种方式。不同类型的城市更新其经济测算的重点和目标也有所差别。

表8-8　城市更新项目分类一览表

类型	综合整治类（留）	有机更新类（改）	拆除重建类（拆）
改造力度	改造力度弱；小规模、缓慢渐进式局部调整	改造力度适中；对建构筑物进行部分保留、部分拆除、部分改建、适当加建	改造力度强；产权结构、土地结构、空间形态等重构重塑
更新内容	对基础设施、公共服务配套设施和环境进行更新完善，以及对既有建筑进行节能改造和修缮翻新等，但不改变建筑主体结构和使用功能	对建筑物局部改建、功能置换、修缮翻新，以及对建筑所在区域进行配套设施完善等建设活动	将原有建筑物进行拆除，按照新的规划和用地条件重新建设

续表

类型	综合整治类（留）	有机更新类（改）	拆除重建类（拆）
土地/规划调整	土地性质、土地用途、权利主体不变，一般不增加建筑面积	一般不改变土地使用权权利主体，必要时可实施土地用途变更，部分城市可增加建筑面积（但受限）	可改变土地使用权权利主体，可变更部门土地性质
参与主体	政府主导的环境整治或自下而上多元主体参与推动	一般为产权人与政府主导，房企一般可通过改造、持有运营等方式参与项目	可分为政府主导、市场主导、政府和市场合作三种模式
盈利模式	利润较薄，以物业运营、装修修缮为主	依靠资产管理和运营来提供现金流，投资回收期长	强调短期经济利益的实现
经济测算重点	测算项目支出	测算项目支出与收入，并进行对比分析	

资料来源：根据崔俊婷《房地产市场走弱背景下可持续的城市更新发展之路》整理
https://mp.weixin.qq.com/s/j744P0HM4bUCRu5yiE7W7w

（1）综合整治类测算重点

综合整治类城市更新项目不强调项目自我平衡，投资主体多为政府、平台，通常为一次性投入为主，该类型项目一般仅测算项目支出，即综合整治工程费用。

综合整治类城市更新项目经济测算内容一般包括建安工程费用、工程建设其他费用、预备费与其他费用等。其中建安工程费用按照建设类别分类计算。由于规划设计阶段设计深度达不到施工深度，本阶段经济测算按当地物价水平采取平均单价进行估算。常见综合整治类城市更新项目经济测算内容见下表。

表8-9　综合整治类城市更新项目经济测算常见内容一览表

序号	科目名称	单位	数量	单价/元	估算投资/万元				备注
					建筑工程	设备购置及安装	其他费用	合计	
（一）	建安工程费用								
1	铺装工程								
1.1	人行道	平方米							
1.2	骑行道	平方米							
1.3	车行道	平方米							
1.4	亲水平台、驳岸等	平方米或个数							
1.5	土石方	立方米							主要为填方、缺方，运距综合考虑

续表

序号	科目名称	单位	数量	单价/元	估算投资/万元				备注
					建筑工程	设备购置及安装	其他费用	合计	
1.6	挡土墙	立方米							
1.7	墙面美化	平方米或个数							
……	……								
2	绿化工程								
2.1	绿化用地整理	平方米							可无
2.2	种植土回填	立方米							可无
2.3	植物种植	立方米							
2.4	绿化供水装置	平方米或个数							可无
……	……								
3	景观工程								雕塑、假山、水景、标志标牌、景观小品等
4	建筑工程								
4.1	新建建筑	平方米或个数							按单体或群体建筑分开计算
4.2	建筑修缮	平方米或个数							按单体或群体建筑分开计算
4.3	建筑改造	平方米或个数							按单体或群体建筑分开计算
5	市政配套工程								
5.1	环卫工程								含公厕、垃圾站等
5.2	给水工程								
5.3	雨水工程								
5.4	污水工程								
5.5	电力工程								
5.6	电力电缆								
5.7	变配电室								
5.8	弱电及照明工程								
5.9	供热工程								
5.10	燃气工程								
……	……								

续表

序号	科目名称	单位	数量	单价/元	估算投资/万元				备注
					建筑工程	设备购置及安装	其他费用	合计	
(二)	工程建设其他费用								
1	征收土地费用	亩							按当地计价标准计取
2	建筑拆除费用	平方米							按当地计价标准计取
3	前期咨询费								按当地计价标准计取
4	勘察设计费								按当地计价标准计取
5	施工图审查费								按当地计价标准计取
6	建设项目环境评估费								按当地计价标准计取
7	地质灾害评估费								按当地计价标准计取
8	招标代理费								按当地计价标准计取
9	工程造价咨询费								按当地计价标准计取
10	工程建设监理费								按当地计价标准计取
11	建设单位管理费								按当地计价标准计取
12	场地准备及临时设施费								按工程费用的0.8%计取
(三)	预备费与其他费用								按工程费用的5%—8%计取
(四)	建设项目总投资								=(一)+(二)+(三)

资料来源：作者整理

（2）拆除重建类测算重点

拆除重建类城市更新项目一般需要强调项目至少在长周期上的经济平衡，投资主体多为政府、平台以及开发商，需分开测算项目支出与项目收益，并进行项目支出与项目收益对比。

经济测算内容分项目支出测算、项目收益测算、项目支出与项目收益对比分析三部分。其中项目支出测算部分参考综合整治类城市更新项目经济测算内容。项目收益为土地出让收益与运营收益之和，土地出让收益测算按片区内出让土地的用地性质进行测算,运营收益测算按照运营期年限进行测算。常见拆除重建类城市更新项目经济测算内容见下表。

表8-10　拆除重建类城市更新项目土地出让收益测算表

序号	名称	用地面积/平方米	容积率	建筑面积/平方米	基准地价/(元/平方米)	预计土地出让收益/万元	备注
(一)	××片区						按照片区测算
1.1	住宅						
1.2	公寓						
1.3	商业						
1.4	办公、研发						
1.5	工业、仓储						
(二)	××片区						
2.1	住宅						
2.2	公寓						
2.3	商业						
2.4	办公、研发						
2.5	工业、仓储						
……							
(N)	预计出让价款						=(一)+(二)+……
(N+1)	刚性计提						按照地方财政缴纳比例测算
(N+2)	土地出让收益						=(N)-(N+1)

资料来源:作者整理

表8-11　拆除重建类城市更新项目运营收益测算表

项目及内容	合计	第一年	第二年	……	第N年	备注
(一)营业收入						
1.××片区办公出租收入						按不同单价的片区分开计算
出租单价/[元/(平方米·天)]						租金取当地同类型平均价格,可逐年递增
出租面积/平方米						

续表

项目及内容	合计	第一年	第二年	……	第N年	备注
2.××片区商业出租收入						按不同单价的片区分开计算
出租单价/[元/(平方米·天)]						租金取当地同类型平均价格,可逐年递增
出租面积/平方米						
3.××片区运营收入						按不同单价的片区分开计算
门票单价/(元/平方米)						门票取当地同类型平均价格
年均游客量/万人						
4.××片区停车收入						按不同单价的片区分开计算
日均租金/(元/个)						取当地同类型平均价格
停车位数量						
5.××片区物业管理收入						按不同单价的片区分开计算
月均管理费用/[元/(平方米·月)]						取当地同类型平均价格,可逐年递增
管理面积/平方米						
6.广告收入						取当地同类型平均价格,可逐年递增
7.××片区商业销售收入						若有可销售商铺,可增加
销售单价/(元/平方米)						
销售面积/平方米						
(二)税金及附加						
1.增值税金及附加						
2.房产税						
(三)运营成本						
1.管理费用						
2.营销费用						
3.人员成本						
人均年薪/[万元/(年·人)]						
从业人数/人						
4.设备维护						
(四)经营收益						=(一)-(二)-(三)

资料来源:作者整理

项目支出、项目收益测算完成后,进行项目支出与项目收益对比分析。如项目支出大于项目收益,存在的经济缺口一般可通过财政支出、规划方案调整(包括但不限于项目范围、用地性质、用地指标、拆建比等调整)、增加运营期、贷款补贴等方法弥补。

(3)有机更新类测算重点

有机更新类城市更新项目一般为政府、平台与产权人共同出资,通常采取公共出资+自主出资方式。该类型的项目主要测算城市更新全部成本与收益,提供不同的出资分配比例方案供政府方与产权人方进行选择。

城市更新成本与收益项目测算方式参考拆除重建类项目。目前,国内有机更新类项目多采用以下三种出资方案[①]。

方案一:公共出资(财政补贴)+自主出资

以喀什老城城市更新为例,其更新的费用由国家和喀什市直接的财政补贴和产权人共同出资组成。项目总投资约75亿,中央补贴占27%,地方补贴占30%,居民自行出资37%,其中,财政补贴资金主要用于公共基础设施、"三通一平"、设计及服务等公共部分,居民资金用于自身危旧房改造。

方案二:公共出资(增加容积率)+自主出资

典型案例为厦门湖滨一里60号楼自主更新和南京小西湖的更新改造。① 湖滨一里60号楼,政府给予套内增容10%(增容不增户)政策进行激励,这部分属于公共出资,其余费用由产权人自行出资,原地拆建更新。② 南京小西湖更新,私房翻建费由产权人自行承担,鉴定为C和D级危房的有相应财政补贴。在实际操作中,公房、私房以及公共空间及设施的更新改造,大部分补贴费用来源于政府财政,这部分财政多来源于南京新城开发建设的土地出让金。

方案三:公共出资(性质转变)+自主出资

例如多数老城区自建房更新,将别墅(居住)改成咖啡厅(商业),这部分尚未有相关的城市更新资金政策支持,故一般均为业主自行出钱。

8.3.2 城市更新项目主要资金来源[②]

根据资金获取主体不同,城市更新项目主要的资金来源可以分为四大类:各级财政资金、社会资本投入资金、物业权利人自筹资金及市场化融资资金。

1. 各级财政资金

各级财政安排的城市更新资金是城市更新项目的重要资金来源。国家鼓励各级地方政府加强对城市更新的财政投入,加大政府专项债券对城市更新的支持;充分发挥财

---

① 沈洁.财务视角下可持续的城市更新——自主更新的定义、模式和策略[C]//2024中国城市规划年会论文集,2024:304-308.

② 王艳.城市更新项目资金来源与收益平衡分析[J].中国房地产(中旬刊),2022(11):53-56.

政资金的撬动作用,整合利用城镇老旧小区改造、棚户区改造、保障性租赁住房建设、排水防涝工程建设等专项财政资金统筹用于城市更新。

中央方面,自2020年以来,国家发改委安排中央预算内投资专项资金支持老工业城市更新改造项目,2021年以来,发改委、住建部以投资补助方式支持保障性安居工程,用于城镇老旧小区改造和棚户区改造配套基础设施建设。

地方层面,城市更新项目是地方政府专项债重点支持领域。从已发行的城市更新专项债券分析,项目类型涵盖范围较为广泛,涉及土地储备、棚户区改造、保障性住房、市政建设、老旧小区等。2018年至2020年,全国共有10个省市发行17个城市更新项目专项债券,发行总额为42.963 1亿元。发行期限主要集中于15年和20年。城市更新专项债券主要收入来源有商业租赁收入、土地出让收入、广告牌收入、公园收入、停车位收入、物管收入等。

2. 社会资本投入资金

在地方政府财力有限的情况下,对于地方政府来说,如何放大财政资金的杠杆效应吸引社会资本积极投入到城市更新项目建设中尤为重要。广义的社会资本包括城投类国有企业、房地产开发公司、施工类企业等。这些主体参与城市更新的角色不同,参与城市更新的模式也不同。

在我国城市化进入稳定增长期后,城市更新成为房企未来发展的第二曲线,大批房企开始开拓城市更新业务。据统计,大部分百强房企都已直接或间接涉足城市更新领域,而头部房企基于强大的资源整合能力涉足城市更新的比例更高。房企参与城市更新的途径主要有三种:第一种是独立运作、自主开发模式;第二种则以收并购为主,再进行改造运作;第三种是通过合作形式参与。从资金层面来说,房地产企业参与项目前期投入的自有资金属于市场主体投入资金,后期可能通过发行信用债、银行贷款或者非标融资等途径进行二次融资。

PPP模式是城市更新项目投融资模式之一。以重庆市九龙坡区2020年城市有机更新老旧小区改造项目为例,项目总投资3.7亿元,该项目采取PPP模式运作,项目建设期1年,运营期10年,项目资本金占总额的20%,由政府出资代表渝隆集团和社会资本按20%∶80%比例出资成立项目公司,剩余资金由项目公司负责筹集。

近年来,“投资人+EPC模式”逐步进入城市更新领域,该模式形式是:政府授权城投平台或地方国企作为城市更新项目的业主方,通过对外公开招投标确定合作方,由业主方与合作方按照约定股权比例成立项目公司,来管理实施城市更新项目的投融资建设。在此模式中,政府只是牵头建立项目公司,对于实施的项目并不进行投资,所有的资金都是由中标的合作方承担。目前此种模式在现有案例中的中标方均为央企等实力雄厚的企业集团,也包括一些大型的房地产企业和施工企业。

3. 物业权利人自筹资金

物业权利人主要分为物业主、物业使用人(包括承租人、借用人及其他取得物业使用权的人)和物业管理人。由物业权利人出资进行改造主要出现在综合整治类项目中,尤其是缺乏维护而产生设施老化、建筑破损、环境不佳地区的老旧小区改造。以郑州益苑物业为例,其参与城市更新的改造思路被总结为"一体、两治、三化"。

其中"一体"思路中"政企一体化"就是联动政府、社会、居民、企业聚力创新老旧社区改造模式,建立区政府指导,街道办事处统筹,加上居委会、社会单位、居民组成的"五方联动"工作平台,由社会单位和居民共同约定出资比例,政府、街道办与居委会给予部分补贴,再共同选择第三方公司为实施和运营方来具体操作。

4. 市场化融资资金

城市更新项目主要的市场化融资模式包括银行贷款、非标融资、债券资金、城市更新基金、REITs等。

银行贷款:包括政策性银行贷款、商业银行贷款;

非标融资:常见的城市更新非标融资渠道主要有信托、私募和一些股权性融资;

债券资金:城投债是最典型的债券资金融资形式,其发行主体是地方政府城投平台;

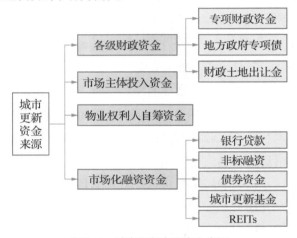

图8-4　城市更新主要资金来源
资料来源:王艳.城市更新项目资金来源与收益平衡分析[J].中国房地产(中旬刊),2022(11):53-56.

城市更新基金:城市更新基金作为城市更新项目重要的参与主体,主要通过非公开方式向特定投资者募集资金,从性质上来看属于私募基金,形式包括公司型、合伙型和契约型;

REITs:作为房地产证券化的重要手段,为城市更新项目投资人提供了有效的退出路径。借助REITs可以把流动性较低的、非证券形态的房地产投资,直接转化为资本市场上的证券资产。在"双碳""房住不炒"背景下将保障性租赁住房纳入公募REITs中。公募REITs打通产业资本与金融良性循环,为推动基础设施建设提供有效支持,有助于盘活市场存量,提供重资产项目退出渠道。

8.3.3　城市更新项目经济运作模式

1. 城市更新项目实施合作方式[①]

根据城市更新项目性质、出资主体等差异,大致可以将城市更新分为政府主导、市场

---

① 唐荣婕,李豹.我国城市更新项目实施模式及资金来源浅析[J].中国房地产,2022(9):40.

主导和多元合作三种模式,其中多元合作又可分为PPP、政府+房企+产权所有者三方合作、投资人+EPC、城市更新基金等模式,不同的运作模式,在实施主体、资金来源、适用项目类型上会有所区别。

表8-12　城市更新项目实施合作方式一览表

运作模式		实施主体	资金来源	适用项目类型
政府主导		地方政府或者经其授权的地方国企	财政资金、国企自有资金、地方政府专项债	综合整治类项目;政府收储方式实施的拆除重建类项目
市场主导		产权所有者;社会资本;产权所有者+社会资本	市场化融资、财政补贴	权利人自改项目;企业收购改造项目
多元合作	PPP模式	政府授权国有企业和社会资本合资成立的项目公司(国有企业参股)	财政拨款、市场化融资	一二级联动模式实施的拆除重建类项目;具有一定收益性的城市更新项目
	政府+房企+产权所有者三方合作			
	投资人+EPC模式			
	城市更新基金			

资料来源:作者整理

2. 城市更新项目收益与资金平衡

城市更新项目一般投资回收期长,资金需求量大,无论是政府方、物业权利人、社会资本还是金融机构,决定其是否推进或参与城市更新项目的一个关键因素就是是否能够做到项目收益与融资的平衡。

我国城市建设开发的经济模式正在由一次性收益转向持续运营收益。住建部于2021年8月发布《关于在实施城市更新行动中防止大拆大建问题的通知》,提出了四项关键指标要求,强调了城市更新的"去地产化",否定了一次性收益平衡的更新模式。因此,未来的城市更新项目收益平衡模式将从一次性收益平衡转向持续的运营收益平衡。

从空间上看,存在尺度和范围上的资金平衡视角,一般包括项目自平衡和跨区域平衡两种方式。

项目自平衡,是从微观角度,立足于当前,来审视城市更新的可行性。这就需要项目自身至少做到基本收益平衡,或者在可以直接判断出城市更新项目能够对本地区总体产生正向影响的前提下,由实施主体(主要指地方政府或本地国有企业)承担可承受的亏损。

由于城市更新项目是基于城市已经形成多年的既有区域而进行的改造,因此,未来收益必然严重受限于改造场所自身的条件。有些项目碍于现实情况,根本无法做到资金平衡。因此,在本区域无法实现平衡时,各地已经开始探索跨区域实行资金平衡,有些地方政府已经在城市更新政策文件中明确进行了支持性规定。对于跨区域平衡的情形又可以大致分为两种：一是不同区域的项目都是城市更新项目，地方政府将收益率高低不同的项目，或者有的盈利、有的不盈利的项目，进行肥瘦搭配。二是不同区域的项目不一定都是城市更新项目，但主项目必然是城市更新项目，用于资金平衡的项目有可能就是一个单纯的房地产开发项目。

同时，城市更新的资金平衡还要从城市总体发展的宏观角度，以更开放的视野来审视。一是空间维度上的发展，即某一个项目的实施，可以带动整个城市文化旅游、招商引资等方面的全面提升；二是时间维度上的发展，即某一个项目对本地的整体人民幸福指数、营商环境等的改善和提高，是一个长期的过程。短期虽然不能立竿见影，但是确实可以为将来的持续发展起到重要的促进作用[①]。

8.3.4　相关案例

1. 南京熙南里片区城市更新的经济测算[②]

（1）片区概况

熙南里片区位于南京老城南历史城区北部，范围东至中山南路、大板巷，南至升州路，西至鼎新路、评事街，北至泥马巷、平章巷，历史上曾是城中商业街区，相当繁华，茶楼、酒肆、作坊以及寺庙道观遍布街巷，拥有以甘熙故居为代表的传统民居群。片区总体由南捕厅历史文化街区和评事街历史风貌区构成，其中南捕厅历史文化街区面积约3.2公顷，评事街历史风貌区面积约14.3公顷。

图8-5　熙南里片区历史文化资源分布情况
资料来源：作者自绘

熙南里片区历史底蕴深厚、历史文化资源丰富，包括1处全国重点文物保护单位——甘熙宅第，1处市级文物保护单位——绫庄巷31号古民居，以及60多处尚未核定为文物保护单位的不可移动文物，是集中展示、彰显南京城南历史城区历史文化特色的重要地区。

（2）保护与更新历程

片区自2001年开启修缮更新至今，从最初的文物保护单位修缮，到大规模拆旧建新运营文创街区，再到如今小规模、渐进式更新营建公共性空间，仍在积极探索和实践过程

①　林晓东.剖析资金平衡内涵，促进城市更新项目的顺利实施［J］.中国房地产（中旬刊），2022（7）：60.
②　根据南京市规划设计研究院有限责任公司《历史地段城市更新经济测算研究》相关成果内容整理。

中。整体上,片区保护与更新历程大致分为四期,各时期在不同时代背景下,针对不同对象和任务开展工作。

表8-13　南京熙南里片区保护更新历程一览表

工程分期	时间	主要保护更新历程
一期	2001年8月至2002年9月	该时期以修缮当时尚为省级文物保护单位的甘熙故居为核心任务,重点对文物主体(南捕厅15号、17号、19号)内居民进行拆迁补偿,对文物建筑进行修缮
二期	2006年至2008年9月	二期工程整体位于甘熙故居建设控制地带内,该阶段有两条主线任务,其一:整修扩建甘熙宅第、复建历史整体格局、完善配套设施服务;其二:建设"熙南里金陵历史文化风尚街区",包括初期拆迁、项目建设和招商营运工作。在大规模拆建为主要更新手段的背景下,从拆迁、建设到街区建成开街,工程总体历时3年,项目推进速度相对较快
三期	2009年至2012年8月	三期工程依托已建成的风尚街,向南、北侧地块扩建街区;其中,南区以沿街商铺、独栋会所、餐饮酒店为主要业态,北区建设5栋联排住宅,希望通过扩大商业、地产开发规模增加营运收益、平衡资金。该阶段以拆除重建为主要手段
四期	2009年至今	四期工程原计划动迁13万平方米范围内的4 000余户居民。后因历史文化保护的相关要求停止了"大拆大建"的计划。2015年,四期东侧大板巷规划设计方案公示,以先期保护、修缮5栋历史建筑推动片区更新。2019年,四期大板巷示范段建成开街,成为其他地区更新的经验样板

资料来源:作者整理

（3）更新平台组织架构

南捕厅一期工程主要为文物保护单位的修缮,属于政府公益性行为,实施主体和资金来源均以政府为主导。自二期工程开始,南捕厅工程由国有平台统一管理、运作,分设企业具体实施、运营。

2006年4月,由南京旅游集团有限责任公司、南京建设发展集团有限公司、南京实佳基础设施建设开发有限公司注册成立南京城建历史文化街区开发有限责任公司,负责南捕厅项目投融资、规划建设和运营管理工作。2017年,南京市成立南京旅游集团,负责全市重大旅游等项目的开发、运营及旅游不动产的经营管理。2019年4月,基于街区营销策划需要,成立南京熙南里文化商业发展有限公司,专门负责打造熙南里街区专业品牌,规划业态,招商调整,开展营销活动,提升人流,致力于打造区域性乃至全国知名街区品牌。

（4）建设及资金、运营

■一期工程:文物保护单位本体及保护范围内的修缮保护

建设、投资与运营情况

一期工程重点对甘熙宅第文物保护单位本体及保护范围内的建筑进行维修、修缮、复建,工程属于公益性质的文物保护单位保护与利用,资金主要来源于政府投资(约1.66亿元)和文物保护专项补助经费(约0.32亿元),由南京民俗博物馆等政府部门或政府管理的相关单位负责建设实施。完成后,由南京市博物馆总馆分支机构和甘家大院文化发展有限公司运营管理,门票定价20元/人。

图8-6　南捕厅一期工程概貌
资料来源:南京市博物馆总馆

项目投产效益特征

一期工程更新驱动力主要是文保建筑的保护、修缮,以助力省级文物保护单位申报成为全国重点文物保护单位,同时建设完善公益性文化设施,主要由政府统筹建设、管理和运营。

在效益平衡方面,工程首要考虑的是项目基于社会价值、文物价值的必要性和重要性,而不是追求项目的经济性平衡。通过片区更新提升,彰显并传承文物的文化价值,同时推动周边地区的改造更新,引入人流,从而带动其他产业发展和片区地价提升。因此,在建设期和运营期,通常由政府方面持续投入资金,后期也需要政府类资金助其日常维护和管理。

■ 二期工程:建设控制地带和历史街区的更新保护

建设、投资与运营情况

工程中甘熙宅第紫线范围内修缮、完善内容主要涉及博物馆扩容和文物保护单位的保护利用,其总投资约1.7亿元,资金仍主要来源于政府投资和专项补助经费;项目由南京市民俗博物馆负责,由市博物总管、甘家大院文化发展有限公司管理运营。

熙南里历史文化街区"凵"形配套区域的建筑属于以市场化运作方式对历史文化街区的保护性开发,该项目仅保留4处风貌建筑,通过大规模"镶牙式"改造建设了地上1.39万平方米、地下0.58万平方米的仿古商业街区。其建设开发由南京城建历史文化街区开发有限责任公司联合文物局主导,总投资约3亿元,主要由具有政府背景的开发公司统筹,通过专项拨款、筹资融资等方式进行;后期的运营管理则有后期成立的南京旅游集团负责。

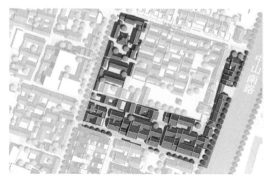

图8-7　南捕厅二期工程概貌

资料来源:根据《评事街历史风貌区保护规划概念性设计》方案改绘

项目投产效益特征

随着甘熙宅第的修缮开放,其影响力和展示度也逐渐提升,但其周边区域风貌破败、功能衰败,因此推动了文物保护范围周边片区的更新改造,使两者互促共赢,以文化价值带动区域价值,以片区发展促进历史文化保护与利用。

该期工程由政府成立的全资公司统筹、代建、代管,该公司还负责南京全市的相关城建业务,承担开发、建设、管理等一系列工作。项目投入资金相对较大,同时未来也有稳定、持续的收益渠道,如房屋租赁、商业运营等,能够获得一定的经济效益;经济收益平衡一方面可在城市其他项目或经营中进行统筹平衡、依赖于政府兜底,另一方面则需要承担较长的收益等待期。同时,工程也能够产出由版块价值提升带来的社会价值、文化价值等效益内容。

前期经济测算分析

根据《南捕厅项目前期策划报告》,项目基于一、二期进行经济测算分析,分出租、自持等多种情形模拟项目投产出情况,提出只租不售的商业运营模式建议。

➤出租模式下的经济效益分析

项目成本分析

土地费用:主要为拆迁费用,此部分根据前期拆迁公司实地测算,大约为1.5亿元。

前期费用:总计为460万元。包含各类规费、勘察设计费、三通一平费、服务费等。

市政基础设施配套费:按105元/平方米计算[根据苏价费〔1998〕286号:国有土地上新建、改建、扩建的建设项目按每平方米105元收取(按建筑面积计算)]。

房屋白蚁防治费:按照宁价房〔1995〕10号规定,本案属于特殊建筑,按木质内装修收费标准,为4元/平方米。

　　结建人防费：按照2 500元/平方米计算。人防面积为：13 945×4%=557.8平方米。根据宁防办〔2003〕70号文规定："地面总建筑面积在15 000平方米（含）以上的，按照地面建筑面积4%的比例配建防空地下室。因地质、地形、施工等条件限制不能修建的，经市、县人防办批准后，按应配建防空地下室面积缴纳易地建设费：城区每平方米2 500元。"

　　规划、建筑以及景观设计费用：因项目为文物改造，相对于普通项目难度大，且项目体量小，所以按略高于普通标准计算。

　　其他前期费用：按政府政策或工程成本计算标准计算。

　　建安工程费用及配套建设费：总计约2 231万元。包含配套商业的土建、安装费用；配套建设费含基础设施和道路景观费用。

　　商业建安工程费用：参照近期《南京工程造价信息》相应指标，普通低层商业为1 100元/平方米，但本项目为仿明清建筑风格，建筑本身建造及安装成本会比普通商业高，一般此类建安成本为1 500—1 700元/平方米，取中间值，估算商业建安成本为1 600元/平方米。

　　基础设施：包含公共给排水、通信、燃气、电力等。由于项目体量小，因此按较高值算，为200元/平方米。

　　道路景观：除甘熙故居外，地块内部景观绿化和道路建设成本，绿化面积按用地面积40%计算。普通小区为100元/平方米，但由于项目定位高档，景观的塑造是最具表现力的，且仿明清风格景观造价较高，项目体量偏小，因此适当提高绿化费用，按300元/平方米计算。

　　地下车位数：根据《南京市建筑物配建停车设施设置标准与准则》，老城区商业场所车位配建按0.5车位/100平方米建筑面积，本案需配置70个停车位。

　　甘熙故居：总计约614万元。包含甘熙故居的修缮保护，按古建筑修缮费用为1 000元/平方米；景观改造及后花园建设费，参照商业区的标准，为300元/平方米。

　　税费：包含营业税和租赁税，分别为年租金收益的5.55%和12%。

　　其他：如项目采用出租模式，初始投入中其他费用只有管理费用（建设期）和不可预见费，合计772万元。

　　销售费用：取消。改为每年为推广宣传项目而产生的营销费用。

　　营销费用：第1—3年，为集中宣传期，费用估计为第一年300万元，第二年200万元，第三年100万元。后期为租金收入的2%。

　　管理费用（经营期）：为管理工作产生的费用及管理人员工资、管理用品消耗等。第一年刚开始实施管理，成本较高，估算为80万元，后期系统化后，可按租金收入的2%计算。

　　财务费用：按贷款1.5亿元，贷两年，利率7%计算。

　　项目收益分析

　　结合区域整体租金水平，根据市场调研当时市场价，确定日平均租金每平方米4元；经测算，预计投资回收期约15年。

表8-14 出租模式成本估算表

项目			类目	计算标准	工程量/万平方米	单价和费率	造价/万元	分类总价/万元	分类单价/(元/平方米)
成本	土地费用		拆迁费用				15 000	15 000	10 757
	前期费用	各类规费	白蚁防治费	4元/平方米	1.39	4	6	460	330
			建设工程标底编制费	工程造价1.2‰	1.39	0.001 2	3		
			建设工程标底审核费	工程造价0.3‰	1.39	0.000 3	1		
			工程定额编制费	工程造价1‰	1.39	0.001	2		
			建筑市场管理费	工程造价4‰	1.39	0.004	9		
			建设工程质量监督费	工程造价1.5‰	1.39	0.001 5	3		
			建筑施工安全监督管理费	工程造价0.6‰	1.39	0.000 6	1		
			市政公用基础设施配套费	105元/平方米	1.39	105	146		
			结建人防费	2 500元/平方米	0.06	2 500	139		
			散装水泥专项基金	5元/平方米	1.39	5	7		
		勘察设计费用	勘探测量费	15元/平方米	1.39	15	21		
			规划、建筑设计费	60元/平方米	1.39	60	84		
			市政规划设计费	5元/平方米	1.39	5	7		
			图纸审核费	4元/平方米	1.39	4	6		
		其他	综合服务费	0.8元/平方米	1.39	0.8	1		
			监理费	工程造价0.8%	1.39	0.008	24		
	配套建设费		基础设施(水电气、智能化等)	200元/平方米	1.39	200	279	798	572
			道路景观	300元/平方米	0.49	300	148		
			地下室	2 000元/平方米	0.19	2 000	371		
	建安工程费用			1 600元/平方米	1.39	1 600	2 231	2 231	1 600
	甘熙故居		建安费用	1 000元/平方米	0.47	1 000	473	614	440
			景观费用	300元/平方米	0.47	300	142		
	其他		管理费用	(1+2+3+4+5)×2%	0.02		382	772	553
			不可预见费	以上累计×2%	0.02		390		
合计								19 875	14 252

资料来源:《南京南捕厅历史街区改造前期策划报告》

表8-15 出租模式市场价投资回报表

单位（万元）

收支时间		第1年	第2年	第3年	第4年	第5年	第6年	第7年	第8年	第9年	第10年	第11年	第12年	第13年	第14年	第15年	第16年	第17年	第18年
初始投入		19 875																	
年成本	管理费用（租金×2%）	80	36	41	43	43	44	44	44	44	44	45	45	45	45	45	50	50	50
	营销费用（租金×2%）	300	200	100	43	43	44	44	44	44	44	45	45	45	45	45	50	50	50
	财务费用	1 050	1 050																
	合计	1 430	1 286	141	86	86	88	88	88	88	88	91	91	91	91	91	100	100	100
年收入	平均租金[元/(天·平方米)]		4.00	4.00	4.00	4.00	4.08	4.08	4.08	4.08	4.08	4.20	4.20	4.20	4.20	4.20	4.20	4.20	4.20
	空置率		20%	10%	5%	5%	5%	5%	5%	5%	5%	5%	5%	5%	5%	5%	5%	5%	5%
	年租金收益	0	1 820	2 047	2 161	2 161	2 204	2 204	2 204	2 204	2 204	2 269	2 269	2 269	2 269	2 269	2 034	2 034	2 034
税费	营业税5.55%	0	101	114	120	120	122	122	122	122	122	126	126	126	126	126	113	113	113
	租赁税12%	0	218	246	259	259	265	265	265	265	265	272	272	272	272	272	244	244	244
	合计	0	319	359	379	379	387	387	387	387	387	398	398	398	398	398	357	357	357
利润	年利润	-21 305	214	1 547	1 695	1 695	1 729	1 729	1 729	1 729	1 729	1 780	1 780	1 780	1 780	1 780	1 577	1 577	1 577
	累计利润	-21 305	-21 091	-19 544	-17 848	-16 153	-14 424	-12 694	-10 965	-9 236	-7 507	-5 726	-3 946	-2 166	-386	1 394	2 971	4 548	6 125
备注		建设期	建设期	经营期															

资料来源：《南京南捕厅历史街区改造前期策划报告》

➤销售模式下的经济效益分析

项目成本分析

土地费用：总计17 603万元。与出租模式相比，土地费用除去拆迁费1.5亿元之外，还需补交土地出让金、土地交易服务费和土地契税。

土地出让金可参考南京2006年相似地块土地出让价格，通过多因素分析对比，以本项目地块为基础数据，得出各地块的修正地价，最后估算得出本地块地价：120万元/亩。

另收总价4%的契税和每平方米土地1.5元的土地交易服务费。

前期费用、建安工程费用及配套建设费、甘熙故居修缮保护费用与出租模式相同。

税费：主要为营业税，取销售收入的5.55%。

其他：如项目全部销售，则其他费用包含管理费用、销售费用、财务费用以及不可预见费用，各项费用按工程项目成本平均标准取费。合计2 668万元。

表8-16　市场价投资估算表

项目			类目	计算标准	工程量/万平方米	单价和费率	造价/万元	分类总价/万元	分类单价/(元/平方米)
成本	土地费用		拆迁费用				15 000	17 603	12 623
			土地出让金	120万元/亩	18.54	135	2 500		
			土地交易服务费	1.5元/平方米	2.18	1.5	3		
			土地契税	土地费用×4%	2.18		100		
	前期费用	各类规费	白蚁防治费	4元/平方米	1.39	4	6	460	330
			建设工程标底编制费	工程造价1.2‰	1.39	0.001 2	3		
			建设工程标底审核费	工程造价0.3‰	1.39	0.000 3	1		
			工程定额编制费	工程造价1‰	1.39	0.001	2		
			建筑市场管理费	工程造价4‰	1.39	0.004	9		
			建设工程质量监督费	工程造价1.5‰	1.39	0.001 5	3		
			建筑施工安全监督管理费	工程造价0.6‰	1.39	0.000 6	1		
			市政公用基础设施配套费	105元/平方米	1.39	105	146		
			结建人防费	2 500元/平方米	0.06	2 500	139		
			散装水泥专项基金	5元/平方米	1.39	5	7		

续表

项目			类目	计算标准	工程量/万平方米	单价和费率	造价/万元	分类总价/万元	分类单价/(元/平方米)
成本	前期费用	勘察设计费用	勘探测量费	15元/平方米	1.39	15	21	460	330
			规划、建筑设计费	60元/平方米	1.39	60	84		
			市政规划设计费	5元/平方米	1.39	5	7		
			图纸审核费	4元/平方米	1.39	4	6		
		其他	综合服务费	0.8元/平方米	1.39	0.8	1		
			监理费	工程造价0.8%	1.39	0.008	24		
	配套建设费		基础设施(水电气、智能化等)	200元/平方米	1.39	200	279	798	572
			道路景观	300元/平方米	0.49	300	148		
			地下室	2 000元/平方米	0.19	2 000	371		
	建安工程费用			1 600元/平方米	1.39	1 600	2231	2 231	1 600
	甘熙故居		建安费用	1 000元/平方米	0.47	1 000	473	614	440
			景观费用	300元/平方米	0.47	300	142		
	其他		管理费用	(1+2+3+4+5)×2%	0.02		434	2 668	1913
			销售费用	销售总额×3%	0.03		837		
			财务费用	以上累计×4%	0.04		919		
			不可预见费	以上累计×2%	0.02		478		
合计								24 374	17 479

资料来源:《南京南捕厅历史街区改造前期策划报告》

项目收益分析

经测算,销售模式价格为市场价20 000元,收益率约8.1%。

表8-17　销售收益利润情况

	类目	计算标准/万元	工程量/万平方米	单价/万元或费率	总价/万元	分类总价/万元	分类单价/万元
收入	销售收入		1.39	20 000	27 890	27 890	
税费	营业税	销售收入×5.55%		0.055 5	1 548	1 548	1 110
利润						1 968	
利润率						8.1%	

资料来源:《南京南捕厅历史街区改造前期策划报告》

> 出租模式与销售模式对比

通过比较,可以分析得出:

本项目若以出租模式进行操作,虽然有一定的投资回收期,但是具备更大的获利性,因此,出租商业经营模式更适合本项目。

同时,以出租模式也需要承担一定的市场风险,如每年的出租率和空置率,这要求负责出租的管理公司具备良好的招商、营销推广能力。

表8-18　风险分析表

销售模式	销售价格	20 000万元
	销售收入	27 890万元
	利润	1 968万元
	利润率	8.1%
出租模式	租金	4元/(天·平方米)
	投资回收期(年)	15年
	投资回收期当年累计利润	1 394万元

资料来源:《南京南捕厅历史街区改造前期策划报告》

■ 三期工程:建设控制地带和历史街区的更新保护

建设、投资与运营情况

三期工程预计总投资约7亿元,资金由国企统筹,包括自筹资金、多元借贷资金等。工程由南京城建历史文化街区开发有限责任公司建设开发,南京旅游集团运营管理。为实现资金平衡,北区早期作为别墅出售,产权仍为商业、40年,售价4万—5万元/平方米,当时周边房价1万多元每平方米。此外,南区商业采取只租不售方式,由平台统一运营管理。

图8-8　南捕厅三期工程概貌

资料来源:作者自绘

项目投产效益特征

该期项目是二期配套商业街区的扩展,通过扩大商街规模、强化文化商业氛围,这阶段在开发之初较为关注经济效益,企图利用商业、住宅功能的补充寻求经济平衡;在开发和营销手段上,也趋向于市场化、地产化,注重前期策划、营销、招商等,以求市场利益最大化。但后来由于学者、居民参与博弈,城市发展方式转变,片区早期的规划设想并未完全实现,最终建设运营主体仍为政府背景的国有企业。因此,该项目在效益平衡上与二期相似,重视社会效益、文化效益,追求一定的经济效益,只租不售,由统一运管平台强化对街区整体氛围和业态的营建,经济效益需要较长的投资回报期。

■ 四期工程:以大板巷示范段开展渐进式、院落单元更新

建设、投资与运营情况

四期工程前期工作主要涉及房屋的征收拆迁工作。大板巷示范段建设由南京城建历史文化街区开发有限责任公司主导,运营由南京旅游集团负责,并与熙南里街区统一管理。项目资金主要为国企自筹资金、多元借贷资金等。

图8-9 南捕厅四期工程大板巷概貌
资料来源:南京市规划和自然资源局

项目投产效益特征

该期工程是以延续、保护为前提的历史地段渐进式、单元式微更新,是风貌区地块渐进式、精细化更新改造的示范。在规划设计阶段,经历反思、尝试、借鉴,借助多元主体的前期规划设计力量,设计—策划—运营一条线,形成片区新触媒和新经济增长点。项目在该阶段资金来源的渠道、方式更加多元、开放,城市更新背景下政府也给予了诸多金融政策支持,如银团贷款、专项证券等;同时,项目产出追求社会、文化、经济综合效益,市旅游集团平台在全市范围内寻求资金的平衡和运转,探索样板段院落微更新,强化文创策划,以实现文化价值和社会价值的提升,带动南捕厅片区升值的同时,也为其他地段起到示范作用。

（5）运营经验

投融资模式探索：银企合作，创新投资新方式

根据《南京旅游集团年度信用报告》，计划总投资81亿元，目前实际投资资金约55.12亿元，其中包括自有资金15.50亿元、城建集团借款30.25亿元、2022年专项证券发行6.5亿元以及银行贷款。在融资方式上，项目在2009年4月即提出银团贷款推介方案，采取银企投资合作的新方式，实现大额融资。

该方案由南京城建历史文化街区开发有限责任公司作为贷款主体并担保，达成以项目土地出让收入作为本银团的还款保证、项目土地转让收益优先偿还本银团贷款的协议。通过测算，预计南捕厅历史风貌区1、2、3号地块保护与整治工程配套项目投资20.82亿元，其中14亿元通过银行贷款，为5年期限，并给予中国人民银行规定的同期基准利率下浮10%的政策优惠。在还款方式上，要求满两年期算、每隔半年还款一次，若项目投资超过可研预计，超出部分由股东借款、增资或其他经银团同意的形式解决。

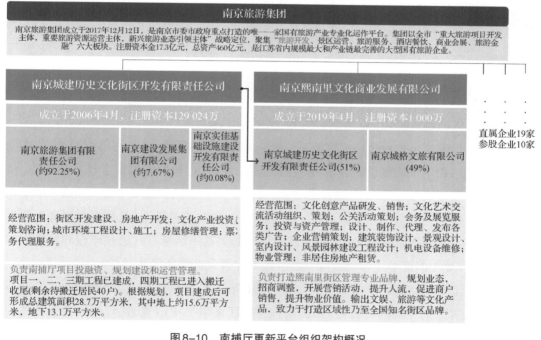

图8-10 南捕厅更新平台组织架构概况
资料来源：作者整理

一院一策分包工程：微更新、渐进式、精细化

鉴于四期大板巷示范段工程渐进式、微更新的特点，工程根据具体建筑、景观等要素的设计进度、施工特点，逐一、逐个、逐步分包设计、施工，力求精细化、个性化，并由统一的规划设计要求和施工规范标准进行准入和约束。示范段自实施以来，已进行多处文物建筑工程、景观提升和改造工程的招投标工作，一房一价、因房施策；根据招投标信息，项

目的施工图设计约400元每平方米,修缮工程约0.8—1.2万元每平方米。

表8-19 大板巷示范段各项目招投标情况

项目名称:评事街73号等六处文物修缮施工图设计 建设规模:2 956.52平方米 合同估算价:120万元 时间:2018年	项目名称:大板巷及周边地块景观提升工程 建设规模:总面积约12 000平方米 合同估算价:2 500万元(设计费120万元) 时间:2019年	项目名称:大板巷示范区不可移动文物修缮及新(改)建工程文物修缮施工图设计 建设规模:1 040平方米 合同估算价:40万元 时间:2020年
项目名称:南捕厅大板巷升州路250号等三处文物修缮工程 建设规模:建筑面积约1 307平方米 合同估算价:1 372万元 时间:2017年	项目名称:南捕厅历史文化街区改造工程N办公楼装修改造工程 建设规模:装饰工程面积:4 122.94平方米 合同估算价:1 050万元 时间:2018年	项目名称:升州路184号等六处文物修缮工程 建设规模:改造修缮面积:2 200平方米 合同估算价:2 500万元 时间:2020年
项目名称:南捕厅历史文化街区改造工程 建设规模:改造修缮面积:6 110.4平方米 建筑面积:2 700.93平方米 合同估算价:5 500万元 时间:2021年	项目名称:南捕厅历史文化街区改造工程泰仓巷9号等五处文物修缮工程 建设规模:改造修缮面积:2 000平方米 合同估算价:1 460万元 时间:2022年	项目名称:千章巷23号等五处文物修缮工程 建设规模:改造修缮面积:2 073平方米 合同估算价:1 850万元 时间:2021年

资料来源:江苏省公共资源交易网

只租不售的运营模式:发挥平台优势,保障街区品质

只租不售模式由平台公司或物业进行统一规划、统一招商、统一宣传策划等,依据项目定位分割出租给限定经营范围和经营能力的经营者,以长期赚取租金收益为目的,从而保障整个项目商业业态环境的有机融合,有效避免业态的同质化和无序竞争,给予每一个单体项目一定的个性化和自由度。出租模式的收益相对稳定,长期来看远高于出售产权的销售收入,但其缺点就在于资金回收周期长。这一运营方式通过产权和经营权的分而治之,有效地保证了经营、管理的规范性,并使开发商掌握了主动权。

在二期工程前期策划阶段,通过经济测算分析,对比多种商业运营模式,同时结合各种模式的优劣势和片区的特殊性,最终南捕厅片区采取只租不售、平台统一运营管理的模式。南捕厅片区由南京旅游集团统一管理,通过统一管理商铺出租,达到控制业态和业种,能够突出自身的特点,形成自身的经营特色和经营优势。反之,如果缺乏统一的管理、失去产权管理权,很容易导致商铺产权出售所造成的不良局面。

目前,南捕厅片区租金一房一价,大致为:地下仓库1元/天·平方米,内街院落3.5—5元/天·平方米,沿街8—13元/天·平方米。该水平与老门东等相似历史文化特色片区租金基本持平。

表8-20 南捕厅片区近期出租情况

序号	坐落位置	招租业态	建筑年代/年	建筑面积/平方米	楼层	装修	价格/(元/天·平方米)	年租金/万元	租赁期限/月	免租期/月	租金支付方式	押金/万元
1	地下仓库负一层 B1-32	仓库	2017	3.38	-1	毛坯	1	0.12	12	/	半年付	0.03
2	地下仓库负一层 B1-23	仓库	2017	13.44	-1	毛坯	1	0.49	12	/	半年付	0.12
3	熙南里街区地下仓库 B2-10-2	仓库	2017	11.38	-2	毛坯	1	0.42	12	/	半年付	0.1
4	熙南里街区地下仓库 B1-28-1	仓库	2017	17	-1	毛坯	1	0.62	12	/	季付	0.1
5	大板巷院落 2-2	零售、办公、生活配套	2017	137.28	1-2	毛坯	3.5	17.54	36	/	季付	4.76
6	熙南里街区 184-190号-2	零售、体验	2017	69	1-2	毛坯	3.5	8.81	36	1	季付	2.58
7	大板巷院落 4-6-1	餐饮	2019	57	1	毛坯	4	8.32	36	1	半年付	2.39
8	熙南里街区 6号 39#	餐饮、酒吧、娱乐、办公	2017	614.7	1-3	毛坯	4.3	96.48	60	2	季付	27.44
9	熙南里街区 12号 13#	生活配套	2017	250.24	1-2	毛坯	4.3	39.28	36	1	季付	11.17
10	熙南里街区 22号-2	水吧、甜品	2017	69	1	毛坯	5.2	13.1	36	1	季付	3.65
11	大板巷院落 4-8-1	零售、水吧、体验	2019	54.45	1	毛坯	5.3	10.53	36	1	半年付	2.93
12	熙南里街区 8号 33#-2	零售	2017	52	1	毛坯	5.8	11.01	36	/	季付	3.03
13	熙南里街区 11号 23#	零售	2017	56.79	1	毛坯	7.58	15.71	36	/	季付	4.23
14	熙南里街区 13号 3#	零售	2017	37.5	1	毛坯	8	10.95	36	/	半年付	2.94
15	熙南里街区 10号 21#	烘焙	2017	42	1	毛坯	13.26	20.33	12	/	半年付	5.31

资料来源：江苏省公共资源交易网

2. 其他相关案例

【2020年粤港澳大湾区城镇老旧小区改造专项债券（一期）越秀区城市更新改造补短板项目】①地方政府财政资金+发行城市更新专项债

以政府为主导,政府配套大部分资金,其余缺口资金发行专项债。这种项目通常要求项目自身收益良好,能够覆盖债券本息,实现资金自平衡。

（1）更新内容

2020年越秀区城市更新改造补短板项目建设内容包括水环境治理项目、片区品质提升工程、公园基础设施升级改造、环卫基础设施品质提升综合开发等。

（2）投资估算与资金筹措方案

越秀区城市更新改造补短板项目总投资为179 049.70万元。其中,工程费用124 866.43万元,工程建设其他费用44 404.15万元（建设用地费用20 545.33万元）,预备费9 779.12万元。

总投资的17.9亿元中,以地方政府财政性资金投入为主体,约13.2亿元。其余为发行地方政府新增债券,计划融资金额约4.7亿元,融资利率3.70%,发行期限20年,半年付息,到期偿还本金,本息合计8.18亿元。

（3）项目收益与成本测算

项目运营收入来源主要有土地收益、广告牌收入与公园收入等相关收益。根据广州市土地开发中心和广州市财政局的评估,该项目对越秀区—动物园北门总站地块的价值提升能起到较大作用,鉴于收储地块预期土地出让收入对应的政府性基金收入均划入财政资金,由财政统筹使用,所以该项目用该部分地块的出让收益与融资进行自求平衡评价。根据谨慎性原则,预测按全市生产总值（GDP）增速6.50%计算土地价格的增长。预计越秀区—动物园北门总站地块,自融资开始日起第十年开始土地挂牌交易,且全部于一年内出让完毕。

根据相关测算,以2020年GDP同比增速计算土地价格的增长,以融资开始日起第十年末土地挂牌交易的现金流入,考虑土地开发成本、两项基本政策成本、政府收益、政策性基金的情况,按照保守性原则可用于资金平衡土地相关收益在17.88亿元（按GDP增幅的80%测算）至21.18亿元之间（按GDP增幅的100%测算）。同时,十年运营期间的广告牌收益约为4 177.64万元,公园收入约为45 960.78万元。

项目后期运营维护费用主要为项目的运营管理及日常养护、运营能耗等。按年运营成本为项目工程费用（124 866.43万元）的1%计算,每年增长3.59%。运营期（2024—2039年）项目运营支出合计约26 373.91万元。

---

① 根据广州市越秀区建设和水务局《2020年粤港澳大湾区城镇老旧小区改造专项债券（一期）越秀区城市更新改造补短板项目募投报告》整理

（4）融资平衡测算

预计项目收益可以覆盖融资成本，债务本息偿付保障倍数按2020年GDP增速6.5%的80%计算土地价格的增长的情况下的本息覆盖倍数2.48，不能偿还的风险较低。

【南京市鼓楼区铁北片区城中村改造更新及产业发展项目】政府和社会资本合作模式（PPP模式）

市场化机构参与是城市更新与棚改、旧改相比的最大亮点之一，可以通过一级项目招投标直接参与，或者经由城投/国企委托代建参与，或者通过工程总承包模式（EPC）、PPP模式参与。主要参与者仍然以地产开发商为主，但其中具备商业地产开发经验的主体更具优势。

（1）更新背景与主要内容

鼓楼铁北区域面积约13.8平方公里，约占鼓楼全区面积的26%。鼓楼铁北作为南京主城规模最大的老片区，是南京主城最具发展潜力的价值区域之一，但受规划滞后、铁道分割、布局分散、基础薄弱等多重制约。项目以"全国旧城更新的标杆、市民幸福的典范、政企合作的样板"为总体目标，以"政府主导、市场化运作"为原则，聚焦城市核心区的城市更新与产业升级，统筹范围内策划规划、土地整理、基础设施建设、环境打造、城市片区更新、产业发展，以及后期的业态培育、资产运营和公共服务等内容，致力将幕府创新区打造成为承启老城、辐射江北的滨江活力发展区、生活宜居样板区、产城人文融合示范区，成为鼓楼北部新的重要发展引擎和增长极。

（2）运作模式

2018年，由中建八局牵头的中建联合体中标南京市鼓楼区铁北片区城中村改造更新及产业发展PPP项目。南京市鼓楼区政府投资平台与中建八局联合体按照1∶9的股权比例共同出资设立SPV项目公司（南京中建鼓北城市发展有限公司），作为城市更新的实施主体，采用建设—运营—移交（BOT）的方式实施，共20年，其中建设期6年。

（3）投资规模与资金来源

项目总投资额182.7亿元，包括前期费用3.8亿元、拆迁安置费111亿元、土地费用25.2亿元、基础设施建设费用5.8亿元、保障房建设费用13.5亿元、产业打造费用19.1亿元、建设期利息4.3亿元。项目资本金比例为项目总投资的20%，资本金以外部分，拟以自有资金或债务融资方式筹集，占项目总投资额的80%。

（4）收入来源

包括金陵文化创意区收入（含租金收入、门票收入、绩效收入等）；幕府绿色智谷收入（含科研用房出售和出租收入、人才公寓出租收入、辅助业务收入、绩效收入等）；小市看世界收入（含租金收入、税收绩效收入等）；保障房收入（含底商出租收入、保障房安置收入）。

（5）项目回报机制

采用可行性缺口补助+使用者付费的回报机制。

【广州南华西—草芳围项目】[①]容积率转移，构建动态的产出平衡

容积率的多少直接影响城市更新项目投资方的利益获得。因此，容积率的区域转移也是利益获取的有效方法。在城市更新的实际项目中，为了改造一些具有历史保护价值的项目，出现了投入成本和产出不平衡的现象。其改造成本可能会较高，但是可以建设的容积率却不能很高。为了能够推进和完成这类具有历史保护价值的项目，必须将这部分地区不能承载的容积率进行区域转移到其他地区。

以南华西、草芳围为案例来介绍，其中南华西是具有历史保护价值的岭南历史街区。但是由于改造成本过高而导致容积率超过了地区的承载力，使得建筑量过大而破坏了该地区的历史风貌。与该项目位于同区的另外一个项目则由于改造成本低，其规划的容积率也较低。考虑到该项目的区位，若按照成本核算出的容积率建设并不符合集约节约的原则，对于土地是一种浪费。因此，可以将两个项目综合考虑来进行容积率的区域转移，使得南华西项目达到历史保护的目的、草芳围项目能够做到提升土地使用效率的目的。

【北京市西城区真武庙五里3号楼老旧小区"租赁置换"项目】企业主导的"微利可持续"模式

近年来，城市运营商在各大城市迅速兴起，北京市西城区真武庙五里3号楼老旧小区"租赁置换"项目对老旧小区改造提升以及城市更新中构筑新型城市空间进行了有益探索，可视为该类模式的典型。真武庙五里3号楼建成于1981年，临近金融街，凭借优越的地理位置，吸引了不少在附近上班的白领租住于此。与此同时，和许多老旧小区的情况相似，该小区也出现了空间老旧、设施老化、公共服务欠缺和物业管理不专业等现象，居民的现代化生活需求难以得到满足，原住居民改善居住条件的意愿强烈。而依靠大量资金补贴的传统老旧小区改造项目，不仅对政府财政支出依赖较大，且改造周期较长，不能及时有效地解决居民的居住问题。为此，2020年，在西城区政府和产权单位的引导支持下，由愿景集团作为社会资本提供资金，因地制宜，尝试进行"微利可持续"的"租赁置换"模式。

该"租赁置换"项目主要由项目实施方进行运作。首先将老旧小区房屋集中租赁并

---

① 魏良，王世福.城市规划视角下的"三旧"改造公共干预机制研究——以广东省"三旧"改造项目为例[J].南方建筑,2011（1）:28.

进行集中改造成人才公寓,然后转租给附近上班的中青年白领。在此过程中,项目实施方与原房主和新租户分别签署合同,实施方一次性支付给原房主一年至多年的租金,并为原房主寻找优质廉价的置换房源提供帮助。相比于传统的租赁模式,"租赁置换"不是一家一户的改造,而是整栋楼内部和小区面貌的改造。

"租赁置换"是一项多元互惠且微利可持续的项目。对于原房主来说,可以提升其居住品质;对于在附近上班有租房需求的上班族来说,就近租住也能更好地实现职住平衡;对于项目实施方也是兼顾公益性和经营性的"微利可持续"的经营活动。可以说,"租赁置换"通过政府与市场两手配合,将资源置换与老城更新联动,重新理顺了空间供应与需求的关系,分别满足了老住户、上班族等不同群体的诉求,探索出一条老城更新的可持续路径。

第九章　城市更新规划设计分类引导

从更新对象主导功能和更新目标出发，可以将城市更新的规划与设计分为社区类、工业类、商业类、文化类、公共空间类等类型。这种分类是相对的，每种类型之间都会有相互关联的更新设计内容，例如传统居住型的社区更新可能属于社区营造类的更新，也可能属于文化繁荣类的更新设计，在具体实践中可以根据功能策划的需求灵活运用。每种类型在城市更新面临的主要问题、更新设计的重点等方面都有不同的特点，在更新单元规划、实施项目方案阶段要体现差异性。

9.1　社区类城市更新

9.1.1　社区类城市更新概述

居住是城市的主体功能之一，起基础性支撑作用。对于居住类的更新不仅仅是解决所谓老旧小区和"城中村"居住空间本身安全性等基本问题，还应该从社区角度更加关注人群需求、价值共识、社区活力等因素，从用地和空间改善视角转变为综合性社区营造视角，开展相关的更新规划和设计工作。

社区营造源于西方，传于日本，盛于中国台湾。在西方，社区发展是社区营造的前身，社区发展和社区营造均源自美国。社区发展（Community Development）这一概念由美国社会学家F.法林顿于1915年率先提出。社区居民在政府的指导和支持下，依靠本社区的力量，改善社区经济、社会、文化状况，解决社区共同问题，提高居民生活水平和促进社会协调发展。社区营造，就是要将没有形成的社区推动形成，将正在衰落的社区重新聚集。事实上，也就是重构社区的共同性[1]。

我国自改革开放以来经历了快速城镇化过程，房地产行业也随之于20世纪八九十年代开始得以迅猛发展，目前几乎所有大中城市的老旧小区都进入需要更新改造的阶段。2018年，《政府工作报告》首次提及"老旧小区改造"，报告强调有序改

---

① 刘生军，陈满光.城市更新与设计［M］.北京：中国建筑工业出版社，2020：120.

造老旧小区、"城中村",鼓励和支持加装电梯,完善各种配套设施。2019年、2020年的《政府工作报告》都再次强调要进一步推进老旧小区改造和更新。在此背景下,运用城市更新与社区营造的理论方法来改造城市老旧小区,全面提升城市发展质量和市民生活品质,已成为现代城市建设的新趋势和新潮流[①]。

9.1.2　社区类城市更新主要问题

在我国,社区类城市更新根据其在城市历史文化保护价值体系中的不同要求,可以进一步分为传统居住类地段更新和城镇老旧小区改造两大类,更新方式也各有侧重。

传统居住类地段是指城市中除明确需要保护的各类历史文化遗存集中地段(如历史文化街区、历史风貌区等)之外,具有一定历史信息,历史上作为传统居住功能延续至今,但没有被纳入各类保护体系的,且更新需求强烈的居住地段。这类地段区别于历史文化街区,其历史文化资源不够集中和典型,但其整体格局和空间肌理又是城市历史文化重要的组成部分,具有一定的保留价值,既不能按简单的老旧小区和城中村进行更新,也不宜完全基于保护的诉求进行保留,渐进式有机更新的方法尤其适用于这类地段。

城镇老旧小区则相对识别容易,主要包括那些建成年代较早、失养失修失管、市政配套设施不完善、社区服务设施不健全、居民改造意愿强烈的住宅小区。

表9-1　社区类城市更新适用范围

类型	更新对象	主要更新方式
传统居住类地段更新	历史文化街区、历史风貌区和一般历史地段以外具有一定历史文化资源的传统居住区域	以维修整治模式和适度改建加建为主要方式,实施渐进式微更新。对既有房屋安全实行动态管理,统筹采取"留改拆"措施,按要求开展在册危房治理,切实改善群众居住条件
城镇老旧小区改造	建成年代较早、失养失修失管、市政配套设施不完善、社区服务设施不健全、居民改造意愿强烈的住宅小区(含单栋住宅楼)。重点改造2000年底前建成的老旧小区	按照基础类、完善类、提升类标准,合理确定改造内容,重点改造完善小区配套和市政基础设施。重点改造社区活动场地,推动既有住宅增设电梯;提升社区养老、托育、医疗等公共服务水平,推动建设安全健康、设施完善、管理有序的完整社区、绿色社区。落实老旧小区物业管理长效机制

资料来源:《关于全面推进城镇老旧小区改造工作的指导意见》(2022.06)

基于上述更新类型,目前社区类城市更新的主要问题如下表所示。其中,街巷型老旧社区通常年代更加久远,时常伴有文物和历史建筑点缀其中,是居住类历史地段更新营造的重点,而单位大院型社区和商品型老旧社区基本建成于新中国成立后,是

---

① 王锋,严嘉欢.北上广社区营造的协商治理实践及其启示[J].湖州师范学院学报,2021,43(1):69.

城镇老旧小区更新的主要类型。现有的老旧社区普遍在功能、环境等方面存在明显的缺陷与不足。此外,居住类历史地段由于复杂的居住构成以及不明晰的权属还将面临棘手的产权问题[①]。

表9-2　社区类城市更新的主要问题

主要更新类型	居住类历史地段更新	城镇老旧小区更新	
老旧社区分类	街巷型老旧社区	单位大院型老旧社区	商品型老旧社区
基本问题	历史文化资源保存状况不佳 建筑危破,楼栋设施破旧不堪 基本社区服务设施匮乏 消防通道不规范、消防设施不完整 缺乏公共活动空间和绿地空间 产权不明晰,社区构成复杂	建筑破旧,楼栋设施破旧 基本社区服务设施不足,缺少适老设施 消防设施及其他市政设施破损老化 公共空间缺少活动设施,利用率低	部分楼栋设施老化 公共服务设施不完备 养老适老设施不足 公共空间活力不足
空间特点	街巷狭窄,密布交织 底层建筑沿街巷连片密集布置 小高层穿插其中 历史建筑点缀其中 空间结构混乱	行列式建筑布局,以楼间道路组织交通 楼栋之间形成条形公共空间 公共空间形态相似,识别性差 户型小,不成套	围合式布局,道路呈环形布置 有集中大片公共绿化活动空间 连续的沿街裙楼
功能问题总结	公共活动:缺乏儿童活动场地,体育空间功能单一,社交空间不足 公共服务:缺乏养老设施,教育设施配套不足 市政交通:市政设施老旧、配置低,停车位不足 居住功能:建筑户型面积小、不成套,日照采光不足,缺少电梯 防灾功能:消防间距不足,建筑材料老化		
环境问题总结	公共活动:公共活动空间局促,活动设施陈旧,活动场地年久失修 景观绿化:社区绿化维护不足 建筑风貌:老旧、杂乱,与周边风貌差异大 历史文化:街巷肌理格局破坏,文化氛围受损		
实施难点	多元产权,利益平衡		

资料来源:作者整理

① 彭博,代炜. 2020城市更新白皮书:聚焦社区更新,唤醒城市活力[R].武汉:仲量联行中国战略顾问部,2020:4-5.

9.1.3　社区类城市更新设计的重点

1.各类历史文化资源的进一步普查

传统居住地段更新的前提是对地段内进行各类历史文化资源的普查和认定工作。除需要保护和保留的文物和历史建筑外,重点对地段的历史演进、整体格局、街巷系统、传统风貌、环境要素等进行系统评估,对于具有一定年代和风貌的传统建筑,明确其价值特色和保留改造具体要求,明确更新的底线,留住历史信息。

2.以居住使用者为视角的配置要素再校核

社区类更新中,需要始终以实际居住者的视角处理各类问题,包括具体居住人群的更新需求(原住居民和新居民);居住者的年龄结构、社会关系和经济能力;社区各类配套设施运行中与对应使用人群需求的匹配度、需求度和接受度。此类信息和需求的掌握准确度直接影响更新规划和设计的实施性和落地性。

3.更新改造内容的确定应立足现实面向长远

居住类地段的更新应优先解决矛盾尖锐的现实问题,如安全隐患、居住空间局促、配套设施缺乏等。未来的居住类地段更新,更要从社区营造的视角,统筹完整社区、绿色社区、现代社区等营造理念,从提升居住生活品质和设施服务效能的角度开展规划设计,为社区持续的功能、服务、价值提升,提供技术保障和空间预留。

4.社区类更新规划设计与相关政策的协同是关键

社区类更新的规划与设计不仅仅是要解决技术层面的细节问题,如土地和产权的整理、建筑容量、退让、日照、消防、管线、景观、设施配套改造等等,同时,也要看到,很多通过空间问题折射出的背后的政策性问题需要同步解决。相关机制研究和配套政策是城市更新工作顺利开展的重要保障,这一点在居住类地段的更新中尤为明显。一是所在地区的政策底板是否对具体更新规划有上位的指引,二是土地、房产、消防、建筑管理、资金的配套政策是否与更新规划设计配套并形成贯通的实施路径,三是具体的技术标准能否解决实施中遇到的具体问题,是否有相关的案例作为借鉴和支撑。

9.1.4　社区类城市更新规划设计策略[①]

老旧小区(街区)更新应以"完善街区功能"与"提升街区品质"为导向,满足居民对美好生活的需求,通过各要素对老旧街区进行系统性的品质提升。

1.功能引导

以街区存量资源为空间载体,存续街区原有业态功能,打造活力友好街区。延续街区原有肌理与功能布局,引导原住居民参与街区产业结构、功能业态等软环境的更新迭代。根据街区功能定位,培育新兴业态,构建风景型街区、商业型街区、居住型街区等特

---

① 重庆市住房和城乡建设委员会.重庆市城市更新技术导则[S].2022:31-34.

色街区。梳理街区内空置物业和低效物业,整合存量资源,开展建筑复合化改造,布局人才公寓、商业办公等,吸引不同层次的人群进入,打造适度混合与和谐共处的多元街区。

2. 建筑更新

优化街区风貌,清理修复街区外立面,梳理规整附墙管线,保证整洁干净。街区建筑外立面的色彩、风格应与整体基色协调;鼓励结合人行视角与步行尺度,对街区首层立面及人群主要活动区域周边立面进行品质提升,打造宜人的街区空间。消除街区安全隐患,清理或修复存在安全隐患的建筑外墙,拆除或更换存在消防或安全隐患的建筑内外部公共附属设施,清理或拆除违法搭建的建(构)筑物,整治存在结构隐患的危房。鼓励对街区建筑防水、保温性能进行改善,补充完善住房厨房及卫生间等功能空间,增加电梯、智慧服务等生活设施,完善无障碍与适老化设施。

3. 道路交通

街区交通出行应鼓励行人优先和公交导向,提高路网密度。在更新改造中应特别注重服务片区居民出行,为市民提供宜行、舒适、易达的街道空间,便利市民交往交流。尊重原有街巷空间尺度,适当增加人行空间尺度。加强轨交站点与街区出入口的衔接,提供清晰的标识与引导系统;适当降低车道宽度,鼓励设置共享街道;鼓励充分结合现状闲置边角地、建筑等,增设平面、立体停车设施,合理设置分时段共享等停车设施。

4. 基础设施

结合街区实际,补齐街区公共服务配套等短板;鼓励通过设施共享的方式,集成服务功能,形成街区共享客厅;结合街区人口情况,配套建设养老抚幼等服务设施。梳理整治街区市政设施,对破损老化的给水、排水、电力、通信、燃气等市政管线设施及小区室外管线进行更换,对架空线路、明敷管线等进行整合、下地处理;完善街区公共照明设施,补充配套安防设施;完善消火栓、消防管网、微型消防站等设施,实现街区消防设施的全覆盖。结合积水易涝情况,增加积水点监测等设施,提升街区智能化水平。

5. 环境景观

积极推动街区景观环境品质提升,营造人与自然和谐共生的美丽街区。梳理街区现状闲置地、边角空间,进行微改造,塑造社区交往空间、街角口袋花园等社区公共空间,丰富社区交往场所。保护现状古树名木,宜选用适应性、生态性、景观性较好的植物,营造与街区功能、活动、风貌特征相适应的生态景观。鼓励设置公共艺术设施,彰显老旧街区人文风貌特色,提升环境艺术气质。精细化设计标识标牌、家具小品等景观要素,注重适老化、休闲性、观赏性,综合提升街区景观环境品质。

6. 文化记忆

守护传统市井街巷的历史记忆,挖掘梳理传统地名、节庆活动、民俗文化等文化元素,通过场所设计、功能植入等方式延续和丰富街区人文内涵。注重对老旧街区的格局风貌和街巷肌理的保存与修复，控制沿街风貌、色彩基调整体性协调，加强对历史建筑、老建筑、传统民居的保护、修缮、利用，延续传统风貌。注重传统邻里文化的重塑，优化及新建生活交往空间，创造可进入、可体验、可互动的邻里共享空间，策划丰富的社区活动，提升居民的社区归属感和情感共鸣。

9.1.5　相关案例

【南京老城小西湖历史风貌区保护与再生】[①] 居住类历史地段更新

1. 项目背景

南京小西湖位于老城南门东地区，是南京市保留了悠久街院肌理及社区居民结构的街区之一，占地面积约4.69万平方米，建筑面积约5.08万平方米。更新前，片区内有810户居民和25家工企单位，涉及多种主体，个人去留意愿不一，各方诉求均有不同。且片区内有7条历史街巷、各类保护建筑7处，明清时期建筑院落用地占比约40%。

图9-1　小西湖片区更新前鸟瞰图

资料来源：南京市规划和自然资源局

图9-2　改造前的小西湖街区环境

资料来源：南京市规划和自然资源局

---

① 根据南京市规划和自然资源局、南京历史城区保护建设集团及小西湖修详课题组相关成果和资料整理。

2. 更新策略

小西湖项目一改"保护规划编制—征收拆迁—重新建设"的老路，在人口众多、产权复杂、房屋毗邻的江南民居历史地段中，以"共商、共建、共享、共赢"为基本原则，将自上而下的规划设计与自下而上的微更新相结合，建立多元主体参与的五方协商平台，实施"小规模、渐进式"有机更新。项目设计团队在尽可能保留该地段烟火气息和原有建筑肌理的前提下，通过协调复杂的产权关系、保留厚重的历史信息、尊重动态的主体诉求，探索出一套基于共享理念的"渐近共生，互融共荣"的城市微更新方法。

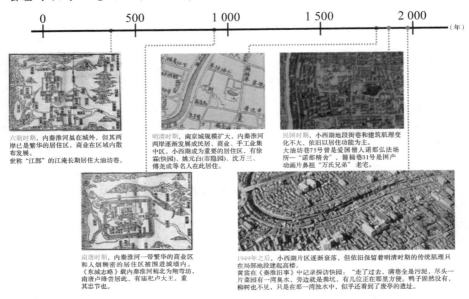

图9-3 小西湖历史回顾及空间演变
资料来源：南京市规划和自然资源局

图9-4 小西湖历史建筑遗存情况
资料来源：南京市规划和自然资源局

（1）历史文脉梳理：通过挖掘历史信息、研究历史演化过程，发现那些稳定的、有价值因而需要长期坚持以至于成为"文化基因"的部分。通过分析不同年代的地籍信息图，认识地段的街巷结构、地块形态特征及组织模式，从而了解其空间肌理。通过查阅史志书籍及文保规划资料，掌握历史建筑遗存情况，包括文保单位、历史建筑、历史街巷、古树名木等，为空间的保护利用和特色营造做准备。

（2）产权关系梳理：采用"自愿、渐进"的征收搬迁政策，在充分尊重民意的情况下，以院落或幢为基本单元，采取"公房腾退、私房腾迁（收购或租赁）、厂企房搬迁"方式，鼓励居民自愿搬迁。详细调查房屋权属类型，将房屋权属分为私房、直属公房、系统公房、工企四种类型，为组团划分及征收后的土地运作提供可操作性。调查并跟踪居民搬迁意愿，动态记录征收工作进程，并反馈于规划设计中，对于影响街区风貌和场所精神重塑且未达成搬迁或改造意愿的地块，将重点协调。

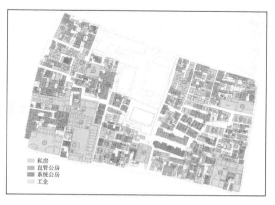
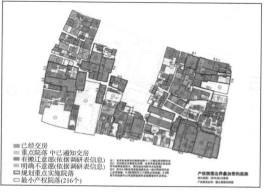

图9-5　小西湖产权调查及搬迁意愿

资料来源：南京市规划和自然资源局

（3）更新实施保障

"一房一策"：为平衡居民意愿与可实施性，结合产权性质、居民诉求和场地条件，实施"一房一策"。针对居民的不同诉求，包括愿意搬迁、不愿意搬迁、愿意接受改造更新、愿意整体租赁等，通过自下而上与自上而下相结合的方式进行动态规划。

多元产权归属：产权归集采用原地安置、平移安置房、整体租赁等模式。

渐进式微更新：项目组以历史文化保护为前提，分期实施，以"小尺度、渐进式、管得住、用得活"为基本理念，实现对小西湖街区的整体保护、设施改造、活力激发、持续更新、合作共赢等多元目标。

搭建共商平台：秦淮区启动搭建小西湖共商平台，建立社区规划师制度，构建五方协商平台，实现多元参与。在更新互动的过程中，产权人、政府部门、街道社区、国资平台、规划师等各方参与者在不同阶段交织在一起，形成了复杂但紧密联系的合作体系。

政策协同：南京市规划和自然资源局建立了面向多元产权主体的单元图则以便利更新进程，划定了15个基于街巷体系围合的规划管控单元和127个基于产权地块的更新实施单元；建立了分类土地流转、确权制度和社区规划师制度，并明确不同用地的实施路径和私房更新申报程序。

决策者：单一主体（政府）→ 五方平台（政府职能部门、街道办
Decision   Government   Five-party 和居委会、社区居民、国
maker   platform   企建设平台和社区规划师）

实施者：政府或开发商 → 政府统筹 + 联合开发 + 居民自主更新
Operator Government   Government-led + joint development +
          or developer   resident self-renewal

使用者：单一居民   → 原住民生活 + 经营者创业 + 游客参观
Users   Residents   Residents + entrepreneurs + tourists

角色关系重塑 Restructuring People's Relationship	基于五方平台的微更新流程 Gradually renewal process based on Five-party platform
1) 按照产权类型疏解人口 Dispel the population based on property type	按照产权类型分类开展，原则上以公房腾退、私房自愿腾迁、厂企搬迁等方式进行；建立五方平台(政府职能部门、街道办和居委会、社区居民、国企建设平台和社区规划师)和社区规划师制度
2) 提交更新申请 Submit renewal request	以产权人或承租人为基本单位，依据更新单元图则向社区规划师提出更新申请，并由社区规划师签字、公示
3) 提供更新条件 Provide renewal guide	市规划和自然资源局根据批准图则要求，向申请人提供规划指标、业态功能、市政管网结构等更新技术条件
4) 更新方案设计 Renewal project design	申请人依据更新技术条件，委托社区规划师或者其他在国企建设平台备案的设计单位，编制更新设计方案和管线实施方案，并征求相邻产权人意见
5) 五方平台审核 Five-party platform censor	由社区规划师组织召开五方平台会议，形成书面意见(含消防及节能审查)。若较更新前无产权面积变化和土地性质改变，经规划资源部门备案后，进入施工申请流程。若涉及，则需完善土地登记手续
6) 施工建设组织 Construction Organization	申请人在五方平台自选或抽选的施工单位资源库中选择施工单位，并报区住建局批准后组织施工。施工过程中应减少对周边居民的影响，社区规划师定期现场巡查，给予技术支持
7) 竣工验收 Quality acceptance	施工完成后，由社区规划师组织五方平台联合竣工验收

图9-6　小西湖项目五方平台及微更新流程
资料来源：南京市规划和自然资源局

基于产权的研究、设计与实践策略 Strategies Based on Property	更新图则：配合规划管控 Self-renewal guide

地块分级：Plots classification

根据街巷布局和土地权属建立规划管控和微更新实施两级单元，分别制定保护与再生导则。（详见微更新图则）

规划管控单元：
Planning control unit
共15个，是指由街巷体系围合的一系列地块，主要作用为明确用地红线，规定边界特征、退让要求及出入口范围。

微更新实施单元：
Gradually renewal implementation unit
共127个，是设置规划指标、制定管控规划的基本单元。其划分基于现状216个产权地块，包括四种情况：(1) 延续现状产权地块；(2) 整合居民自愿搬迁、相邻且有条件进行联合保护与更新的一系列产权地块；(3) 基底面积小于南京市平均居住面积，且在肌理上过于零碎的地块合并到相邻地块中；(4) 部分相邻地块共同被一栋建筑占据，无法独立更新而进行合并。

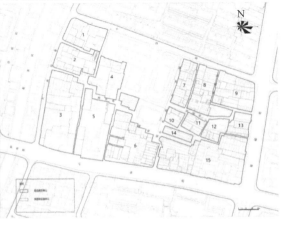

图9-7　规划管控单元及微更新实施单元
资料来源：南京市规划和自然资源局

3. 更新规划设计内容

功能引导：依托既有街巷的基本结构，结合历史建筑修复和局部地块翻建，小西湖街区引入小规模商业服务和休闲业态，改造街巷铺装，提供街道家具。在公私合作、业态混合、多元参与的灵活策略下，衍生出充满生活情趣、商住混合的生活性街道。①

- 共享庭院：以"共生院"为概念设计改造。一方面将释放出的园内公共空间增设厨卫设施，增加功能性建设，改善居住条件；另一方面，院内引入文创工作室等新型文化业态，使设计师、创业者和原住居民共处同一屋檐下，共守公约，和谐共生。

- 平移安置房：对院落内生活困难、故土难离的部分公房居民进行平移安置，集中改造加固现有建筑。改造后的安置房全部拥有完整独立的配套设施，成为小西湖片区改善和提高片区居民生活质量的一种方式。

- 整体租赁改造：根据小楼所处的位置和商业价值，以及产权人的想法和希望，确定对房屋采用整体私房租赁的方式进行更新改造。实施主体与业主协商搬迁，妥善安置。

图9-8　主要建筑改造方式
资料来源：南京市规划和自然资源局

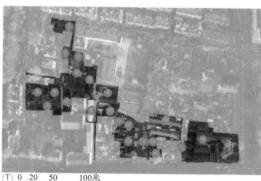

1 人美学堂
2 过街楼
3 民国建筑修缮
4 翔鸾庙
5 文化商业
6 傅尧成故居修缮
7 非遗文创(花灯厂)
8 平移安置房
9 共生院
10 共享院
11 虫文馆
12 老龙家
13 特色餐饮
14 综合控制中心
15 花迹行旅
16 熙湖里咖啡馆
17 老许家
18 花间堂

小西湖片区城市更新实施成果　　　　小西湖片区城市更新院落共享改造

图9-9　小西湖空间改造效果
图片来源：南京市规划和自然资源局

---

① 韩冬青. 显隐互鉴，包容共进——南京小西湖街区保护与再生实践［J］. 建筑学报，2022（1）：1-8.

建筑更新：观察小西湖地段内不同时期建筑类型的形态和肌理特征的演变，对建筑的基本情况进行详细摸排（现状功能、分户情况、建筑质量、风貌评价、建筑年代、建筑结构、屋面形式、建筑材料、历史建筑保存状况等），根据实际改造需求进行分类改造，有共享庭院、平移安置房、整体租赁改造三种主要改造方式。

道路交通：一方面以街巷形态演变的诠释成果为基础，尊重传统的街巷格局、尺度关系、铺装材料等；另一方面结合当下的交通、消防、市政等需求进行合理的规划和调整。[1]

基础设施：系统梳理片区内各类管线的铺设形式、布局路线、供给方式、占位间距，创新实施"微型综合管廊"综合布线方式，解决街巷空间狭小、直埋无法满足规范间距要求的问题，也可以有效实现历史地段雨污分流，消除积淹水现象。

文化记忆：在文保、历史建筑修缮方面，依据原有的建筑格局，采购与原建筑相匹配的老材料、老构件，利用传统建筑的营造方式进行更替，实施保护修缮，恢复原有空间布局及建筑风貌。

9.2 工业类城市更新设计

9.2.1 工业类城市更新概述

工业类更新以提升土地使用效率、促进产业转型升级为目标，有计划地把低效旧厂房改造成为现代产业和城市公共服务区，为产业优化升级提供空间载体。此类更新通过"工改工""工改商"，实现土地相同用途基础上利用效益的提升或用途转变后产业形态的升级。

城市转型发展理论认为，城市更新会促进高附加值的现代服务业和高新技术产业向城市中心区集聚，同时低附加值的制造业外迁，从而优化城市产业空间布局，在城市内部形成新的产业增长热点。具体来说，工业区（老旧厂房）的更新是盘活低效空间，推动产业升级的重要方面[2]。

9.2.2 工业类城市更新主要问题

工业类城市更新聚焦于经济效益较低、空间效益较差及环境效益不佳的低效工业用地。随着城市产业结构调整，这些工业或仓储用地需要进行转型升级转变为适应城市发展的功能区。

---

① 董亦楠. 南京小西湖历史地段保护与再生中的形态类型学方法［D］. 江苏：东南大学, 2018.
② 城市更新研究中心. 城市更新助力国内大循环［R］. 北京：中国人民大学国家发展战略研究院, 2020：10.

表9-3　工业类低效地识别标准[①]

识别要素	建议相关指标及标准
经济效益低	近三年亩均产出效益远低于行业平均值(考虑企业生命周期,应注意剔除处于初创期的战略性新兴产业相关企业) 国家产业政策规定的禁止类、淘汰类产业用地
空间效益低	容积率远低于行业平均值:建议底线值0.3 用地承租后无序经营,擅自改变工业使用性质 废弃露采矿山用地
环境效益低	单位用地或单位产出的大气污染排放较大 单位用地或单位产出的水污染排放较大 (上述两小点需综合考虑经济效益情况,建议灵活采取整治与清退相结合的更新方式) 存在重大安全隐患的用地:生产、储存易燃易爆物品,且与居住区临近的企业

　　工业类更新的重点在于生产类建筑改造。由于不同历史时期工厂的建设理念和规模有较大差异(新中国成立以前工业不发达,以手工业为主,工厂是零散于市区,新中国成立后采用苏联模式,职住一体,形成社区级的规模;改革开放后,工业生产发挥集聚效应,外迁郊区形成大规模工业片区),以及经济平衡需要较大的拆建比,工业类城市更新通常分为老旧厂区转型升级和老旧建筑改造利用两种类型,两者的主要问题在于物质环境的老化和与现代产业需求的不相适应,是城市中亟须置换改造的低效空间。由于在更新改造中,存在更新门槛较高、项目分布零散、难以提供集中连片的产业空间、产权分散、业主利益难以协调等问题,老旧厂区转型升级往往面临"统筹难"[②]。而老旧建筑的改造利用,体量小,改造相对灵活,如何保护好文化遗产并适应性再利用成为其重点和难点。

表9-4　工业类更新的分类与更新难点

类型	对象	问题	更新难点	主要更新方式
老旧厂区转型升级	工业类低效地;不满足生产的老旧、废弃工业厂区	建设年代较早、建筑外观与环境较差、物质形态老化 容积率偏低 能耗污染大 市政、交通容量受限,配套设施缺乏,发展效益有待提升	产权分散,部分产权涉及管理层级复杂,存在企业改制、破产抵押等复杂历史遗留因素 难以提供集中连片的产业空间,片区统筹难	结合老旧工业片区发展实际,分类采取整合集聚、整体转型、改造提升等方式,推动老旧工业片区改造提升

① 陈小卉等.江苏省城市更新规划研究[R].南京:江苏省城镇化和城乡规划研究中心,2017:79.
② 樊华,盛鸣,肇新宇.产业导向下存量空间的城市片区更新统筹——以深圳梅林地区为例[J].规划师,2015,31(11):111-112.

类型	对象	问题	更新难点	主要更新方式
老旧建筑改造利用	具有一定历史价值、具备改造条件的工业建筑；可保护利用的工业遗产建筑	建筑框架结构不能满足现代工业生产需求多位于市区，工业属性与片区发展需求不符年久失修，环境破败，历史价值有待激活	在城市更新改造过程中实现文化遗产的保护和适应性再利用。即在最大程度保留原有建筑格局的前提下，对整体的功能布局、人车动线、公共空间等进行重塑，同时提升产业业态	鼓励利用旧厂房、旧仓库、老商业、老校区、老旧楼宇改造建设现代公共服务和创新创业载体，发挥存量空间新价值。积极推动历史建筑保护利用，注重将历史文化保护与百姓生活改善有机结合，打造培育一批历史建筑活化利用品牌成果

资料来源：《南京市城市更新试点实施方案》(2022)、《江苏城市更新规划研究》(2017)、《产业导向下存量空间的城市片区更新统筹——以深圳梅林地区为例》

9.2.3　工业类城市更新设计的重点

1. 突出现状调查中更新对象识别

通过现状调查，优先明确更新对象的低效情况，是属于经济低效、空间低效还是环境低效，进而提出对应的更新改造策略。多数情况下土地使用、投入产出和环境效益的低效是相互伴随发生的，因此要详细区别各类低效情况的主次之分，有的放矢。

一般在上位的城市更新规划中会明确低效工业用地的分布、类型和规模等基本判断，但对于具体更新对象的具体情况和问题则无法明确详细信息，因此，在具体地块或建筑更新规划与设计中，识别更新对象低效的具体情况和问题对更新设计中用地类别、建筑指标、空间划分和使用功能等因素的针对性落实非常关键。

2. 老厂区的更新规划设计核心是明确产业升级或转型的方向选择

前文提到工业类城市更新主要分为老旧厂区转型升级和老旧建筑改造利用两种类型。而相对复杂的是老旧建筑的改造升级，需要进行详细的产业策划。这些专业性的工作需要和城市更新设计同步进行。而所谓"退二进三"式的转型类城市更新则被讨论和关注较多，主要包括将工业用地改造为城市综合体、商业中心、居住区等城市功能区；将工业产区转化为文化创意产业用地，如艺术中心、博物馆、文化街区等；将工业用地改造为生态公园、湿地公园等环保型用地。转型的类型选择还取决于地区的发展需求、市场需求、政策导向等因素，因此判断产业升级或转型的方向是更新规划设计的重点内容。

3. 旧厂房的更新规划设计以关注功能和空间新需求为重点

旧厂房具体建筑的更新规划设计的重点内容相对比较明确和成熟，核心是更新规划要与具体的改造设计方案相互衔接，重点包括以下几个方面。

一是,明确改造后的厂房用途和功能需求,对后续建筑设计进行空间布局和设计的规划引导;二是,突出结构安全的规划要求,规划要提出对旧厂房结构进行安全评估和加固措施建议,确保改造过程中不影响建筑的稳定性和安全性;三是,考虑新功能的引入应符合改造目标功能对应的节能环保要求,规划要明确考虑节能环保的设计要求,利用自然采光、通风等手段,降低能耗和环境污染;四是,关注历史文化保护,尊重厂房的历史和文化价值,保留有特色的建筑元素和风貌;五是,对空间利用提出规划应对,最大化利用现有空间,提高空间利用率,满足新的使用需求;六是,对景观环境提出规划建议,以改善厂房周边的景观环境,提升整体的美观度和舒适度为目标。这些重点需要在规划和设计的过程中充分考虑和协调,以实现旧厂房的成功改造和再利用。

9.2.4　工业类城市更新规划设计策略①

老旧厂区转型升级以"产业升级"与"资源活化"并重为导向,整合集聚创新要素,促进产业优化升级,推动工业遗产保护和利用,进行生态环境整治修复。

1.功能引导

以"定位明确、产业集聚、活力高效"为导向,淘汰或转移不符合所在城市功能定位的一般工业项目。鼓励利用存量土地房屋转型发展文化创意、健康养老、科技创新等政府扶持产业。结合现状产业特点,推动传统企业延伸服务链,发展创意设计等服务环节。鼓励采取改造提升的方式对原有生产空间进行功能性改造,为配套业态提供空间载体。

2.文化记忆

坚持"传承创新、融合提升"导向,重点保护反映特定历史时期和地域规划设计理念,且对工业美学产生重要影响的空间格局、道路肌理、结构样式等核心价值要素,结合更新后功能融合形成适宜的工业风貌。保护具有一定历史价值、科技价值和艺术价值的作坊、车间、厂房、管理和科研场所等生产储运设施,以及与之相关的生活设施和生产工具、机器设备、产品、档案等物质遗存。采取结构改造、立面改造、艺术化创作等方式,合理进行活化利用,延续工业记忆、提升艺术氛围、激活时代价值。

3.建筑更新

鼓励通过材料置换、构造改造和工艺升级等措施提升既有厂房的建筑性能;鼓励通过隔层改造、增加连廊和电梯等措施,对工业空间进行活化利用;对进行局部改造的部分,应采取措施针对性加固既有结构。在有机融合的基础上,鼓励在材质、色彩、造型元素等方面,保留部分体现工业风貌特征的工业立面元素;对高大厂房等工业生产空

---

① 重庆市住房和城乡建设委员会.重庆市城市更新技术导则[S].重庆:重庆市住房和城乡建设委员会.2022:35-38.

间进行优化重构,延续工业空间特征。优先利用绿色低碳的新工艺、新技术,优化建筑能耗。

4. 道路交通

重点针对片区与周边街区的割裂,对现状车行系统、慢行系统、交通服务站点、停车场地等进行交通体系更新,拓展慢行空间,加强与外围道路的有机衔接,最大限度缝合与周边街区的空间关系。结合功能业态的转型要求,对原有道路进行系统改造,通过优化断面、减小路缘石转弯半径、优化渠化交叉口等方式,拓展慢行通行空间。

5. 公共设施

优化公服、市政等基础设施,构建配套完善、优质高效的设施体系,为留住人才和产业空间载体高效运作提供支撑。结合转型设计方向,整治完善水、电、气、讯、照明等市政设施,补充完善缺失的文化教育、养老抚幼等公共服务设施,设施的类型、数量、规模与服务半径应与改造提升功能定位相匹配。结合更新后的功能定位和产业转型方向,加强供水、燃气、供热管网建设和老旧管网改造,建设雨污分流排水系统,完善污水和垃圾收集处理设施。

6. 环境景观

修复老旧厂区生态系统,提升园区景观环境,充分保留并利用工业景观资源,营造特色空间场所,塑造彰显厂区特征、富有艺术气质的特色景观空间。评估现状污染情况,对受损的山体、水体、废弃地等区域实施生态修复。保护、利用厂区内标志性构筑物、植物、工业景观及空间场所等景观资源,塑造彰显特色风貌、展现人文场景的景观要素。

9.2.5　相关案例[①]

【万科上生新所】工改文

上海生物制品研究所与万科达成上海延安西路1262号地块整体租赁开发协议,由万科接手进行改造运营。在保护历史建筑文脉的基础上,赋予其适合时代和未来城市发展的使用功能,业态涵盖74%办公、18%餐饮娱乐、8%文创艺术,改造为融历史文化、工作、生活、运动和娱乐等多重元素于一体的具有国际化潮流生活方式的活力社区。

万科将园区内建筑分为历史建筑、工业建筑、其余建筑三类,分别采用保护、改造、拆除新建手段予以更新。

历史建筑——保护修缮,适当利用

对历史建筑的改造既要保留原有的文化价值,延续历史脉络,又要将其活化为现代生活的一部分,将哥伦比亚乡村俱乐部总会改建为茑屋书店,海军俱乐部及泳池改建为

---

① 王师贤.城市更新背景下,工业厂房旧改路径[J].城市开发,2022(6):90-92.

水岸餐饮秀场,孙科别墅改建为创意办公及展览空间。

工业建筑——改造利用,功能焕新

上生新所时期的办公、研发、生产大楼通过新材料、新手法的植入和改变,营造历史环境下的全新感观空间,承载创意办公、餐饮、零售等功能。

其余建筑——无关拆除,合理新建

对非保护的工业建筑,结合建筑质量、园区整体业态功能考量,适当拆建,新建办公聚落、南门入口等,填补园区配套服务功能,增强园区完整性。

图9-10 上生新所改造前后对比

资料来源:宿新宝.城市历史空间的有机更新:上生新所的实践[J].时代建筑,2018(6):125.

【北京首钢园·六工汇】工改商

六工汇位于北京新首钢高端产业综合服务区，由首钢基金与铁狮门共同投资，首钢旗下首奥置业以协议出让方式获得土地使用权。项目占地200亩，由6幅地块组成，土地用途包括其他类多功能用地（含商业40年、办公50年、文体娱乐50年）、文体娱乐用地等。

项目在保留原首钢炼铁厂、动力厂、电力厂以及五一剧场等重要工业历史遗迹的基础上，通过"拆除余、织补新"的设计手法，将现代理念与工业遗址进行有效的织补融合，打造出23栋风格各异的建筑物，包括11栋产业办公楼、11栋独栋商业和1座购物中心，形成一个汇聚低密度现代创意办公空间、复合式商业、多功能剧场和绿色公共空间的新型城市综合体。

图9-11　北京首钢园·六工汇更新手法示意

资料来源：筑境设计.首钢园·六工汇[J].建筑实践,2023(5):128.

【深圳宝安·西成工业区】综合整治

项目为企业自用厂房更新，整治范围71 279平方米，原容积率1.69，主要以加工类厂

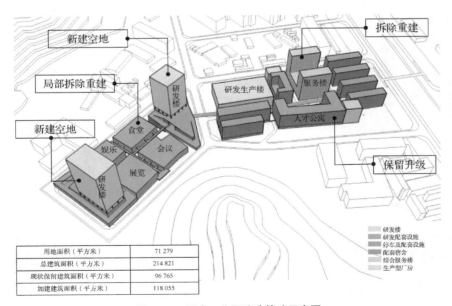

用地面积（平方米）	71 279
总建筑面积（平方米）	214 821
现状保留建筑面积（平方米）	96 765
加建建筑面积（平方米）	118 055

图9-12　西成工业区改造策略示意图

资料来源：根据《宝安·西成工业区综合整治及产业升级专项规划》改绘

房、员工宿舍为主,研发办公空间较少。随时代发展,园区将新能源、电子、信息、设计创意、新媒体产业等新兴无污染产业作为重点产业。

通过对园区不同区块实施针对性的局部拆除重建、空地新建、保留升级等方式,在旧厂房基础上形成研发楼、研发生产楼、综合服务楼、人才公寓等多样化空间,用地性质从M1调整为M1+M0,保留现状建筑96 765平方米,加建118 055平方米,容积率提升为3.0,转型为一个面向中小企业的产业孵化基地。

9.3　商业类城市更新设计

9.3.1　商业类城市更新概述

经过改革开放四十年多来的发展,我国的商业地产总量巨大。根据中国连锁经营协会发布《中国购物中心年报报告(2023年)》,截至2022年底国内购物中心项目存量接近6 700个(30 000平方米以上)。自20世纪末以来,由于各种原因,大量腾退的厂房和老旧商业街相继进入了商业地产市场,典型案例包括上海的田子坊、广州的北京路、北京的798艺术区和成都的大慈寺片区。这些由政府主导、企业推动的更新项目,使得商业地产市场逐渐趋于饱和。近年来,全国新开购物中心的数量持续下降,城市商业地产将步入以存量改造为主的阶段,新旧项目之间的竞争将愈发直接和激烈。

9.3.2　商业类城市更新主要问题

商业类城市更新聚焦于经济效益较低、空间效益低及环境影响负面的低效商业用地。其更新对象为传统老旧商业区,涵盖"点(商业建筑)""线(商业街)""面(商业区)"三个维度。

表9-5　商业服务类用地识别标准[①]

识别要素	建议相关指标及标准
经济效益低	● 地均产出效益远低于全市同类用地平均水平:地均销售收入、地均税收收入(考虑生命周期,应注意剔除刚建成投入使用的商业服务业用地) ● 功能类型单一、区域同质化竞争严重的商贸业用地
空间效益低	● 空置率较高:>50% ● 由于城市土地价值区位的变化,自身功能与土地区位日益不匹配的服务业用地(主要存在于主城区)
环境影响负面	● 建筑老旧,与周边环境不协调,产生明显视觉干扰 ● 对交通产生较大拥堵的商业服务业用地 ● 建筑物存在安全隐患:结合全市公共建筑的安全隐患定期评估进行识别

① 陈小卉等.江苏省城市更新规划研究[R].南京:江苏省城镇化和城乡规划研究中心,2017:80.

表9-6　商业服务类更新主要难点

类型	对象	问题	更新难点	主要更新方式
老旧商业街区	低效、低品质的商业复合型历史文化街区、集中商业区	经济利益驱动下原有社区活力缺失与文化的异化 业态体验感单一、传统商业的创新不足，容易造成消费的"审美疲劳" 缺乏场所感及人文精神，设计缺乏工匠精神，商业氛围和文化环境关系失调 很多老商业街产权分散，出现了多次易手的二房东	改造周期长，资金投入大，对开发团队的策划和运营管理要求高 针对产权问题，需要探索统一经营管理下的两权分离的问题；商业街的新建及改建过程，往往会涉及多个部门的管控，但由于政策法规、管理制度的不成熟，给实际工作造成了较大的人力、时间成本	综合整治，保护修缮
老旧商业街道	更新区中丧失活力的沿街商业	业态低端，缺乏竞争力 街道缺少驻留空间 界面风貌不和谐	空间设计可发挥余地小，街道活力主要依赖于周边社区，仅局部更新，引流难度大	综合整治，自主更新
老旧商业建筑	环境设施差的集贸市场、老旧商贸建筑	存在消防安全隐患 空间环境体验感差	体量较大的商业、办公建筑可能需要协调多元的产权主体，统筹实施更新难度大	自主更新，拆除重建

注：根据《城市更新助力国内大循环》[1]与《江苏城市更新规划研究》[2]整理

9.3.3　商业类城市更新设计的重点

1. 商业类城市更新的定位和策划是规划设计的关键

商业类的城市更新中往往市场化因素占据主导地位，而其更新规划与设计的起点是引领未来发展的商业策划和具有实际经济效益的目标定位。其规划重点包括深入的市场调研，了解目标市场的需求、竞争状况和发展趋势，为策划提供支持；明确商业策划的目标，如增加销售额、提高市场份额、提升品牌知名度等；确定产品或服务的独特卖点，以区别于竞争对手，并吸引目标客户；对项目可能面临的风险进行评估，并制定相应的应对措施。

2. 是否产生持续的经济效益是该类城市更新规划设计的重要考量

确保商业改良项目的经济可行性，是商业类城市更新规划与设计的核心工作。规划设计应重点考虑如何提升地段的商业价值，提高商业吸引力，从而提升商业租金和物业价值。通过规划技术手段，如优化慢行系统、打造独特的商业氛围等方式，吸引更多的

① 城市更新研究中心. 城市更新助力国内大循环［R］. 北京：中国人民大学国家发展战略研究院，2020：15-16.
② 陈小卉等. 江苏省城市更新规划研究［R］. 南京：江苏省城镇化和城乡规划研究中心，2017：112.

消费者前来商业街区,增加客流量和消费额。与商业策划团队共同研究如何引入优质商家、引入优质品牌,提升商业街区的商业品质和消费层次,从而提高商业效益。在规划设计中增加餐饮、娱乐、文化等多元化的商业元素的类型和比重,吸引更多的消费群体。通过综合运用以上策略,可以在商业街区更新规划中实现较好的经济效益,促进商业街区的可持续发展。

3. 是否聚焦实体空间"亮点"是商业类城市更新设计的成功与否的重要环节

在网红经济和互联网购物的冲击下,传统实体商业空间面临巨大的挑战,而传统商业空间缺少空间亮点和购物体验是导致商业氛围每况愈下的重要因素之一。因此商业改良类城市更新设计还是需要回归设计本源,寻找符合商业运行逻辑的空间亮点。

首先要创造独特的主题和风格,为商业街区或商业空间赋予一个独特的主题和风格,使其在视觉上引人注目并脱颖而出。其次要规划引入多样化的商业设施、引入各种类型的商业设施,如特色餐厅、咖啡馆、小吃摊、创意商店等,满足游客的多样需求。再次要突出互动体验和活动并提供空间和场所,如设置互动体验空间,包括艺术展览、音乐演出、工作坊等,增加游客的参与感和娱乐性。最后规划要高度重视优化和便利交通设施,确保商业街周边的交通便利,提供充足的停车场、公共交通等设施。通过以上具体规划设计手段,促进商业街区的购物吸引力,提升商业活力和知名度。

9.3.4　商业类城市更新设计策略①

老旧商业区以"精准定位"为导向,优化商圈业态,突出商圈特色,提升商业资源集聚度,加强城市活跃度,营造生活多样性,保留未来可塑性,提升城市商业氛围和活力。

1. 功能引导

通过采取产业差异化发展、布局丰富多元业态等措施,综合提升老旧商业区的商业价值和商业活力。综合考虑地理区位、地形地貌、历史风貌旅游主题等因素,落实片区商业发展定位,从商业空间形态、商业业态、经营模式等多维度实现商圈差异化发展。合理植入都市旅游、酒店公寓、会议展示、休闲娱乐等多元特色功能业态,重点布局具有创新性和引领性的特色品牌,如品牌旗舰店、原创品牌概念店、定制店、新品首发体验店、中华老字号等。

2. 道路交通

通过疏堵促畅、供管结合、人车分流等多方式、多途径优化人车交通秩序,构建车畅其行、人畅其游的交通系统。提高交通通行连续性,限制在快速路与主干道两侧设置吸引大量车流、人流的公共建筑物出入口。加强慢行系统与地面公交、轨道交通等公交站点的衔

---

① 重庆市住房和城乡建设委员会. 重庆市城市更新技术导则[S]. 重庆: 重庆市住房和城乡建设委员会. 2022: 39-41.

接。完善行人及非机动车交通系统与主要商业区域、城市广场、交通枢纽的衔接,鼓励通过过街天桥、地下通道等形式,减少慢行交通与车行交通之间相互影响。结合大型商场、商圈交通枢纽及主要集散广场,增设公共停车空间,鼓励采用立体机械停车,集约用地。

3. 基础设施

统一规划商业圈内灯光系统,确保重点区域和人流聚集场所的照明和景观效果,鼓励设置夜景灯饰工程,营造商业氛围。补充完善商圈应急设施,结合周边广场、绿地、建筑物等组织设置应急避难场所,在人流密集处、易燃易爆危险点增设消火栓、微型消防站等消防安全设施,保障公共安全。

4. 建筑风貌[①]

系统改造提升既有外立面,匹配商业定位,与场地环境协调,整体塑造建筑风格,打造魅力多元的商业风貌形象。注重商业建筑可识别性设计。立面照明应与区域照明相协调,可采用多种照明结合的方式,增加商业空间的趣味性和活力性。规范户外广告牌匾,并与建筑物外立面造型、风格和色彩相和谐。商业设施第五立面更新应以提升城市整体风貌为目标,与整体建筑造型或整个屋顶一体化设计,统一考虑材质、样式、色调等外观因素,避免杂乱放置及乱搭违建。鼓励发展屋顶绿化、立体绿化。

5. 环境景观

重点提升核心区景观节点,营造独具魅力、体验丰富的商业景观环境。充分结合老旧商业区的历史记忆、特色功能、空间特质明确商业区特色,策划主题性景观场景,营造契合当下审美和功能需求的景观效果。结合功能动线,优化多层级的景观节点,充分结合空间尺度、步行流线使用需求等,以点线面结合的景观植被形式合理划分空间,塑造具有连续性和节奏感、疏密有致、开合有度的景观空间结构,形成体验丰富、时空连续的景观序列。结合商业区风格与业态特色,提升雕塑小品、家具座椅、LOGO标识等的景观元素的艺术化设计,鼓励增设互动性景观设施,适度结合声、光、电等新型技术塑造空间场所的活力触媒,提升商圈魅力。

6. 文化记忆

充分挖掘和保护老旧商业区的历史文化资源和地域文化特色,创新文化表达形式,提升商业区品牌形象和人文内涵。保护修缮能够体现老旧商业区发展历程、交易方式的文化内涵的交易场所标志性建(构)筑物、公共空间,注重与周边空间格局、建筑、景观绿化、城市家具、公共空间、有机融合。挖掘地方特色文化资源,打造具有地域特色的文化IP、商业IP,通过艺术设计、展览展示、主题活动、街头表演等形式,彰显商圈特色文化内涵。

---

① 北京市商务局.北京市传统商业设施更新导则[S].北京:北京市商务局.2024:27-28.

9.3.5 相关案例

【杭州湖滨路步行街改造】老旧商业街区更新

1. 项目背景

杭州的湖滨地区一直是城市的窗口和商业主核心,湖滨步行街是杭州延安路湖滨核心商圈的重要支撑,绝佳的区位优势让湖滨商圈成为杭州最具代表性的核心商业区域,使其成为集文化、休闲、旅游、购物于一体的特色街区。杭州湖滨路步行街位于西湖风景名胜区,是全世界唯一一处毗邻世界文化遗产的滨湖步行街区,但因产权遗留问题、低效旅游消费属性和日盛的商业竞争,发展步履缓滞。

人车混行

停车缺乏管理

缺少公共休息场所

无全龄友好关怀

缺乏林荫空间

公共空间地域文化特征不明显

商业形象不佳

商业标识缺乏设计

图9-13 杭州湖滨路步行街改造前场地现状
资料来源:作者整理

杭州湖滨步行街2018年被列入商务部全国首批步行街改造提升试点。此次改造区域涵盖了约41万平方米的面积,包含20条城市道路和24条步行街巷。改造前,街区的步行空间十分有限,行人、机动车、自行车混行,空间竞争激烈,缺乏能够吸引人停留的活力公共空间。同时,片区的街道设计未能将城市功能、景观环境、文化特色、公共艺术品、市政设施及交通设施等元素进行有效整合,各类建筑风格也难以形成统一协调的街区文化特色。不同场地的绿化和景观设计没有连贯性,街道的整体景观显得杂乱无章。尤其是东西向滨水的机动车道,切断了西湖湖滨的人行道与非机动车道的连续性,导致街区缺乏整体的通达感。此外,商业建筑底层的乔木林荫公共空间被乱停放的非机动车占据,进一步破坏了区域的秩序和美观。

2. 更新策略

(1)明确定位与策划

西湖和杭州一直是城湖一体、湖城共荣的状态,已经成为江南文化、宋文化、爱情文化、名人文化的集大成者。湖滨步行街作为唯一紧邻世界文化遗产的步行街,在打造过程中,要充分考虑杭州城市的历史人文,并考虑未来商业街区的空间需求。总体而言,需要体现杭州的地方特色,同时具备国际视野。因而确立了湖滨步行街"杭州城市新名片,'醉杭州'样板"的发展定位。

（2）保障持续经济效益

通过多元复合模式,推动湖滨路商业品质提升,解决品牌同质化与业态单一的问题。引入品牌首店、创新业态和概念旗舰店,打造杭州成为时尚品牌首选落地城市的独特氛围。与此同时,深入挖掘与活化老字号文化,结合历史建筑群,引入特色文化体验业态,布置"杭州之窗"城市投影,延续艺术文化气息,诠释全新的时尚生活方式,打造融合商旅文的城市窗口。

在空间活化方面,结合湖滨路的静谧感与东坡路的动感,打造复合街区。公共节点融入多元化的年度活动,涵盖城市文化、时尚主题和品牌快闪等,增进游客与区域的互动,缓解割裂感。沿湖及支路小巷的物业通过外摆设置,优化街道尺度,扩展主街功能,增强湖滨商圈在消费吸引力、业态多样化和空间个性化方面的可持续发展。

在产业生态的构建方面,通过盘活低效物业,提供多样化的创作和消费场所,强调话题性的橱窗设计,打造时尚创意产业集聚区,呈现杭州本地文化与国际文化的交融与碰撞。

此外,通过业态契合度、品牌背书、国际化程度、历史文化元素、标杆性和流行趋势六大标准,建立品牌准入机制,确保商业运营的持续发展和长效管理。

图9-14 杭州湖滨路步行街提升改造效果图

资料来源:《杭州湖滨步行街区改造提升设计方案》

（3）亮点空间打造

根据现状基础和可提升空间,更新改造过程规划了"六个一"特色类项目指引。

一处宜人尺度的活力广场——湖滨步行街区中心广场；一处精致的休闲绿地——湖滨公园；一个特色化建筑改造——湖边邨历史街区；一项创新活力的特色产业——新消费、新零售产业；一个鲜明的文化主题（品牌）——"湖上"IP；一套数字化的公共运营平台——"湖滨智慧步行街"应用平台。

最后根据特色节点的串联，在产业区内打造一条特色游线。

3.更新设计内容

以中国最美步行街、中国最浪漫的步行街、中国最"诗情画意"的步行街、中国最宜人的步行街、中国最文艺的步行街为设计愿景。通过建筑立面美化改造、景观优化提升、业态提升和数字化街区建设等方法，着力将湖滨路、东坡路、平海路打造成融合杭州历史人文艺术、世界自然遗产风光休闲商业为一体的，具有国际一流水准的特色步行街区，使其成为颇具杭州风韵的、迎接杭州西湖游客的"城市客厅"。

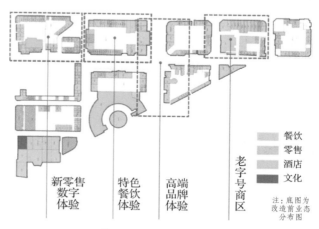

图9-15　商业空间引导
资料来源：结合网络图片改绘

（1）功能引导

湖滨路商圈的店铺产权关系非常复杂。在街道主持之下，和各个商家的业主、租户等分别进行了详细沟通。对商业板块的功能分区进行有序梳理和引导，形成新零售数字体验、特色餐饮体验、高端品牌体验、老字号商区四个板块，集中了大量的老字号和互联网品牌线下体验店，未来的湖滨商业街会体现杭州地方特色和浓厚的互联网气质。

（2）道路交通

从以车为先回归为以人为本的步行街区，将街区步行系统与外部的机动车、公交、非机动车等交通系统进行系统的接驳规划，通过采用小环形和尽端路、交叉口渠化改造、落客区改造等方式保障车行交通、公共交通与街区的有序联系。同时，将步行街区划分为步行主街、街巷、场地步行路和滨湖林荫路，形成尺度各异、场景各异的步行系统。

（3）基础设施

全民友好精细化整合设计。一是场地坡地化无障碍专项设计，做到全区域无障碍通行；二是公共服务设施人性化设计，按5分钟步行距离规划了公共卫生间、爱心服务站和饮水器，配备全龄友好设施；三是市政设施的整合设计，对各类栏杆护栏、雨水篦子、树池、井盖、人行道道桩、盲道和变电箱等进行系统的整合设计，安全美观并重；四是公共设施智能化,布局融于街区环境的"云上"步行街区智慧终端设施,实现安全管控、智慧导览、数字推介、畅行无障等。

（4）建筑更新

一是最大程度保护大韩民国临时政府旧址历史街区的本真,通过街巷道路铺装、景墙、树景和墙体材质保护街巷风貌。二是对龙翔里历史街区的危房进行了原址拆除重建,采用原有街巷肌理与尺度,统一宅间院落配饰的构造与材质,通过植物微改造和环境家具微改造丰富绿化效果,形成符合历史印记的街巷空间。三是对街区各类建筑风貌进行分类整治和微改造,对九星里、星远里、西湖大剧院、仁和饭店、方回春堂、知味观、毛昌源眼镜等二十余处街巷和老字号建筑局部立面及建筑周边环境空间进行了保护性风貌整治和提升。

（5）环境景观

将步行街区功能、环境景观、街区文化、公共艺术品、城市家具、市政设施、交通设施、海绵渗透、信息化等进行整合,形成"多维一体"的步行街区景观整合设计。结合原有街道和各类建筑场地环境,按商业步行街功能规划各类城市广场和街头绿地;铺装设计结合文化元素,采用当地材料,形成了与西湖世界文化遗产对话的视觉廊道;步行街区夜景环境照明设计结合文化元素,营造江南夜景特色;东西向平海路步行街道采用借景、框景、对景等中国古典园林造景手法,连通西湖与街区的视觉通廊;通过环境色彩设计,统一改造了商业标识广告,使湖滨银泰等新商业建筑与老字号方回春堂等形成新旧对话,达到风貌统一而富有韵律。

（6）文化记忆

杭州湖滨路步行街改造项目始终坚持延续西湖文脉,留住城市记忆,从宏观规划至微观设计,无处不体现着杭城的文化韵味。历史建筑的保护利用、历史街巷的风貌维护、老字号商铺的改造更新、骑楼灰空间的激活、湖畔林荫绿道的梳理、空间与湖光山色的呼应、富含文化元素的标识设计等多样的空间环境营造,让步行街区化身绘写西湖文化的纸笔,留下深深的文化印记。

9.4　文化类城市更新引导

9.4.1　文化类城市更新概述

文化类城市更新即指对具有重要历史文化价值的历史文化街区、历史风貌区、一般历史地段、传统街区、历史地区等特定区域的更新,重点是在历史文化保护的基础上,更多地从价值彰显、特色体验和文化繁荣的维度进行该类地段的更新。

历史文化街区是在相关的法律法规中明确规定了其含义,经过一定的审批和公布程序获得保护身份的区域。例如,《中华人民共和国文物保护法》和《历史文化名城名镇名村保护条例》中明确规定,历史文化街区是具有一定保护身份的城市区域,是经省、自治区、直辖市人民政府核定公布的保存文物特别丰富、历史建筑集中成片、能够较完整和真实地体现传统格局和历史风貌,并具有一定规模的区域。截至2023年底,全国划定历史文化街区总量达到1 200余片。

除法定的历史文化街区之外,还有未获得国家法定保护身份,但具有历史、文化、艺术等相关保护价值、保护要素、风貌特色的区域,通常通过地方性的保护法规对其进行保护利用,在保护和更新利用方式上更加灵活多元。实践中,也常常被称为历史街区、历史风貌区、一般历史地段、传统街区、历史地区等。本文所讨论的历史文化街区包括上述两种情况,是更具广泛性、综合性的区域范围,是经济、社会、文化活力共生,公共活动、居住生活共构,多元价值共存的城市特色风貌区域[①]。

历史街区有多种形式,既可通过街区规模、街巷肌理、建筑风貌等指标来划分,也可通过街区功能、建筑性质等指标综合考量。在实际操作中,考虑到街区通常具有相当规模,除成片历史建筑,也包含其他多种形态的建筑类型,单一功能的历史文化街区已经极为少见,更多是以一种或两种功能为主导,同时包含了更为多样的业态功能作为辅助,最终向复合型街区发展。

9.4.2　文化类城市更新主要问题

文化类城市更新适用于保留历史文化资源较为丰富,能够比较完整、真实地反映一定历史时期传统风貌或民族、地方特色,保存较多文物古迹、近现代史迹和历史建筑,具有较好历史、文化、艺术等保护价值,被列入相应保护名录或未被认定为保护区的区域。

根据街区更新特征及核心业态功能,可将历史文化街区主要划分为商业复合型、居住复合型及产业复合型三类。另外,不少历史文化名城还拥有科教遗产,这类文化科教类历史街区通常由政府、学校管属,其更新改造自主性、公益性强,且通常保护、管理、运营状况良好,不在本书讨论范围之列。

表9-7　文化类城市更新的主要问题

类型	对象	问题	更新难点	主要更新方式
商业复合型	以商业或旅游作为主要功能的历史文化街区	历史街区过度"景点化",缺少文化底蕴 商业过度"同质化",忽略了内容的因地制宜,业态低端 设施陈旧,有待升级	对租金收益追求容易导致商业同质化严重,地方传统特色面临挤压 历史建筑特点及周边街道空间难以达到现代商业要求	通过文化引领、业态升级、物质优化等策略进行活化、整治和修缮

---

① 华东建筑设计研究总院,第一太平戴维斯,历史文化街区的活化迭代[R].上海:华东建筑设计研究总院,2020:10.

类型	对象	问题	更新难点	主要更新方式
产业复合型	涉及老旧工业区、工业遗产的历史文化街区	厂区废弃，工业遗产未得到妥善保护 区位地段好，现有用地低效，不符片区发展需求 长期工业生产或对环境构成不利影响	对开发主体要求较高，需要较强技术改造及后期运营能力 现有建筑可能涉及产权、规划性质更改，周期较长 工业用地调整地价补偿高 由于工业污染，增加修复成本与不可控额外支出	加强工业遗产保护力度，与文化创意产业和文化旅游相结合，延续工业文明和历史
居住复合型	以居住功能为主，保留一定历史文化遗迹的历史文化街区	历史区域产权属分散，产权、户籍、用地性质复杂 居住环境差，居住面积小，私乱建现象普遍，设施落后 历史建筑未能得到妥善保护	人口混杂，产权、户籍、用地性质复杂 建筑老旧，提升居住体验需要较多资金投入，国有资本受限，社会资本参与不足，资金平衡难 部分商业性尝试可能招致居民反对	渐进式更新，以物质修缮为主，关注传统生活方式，丰富社区功能，满足人们美好生活的需求

资料来源：作者整理

9.4.3 文化类城市更新设计的重点

1.形成价值共识是更新规划与设计的前提

历史街区之所以长期存在，并为人们所认同，具有保留价值，除了因其具有丰富的历史文化遗存之外，更重要的是这些遗存及其所呈现出的环境风貌代表了一定区域内乃至整个城市的社会、历史、文化、科技等价值和特色，并又通过建筑、场所和环境予以充分表达。在扩张式城市建设时期，往往只考虑物质空间层面的改造，出现了大量大拆大建、拆真建假、去古存今的破坏性问题。因此，文化繁荣类的更新项目，是否形成价值共识是项目设计成败的前提。

挖掘和提炼历史街区的价值和特色，是保护类规划的核心工作内容。其基本的内容包括对街区内各类物质和非物质历史文化资源的调查和评估，明确保护底线；对街区的历史沿革、空间演进和格局特点进行归纳总结，明确整体风貌；对在地社会文化、重大历史事件、传统生产生活和商贸活动等体现场所精神的承载空间予以揭示总结，进而明确该地段的价值和特色，形成共识，并贯彻街区更新规划、设计、实施和后续运营管理始终。

2.对保护规划的落实和协同是街区更新设计的底线

文化类城市更新的对象大多为具有国家和地方保护身份的历史文化街区、历史风貌区和其他历史地段，按基本的规划编制要求都应编制过保护类规划。在进行此类更新规划设计时，保护类规划应作为更新设计的刚性上位要求予以落实。需要重点落实的内容包括：街区的保护区划，各类法定保护对象的等级、名称、保护范围和必要的建设控制地带，需要保护和保留的街巷、院落、肌理等街区格局要素和古井、古树、场地等环境要素，以及具体的保护传承要求和措施，明确更新规划设计的底线要求。

同时，由于保护类规划设计的时间、背景、要求有所不同，有可能并不能适应现实的更新改造需求，因此，更新设计与保护规划以及其他法定规划的协调同样重要。对于重要的历史街区，在编制更新规划设计前，不能简单地照搬保护规划，还应该进一步对重要的保护信息予以校核，例如保护对象的数量和升级情况，保护对象本体和保护区划的范围是否准确，保护规划与所在地(控制性)详细规划是否存在矛盾及调整优化方向，现状街区内基本的建筑容量(密度、容积率、高度)等指标是否在更新时即有可行性等。

3. 策划运营是文化类街区更新设计的重要环节

文化类的城市更新核心目的是对已经衰败或正在衰败的街区进行价值重塑和功能复兴，进而带动文化、商业、旅游和居住功能的升级和延续。传统"规划—设计—招商—实施—运营"的单项路径往往忽视了前期策划和运营的重要性，在参与程度和阶段性上都较为薄弱和后置，甚至脱节。在面向实施的城市更新行动中，策划的针对性和运营的专业性是更新设计准确落地的重要保障，是未来街区活力持续的灵魂。

因此，文化类更新设计要前置策划和运行前期的相关工作，或形成综合性团队，或设计、策划、运营团队间形成密切的沟通管道、协调机制和工作平台。更新设计团队在着手设计前和设计过程中，首先应该明确规划长远愿景与近期策划实施的递进关系，避免规划定位与实际实施出现背离。其次，在策划运营中，对于产业业态、受众客群、入驻商家空间需求、特殊设备场地要求，以及招商、物业管理等的需求应作为更新设计的核心内容予以衔接和协调，避免商户进场后出现二次设计的现象。

9.4.4　文化类城市更新规划设计策略[①]

历史街区更新以"风貌传承"与"保护利用"为双重导向，注重历史文化传承，促进历史建筑保护修缮和活化利用，加强景观人文艺术表达，完善功能业态，优化基础设施，推动历史文化区的有机更新。

1. 文化记忆

注重对历史文化区内传统格局与历史风貌的整体性保护，延续历史文化区空间尺度、街巷肌理、历史风貌等人文环境，及与之相互依存的地形地貌、河湖水系等自然景观环境，加强对受损、灭失历史要素的修缮与复原。注重对历史文化区内历史建筑、老建筑、古树名木等历史环境要素的保护，不随意破坏建筑风貌、不砍古树老树。合理采取传统工艺和新材料加强对历史建筑保护、修缮、整饰，并通过"小规模，渐进式"有机更新方

---

① 重庆市住房和城乡建设委员会. 重庆市城市更新技术导则[S]. 重庆：重庆市住房和城乡建设委员会. 2022：43-45.

式整治不协调建筑与景观。注重对非物质文化遗存及与传统文化表现形式相关的实物和场所的保护,加强对传统地名、老字号、民间文学、传统工艺、民俗文化等非遗资源的挖掘梳理,通过要素植入、活动策划、场景重构、标识布设等形式,将文化建筑、公共空间更新为陈列、展览、活动的文化服务与展示空间。

2. 建筑更新

坚持有机更新的原则,保留延续传统建筑风貌,促进建筑活化利用,实现新旧建筑有机融合,创新延续城市文脉。综合评估历史文化区现有建筑,对存在结构隐患的房屋进行加固整治;规范梳理建筑外挂设施与牌区店招等外墙设施,排除火灾隐患。延续具有地方特色的传统风貌,鼓励提取能够体现区域特征的建筑元素进行立面更新,对于非文保建筑,鼓励通过当代设计与建造手法传承历史底蕴。鼓励根据功能需要对既有建筑进行活化利用,对非文保建筑的内部空间可进行适当分隔,适当增加建筑使用面积。

3. 环境景观

做好历史景观要素的保护传承工作,改善提升景观体系,凸显历史人文风貌特色,构建魅力宜游、体验丰富的空间环境。串联文化广场、重要建筑街巷等重要空间节点,整治因违章搭建、占路设摊、乱堆乱停等行为而被侵占、破坏的公共空间,整治广告店招、铺装材质等不协调的景观要素,构建点线面结合、具有韵律感的景观序列。尽可能地原样保护古城门、老码头、古桥、台阶、古树、大树等具有历史人文价值的景观资源要素,强调原有风貌、文化景观、传统铺砌等要素的保护。注重景墙、雕塑、小品、家具、标识系统等设施的精细化设计,鼓励结合地域文化特色进行恰当的艺术化表达,体现片区特色。

4. 功能引导

以有机持续发展为导向,坚持"特色价值"引领,以用促保,通过精准布局文化产业,携同原住居民共生发展,升级文旅数字体验,让历史文化遗产在有效利用中成为城市发展的特色标识和公众的时代记忆。延续历史文化区原有空间格局和功能业态,挖掘、利用特色文化资源,创新策划适宜区域发展的文化产业谱系。活化利用历史文化区微空间,补充完善文化展示、咨询问讯、旅游接待等文旅配套服务功能,引入数字化、智能化的文旅服务设施,全方位创新文旅体验。

5. 道路交通

结合文化资源、街区特色和道路原有格局,完善慢行系统,构建安全、连续、通畅、舒适的步道系统。尊重原有道路格局,避免新增道路对历史文化区造成破坏,鼓励结合传统街巷空间尺度对道路密度、道路宽度、断面形式等指标进行适用化调整,并通过线形、宽度、界线、标高、断面形式等方面延续街巷整体风格。结合文化资源与地形特色,建立安全、连续、通畅、舒适的步道系统。结合区域特色,优化公共交通线路走向与站点设置,鼓励公交站点与休憩空间兼容布置。停车场设施设置宜地下、宜兼容、宜边角、宜小尺度分散、宜错时共享,鼓励旅游车位沿外围道路设置,数量不足时可采用区内下客,地下或区外停车的方式。

6. 基础设施

修复和更新配套设施,兼顾文旅与生活需求,提高服务承载能力,充分发挥历史文化片区使用价值。鼓励结合实际功能需求,增设公共厕所、游客中心、休憩设施等服务设施。根据消防需要对道路进行局部贯通或拓宽,可局部拆除建(构)筑物设置防火隔离带,鼓励采用智能监测报警设施和适应历史文化区空间特点的消防设施;平灾结合设置应急救灾空间。鼓励将架空管线更新为地埋管线,鼓励采取低影响开发技术,建设调蓄设施,改进现状排水系统。

9.4.5　相关案例

【南京荷花塘历史文化街区更新】[①]

1. 项目背景

荷花塘历史文化街区位于秦淮区老城南门西地区,是南京市现有的11片历史文化街区之一,是反映南京明清时期传统住区和丝织手工业区的典型代表,也是老城内现存历史格局最清晰、传统风貌最完整、历史遗存最丰富的明清传统住区,具有较高的历史价值、文化价值、景观价值和旅游价值。2013年及2017年,《荷花塘历史文化街

图9-16　荷花塘历史文化街区三维实景模型
资料来源:作者自制

区保护规划》《南京市主城区(城中片区)控制性详细规划——秦淮老城单元》先后编制完成并获市政府批复实施。在规划指导下,荷花塘历史文化街区一批历史建筑、不可移动文物(含各级文物保护单位)得以公布和升级,保护对象数量不断增加,保护要求不断完善优化。现街区局部已实施保护更新及环境整治,街区功能与风貌环境有所改善,但街区空间环境未得到整体改善,仍存在物质环境加剧老化、相关设施配套滞后、传统风貌保护力度不足等问题。

2. 更新策略

两个原则:功能上坚持传统居住功能主导,避免过度商业化;坚持民生设施提升,坚持保护建筑修缮优先,引导传统民居合理保护。

三个理念:重视历史发展各个时期的多元风貌保护与文化彰显;强化院落保护、完

---

① 根据南京市规划和自然资源局、南京市规划设计研究院有限责任公司《荷花塘历史文化街区保护规划深化方案》相关成果内容整理

善街区与建筑单体间的保护层次;面向自主更新,尊重权属,加强实施衔接。

四个方面:对于保护对象,丰富保护对象内涵、扩充保护对象,保护对象在已公布的保护名录基础上只增不减;对于历史街巷,严格落实历史街巷边界,针对历史街巷保护状况的差异,优化形成分类保护要求;对于院落分级,优化保护体系、丰富保护层次,加强院落保护控制;对于建筑整治,结合院落保护分级,按"严格"修缮、"谨慎"拆除、留有"弹性"原则,制定建筑整治措施。

五个优化:优化功能定位,打造以城南历史城区传统居住文化与丝织手工业文化为特色的复合型生活街区。优化土地利用,地块划分以院落为基准,主体居住功能不变,细化用地单元,增加用地功能引导,提高用地兼容性。优化设施配套,街区规划人口以适当疏解为主,优化调整街区公共服务设施配套,增加街区内绿地面积。优化道路交通,优化城墙南路线型,形成与街区格局协调、维持传统街巷尺度的交通空间。优化规划指标,延续现行保护规划高度控制要求,对除一级院落及文保单位外其他风貌质量差的建筑地块给予容积率适度提升空间,提高生活居住水平。

3. 更新规划内容

(1)深入历史研究,提升历史价值,彰显人文特色

基于历史文化价值,依托相关资源,突出丝织手工业文化特质、加强历史文化展示引导。深化方案重点补充丝织手工业展示场所,结合文保单位、历史建筑及环境的修缮改造,落实非物质文化遗存保护的空间,采取建筑空间利用、历史场所恢复、铭牌展示等多种方式。

(2)加强历史文化资源梳理,扩展保护对象,优化保护体系

梳理校核包括历史街巷、传统院落空间、各类建筑遗产、历史环境要素、非物质文化等在内的街区各类保护对象,突出"空间全覆盖、要素全囊括"。在详实现状及历史信息调查的基础上,提出完善建议,注重多元风貌的保护,将各时期、各类型代表性历史文化资源纳入保护体系,拓展保护对象。

(3)加强历史格局与整体风貌展示,丰富保护层次,细化保护措施

延续街区整体肌理,通过建筑形式与色彩控制,展示老城南传统住区特征。优化保护体系,完善街区与建筑单体之间的保护层次,强化院落分级保护控制,细化各类保护措施。

(4)"刚""弹"结合,加强规划衔接,促进更新实施

在"居民自主,有机更新"模式下,规划指标控制坚守底线保护的同时考虑居民合理的自主更新需求,允许合理的更新建设行为,制定刚性与弹性结合的建筑保护更新策略与措施,并制定保护更新指引,明确有关非法定保护对象的保护管理"菜单",协调好保护与更新实施的关系。

　■ 不可移动文物及历史建筑　▨ 规划边界
　　　▨ 传统风貌建筑
　　　□ 一般建筑

0　10　30　50米

图9-17　荷花塘保护更新总平面图
资料来源:《荷花塘历史文化街区保护规划深化方案》

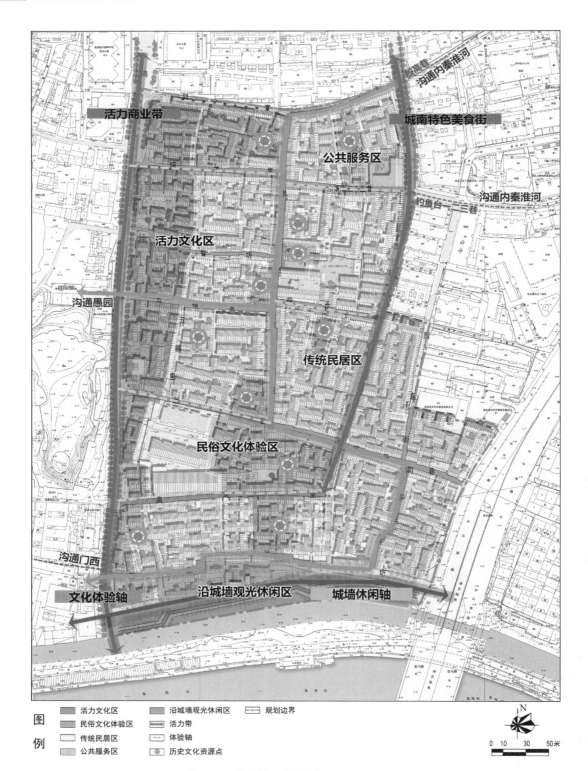

图9-18 荷花塘公共服务与文化展示引导图
资料来源:《荷花塘历史文化街区保护规划深化方案》

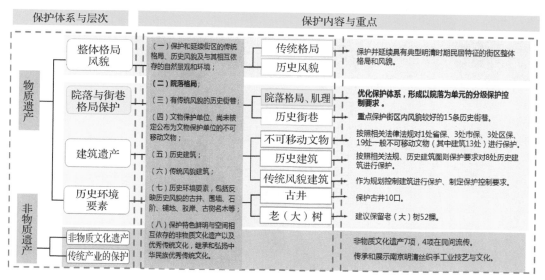

图9-19　荷花塘历史文化街区保护框架体系

资料来源:《荷花塘历史文化街区保护规划深化方案》

表9-8　荷花塘历史文化街区保护更新指引

整体保护	延续街区多进式传统院落肌理,保护街巷的历史走向、传统界面及空间尺度;保护街区内古井大树等各类历史环境要素
街区功能	延续居住主体功能不低于70%,可兼容少量的公共服务、商业等功能,优先改善居民生活设施及市政基础设施;鼓励各级文物建筑的使用功能向文化事业与公共服务等方向转化
院落格局	一级院落应保护传统格局与风貌;二级院落应保护体现历史格局与风貌的重要空间节点和界面;三级院落应与周边风貌环境相协调
建筑风貌	不可移动文物、历史建筑按相关法律法规进行保护修缮;传统风貌建筑作为规划控制建筑纳入保护,不得擅自拆除。保护延续传统风貌建筑的建筑布局特征,尽可能保留具有传统风貌特征的部位与构件。沿历史街巷立面应维持传统风貌;其他建筑应与周边环境风貌相协调
建筑材料	在满足相关规范要求的前提下,鼓励使用传统建筑材料;改造更新中应注意老构件的收集整理,并鼓励继续使用。添加必要的新材料和新构件,其尺寸、形式、色彩和质感需与街区传统风貌相协调;保护建筑、一类院落及历史街巷的公共界面禁止使用大面积玻璃幕墙等现代风格的材料
历史街巷	严格保护街巷断面尺度,保持现有走向和肌理,保护和延续街巷两侧历史风貌,对破坏街巷历史风貌的建筑进行整治;其他街巷原则上不得改变走向和名称,协调沿线建筑风貌
非遗保护	注重与非遗相关场所的保护,充分利用文保建筑和鸣羊街东侧地区,加强丝织手工业、剪纸、微雕等非遗历史信息的展示
社区邻里	维护现有邻里关系,有序疏解人口,营造舒适的居住空间
其他	鼓励居民自主更新,制定具有较高操作性的更新设计导则 针对更新实施中面临的各类涉及非文物类保护对象的保护、更新、建设情况,设计管理"工具箱",便于实施操作

资料来源:《荷花塘历史文化街区保护规划深化方案》

图 例

■ 一级院落（内有文物）   ▬ ▬ ▬ 规划范围
▨ 一级院落（其他）
▢ 二级院落
▨ 三级院落

N

0 10   30   50米

图 9-20 院落分级保护控制图
资料来源:《荷花塘历史文化街区保护规划深化方案》

9.5 公共空间类城市更新

9.5.1 公共空间类城市更新概述

最狭义的公共空间就是指道路,另一类是公共配套设施,如学校、医院、广场、公园,实际上这些用地是政府的产权,所以将其作为广义的公共空间。城市的公共空间为城市居民提供服务,为所有人共享,因而城市公共空间的建构和优化是城市更新中的重要议题。随着我国城市的快速发展,对城市公共空间的更新提升成为城市建设精细化发展阶段的要求。在我国一些经济先发地区的大城市,城市公共空间的更新已然成为城市发展的一种方式。

因公共空间的类型和使用者不同,其物质环境更新的目标也存在差异。公共空间的更新首先意味着功能的更新,多种功能的混合应当被考虑;公共空间的开放性也会对使用者产生影响,通过与城市或自然要素的连接,形成良好的可达性和开放界面,提升空间的吸引力;城市公共空间与人群活动形成互构关系,通过公共空间的规划设计将城市生活的魅力转变为物质环境的魅力,以人在公共空间中的活动和体验充实场所氛围。

9.5.2 公共空间类城市更新主要问题

公共空间类城市更新以提升绿色空间、滨水空间、慢行系统等环境品质为主,适用于城市建成区内可承载游憩观光、运动休闲、交通通行等公共活动功能的空间场所,如街道步道、公园广场与运动场地等开敞空间,以及桥下空间、防空洞等可挖潜利用的空间[1][2]。

根据更新用地的空间和功能特征,可将公共空间类城市更新主要归为三类:绿色系统空间、街道水岸空间、城市微小空间。

表9-9 公共空间类城市更新的主要问题

类型	对象	问题	更新难点	主要更新方式
绿色系统空间	需提质的城市大型公园绿地及系统连接城市中各类公园、广场等的路径	公共空间之间缺乏系统联系,游玩体验不佳 公共空间可达性不强,使用效率低	全域系统性梳理涉及面广,工程庞大;渐进式梳理,优先解决可达性,总体更新周期长	密织城市绿道网络,有机串联城市综合公园、郊野公园和特色滨水空间,精心布局城市游园绿地和口袋公园

---

[1] 北京市住房和城乡建设委员会. 北京市城市更新条例[S]. 北京:北京市住房和城乡建设委员会. 2022:11-25.

[2] 重庆市住房和城乡建设委员会. 重庆市城市更新技术导则[S]. 重庆:重庆市住房和城乡建设委员会. 2022:45.

续表

类型	对象	问题	更新难点	主要更新方式
街道水岸空间	市区可承载游憩观光、运动休闲,但风貌环境差的老旧街巷和滨水岸线	优质空间条件未得到有效利用,有待开发 已开发的空间缺乏特色和文化内涵,吸引力弱	水岸空间更新周期长,投入大,或涉及环境整治,成本高	通过设施嵌入、功能融入、文化代入等举措,提升街巷空间品质和文化魅力。将有条件的城市内河道打造为滨水游园、共享空间,丰富沿河功能业态
城市微小空间	可利用的边角地、夹心地、插花地等零星用地,老旧社区公共活动场地等	老旧社区缺乏公共活动场地,亟须公共空间提升 低效的零星用地,不便开发建设	零星用地腾挪,拆违难,需充分征求民众意见,自下而上营造微小公共空间	注重以"小规模、低影响、渐进式、适应性"为特征的更新方式。通过在开放式公园、游园绿地、公共广场等区域新改建小型建构筑物,布局小型城市客厅,打造人民群众家门口的惠民公共空间

资料来源:《南京市城市更新办法》(2023)

9.5.3 公共空间类城市更新设计的重点

1. 公共空间更新设计的重点是回归"以人为本"

公共空间的存在形式多种多样,不同的公共空间更新采取的设计策略和工作重点不尽相同,但其核心是关注城市居民在空间场所中的体验和感知。因此,公共空间更新设计的最终目的是将人的使用和感受作为设施优化的出发点,而不是仅仅考虑设施的功能性。将以人为本的理念融入到优化设计中,要关注尺度、位置、操作方式等细节是否符合居民的行为习惯,要吸引人们去主动使用公共空间中的设施,使得空间的人气增高、活力增加。

2. 面向以步行为基本视角的街道设计

街道是构成城市公共空间的基本要素,也是公共空间类更新设计的主要对象,应重点关注道路的平面、断面和沿线建筑界面的优化,因地制宜进行街道空间分配。在街道空间资源有限的情况下,优先考虑步行和非机动车行的需求。

街道断面的优化应将沿街建筑立面和街道路面共同形成的U形界面内的空间作为一个整体进行设计。道路红线若需调整应进行交通影响分析,集约利用土地资源,形成宜人的尺度和空间感受。生活性街道断面应保证充足的步行空间,车行空间宜保持紧凑,以加强街道两侧的活动和视觉联系。

生活性道路应考虑形成连续的街道界面,规划设计应提出沿线商业、办公等建筑的贴线率,一般不应低于60%。步行街、商业街沿线建筑贴线率可以适度提高。历史街巷应遵循原有建筑的贴线率,以保持原有的空间尺度。沿城市生活性街道应集中设计零售商业、餐饮、公共服务设施,加强首层功能的公共性和界面的开放性,鼓励建筑沿街部分采用骑楼、敞廊等形式形成丰富的半室外空间。

3. 提升绿地广场空间的公共属性

绿地和广场空间是传统意义上的典型公共空间,但传统规划设计中在尺度、公共性、功能、绿化等方面有所欠缺。对于一般性的街头公园绿地应关注其公众开放程度,规划应明确不得设置实体围墙予以围挡。沿街界面应通透,与公共交通站点结合,与快速机动交通适当隔离,以保证绿地与外部街道空间的视觉连续性和空间开敞度,方便市民进入绿地空间。对于广场空间,规划应重点关注其使用性质及人流量的需求,同时兼顾城市整体公共空间系统的建构要求,合理确定广场的规模和尺度。广场设计应将建筑界面的设计与广场空间设计同步,周边建筑界面应保持连续完整。鼓励沿广场周边的建筑界面通过"灰空间"的设置,形成广场至建筑的空间过渡。规模较大的广场应统筹考虑市政设施、停车设施等的整合布置。

4. 关注沿山、滨水、建筑前区等特殊类型的公共空间的规划指引

沿山滨水的公共空间,在规划设计前应首先明确相关建筑控制性内容,充分尊重地形地貌特征,协调人工与自然的关系,减少人工建设对自然环境的侵扰。规划设计应顺应高差和岸线形态,形成与地形有机融合、体验丰富的交通路径。临山滨水的开发建设用地与山(体保护线)水(岸线)之间宜保持适当的后退距离。控制沿山、沿水面的宽度,地块之间除一般道路外,可通过增设垂直于山体或水岸的绿廊,加强山水景观的渗透。

建筑前区的公共空间应关注空间界面的合理优化,商业界面应具有功能性连续。生活性街道的建筑界面,鼓励通过局部平面、剖面变化,形成适宜市民短暂停留、休憩的微空间。建筑前区的场地设计与建筑主入口形成良好的空间导向性,实现人流流向的自然导引,鼓励城市建筑近地面层空间的公共化。

9.5.4　公共空间类城市更新规划设计策略

公共空间更新以"完善系统、提升品质、彰显特色"为导向,将公共空间与城市的功能、景观要素紧密联系,提升市民日常活动的便捷性与舒适性。

1. 滨水空间

以营造景观宜人、休闲舒适、颇具魅力的特色公共空间为目标,逐步将城市滨水核心地区的仓储物流、专业市场等老旧功能区域转变为文化展览、休闲商业等特色功能片区或特色节点,构建连续、多彩的城市生活服务功能带。鼓励保留并利用具有历史价值的厂房、老旧建构筑物,实现历史要素与现代需求的融合。对生态被破坏的城市水体进行治理和河流整治,整治滨水护岸,进行生态修复。充分利用滨水开敞空间,设置满足游憩、亲水、交流、健身等多种功能的公共活动空间,为市民提供丰富有趣的空间体验。对

城市公共空间的核心地带严控新建建筑高度,保障滨水空间慢行系统的连续性与可达性,形成整体贯通、节奏有序的滨水开敞空间。

2. 慢行系统

在充分考虑居民使用需求,展现城市山水特色的基础上,通过加强系统联系、营造游憩特色等方式,构建便捷舒适、全龄友好的高品质慢行系统。鼓励结合地形特征,通过串联老旧街区、街巷等历史人文资源,打造独具特色的街巷步道;加强滨江步道与城市腹地的步行联系,打造亲水观景的滨江步道。优化轨道交通站点周边慢行步道网络,提高站点可达性。在轨道交通站点周边地区,通过连通背街小巷,优化过街天桥、地下通道等过街设施,塑造轨道站点周边高密度的慢行网络,增加站点可达性。

3. 公园广场

以激发公共空间活力、联系社区生活为目标,整治提升公园广场的空间环境,使其成为居民日常生活联系的纽带。结合老旧公园广场的空间环境、人文特色和使用需求,进行主题性策划,加强公园广场的差异化、辨识度塑造,激发空间再生活力。优化绿化空间布局,细化景观植被设计。鼓励对景观植被的组合搭配进行优化设计,打造具有连续性和节奏感、疏密有致、开合有度的景观体系。充分结合不同人群、不同时段的空间使用需求,通过铺装优化、公共艺术植入等方式,设置丰富多元、可塑性强的场所空间,满足多样的弹性使用需求。

4. 街道环境

推动街道空间更新,发挥城市活力重要空间载体的作用,营造街道的生活气与归属感。贯彻人行优先理念,营造安全舒适、连续无障碍的步行空间。根据街道等级、区段与功能等因素,合理划分街道断面,整合布局街道设施,鼓励建筑前区与街道空间的一体化设计,充分保障人行空间的有效通行宽度。建筑前区不小于5%的占地面积,或不小于400平方米的开放空间用地应纳入城市公共空间体系,同时鼓励城市建筑近地面层空间的公共化[①]。提升街道景观环境,打造舒适宜人的步行环境。优化界面通透性,艺术化设计家具小品,激发街巷活力氛围。优化临街界面,合理划定外摆空间,提供交往场所;加强界面通透性,鼓励将封闭围墙换为通透式景观围栏,实现内外景观渗透;细化家具小品设计,融入公共艺术作品,扮靓小微空间节点,激发街巷活力氛围。

5. 低效闲置空间

识别城市中的边角用地及低效利用空间,结合城市片区空间功能需求,通过精细化、复合化挖掘利用潜在空间资源,补足公共活动空间与设施短板。梳理城市零星边角用地,结合城市活动与设施需求,补足体育运动、社区服务、社会停车等设施短板。统筹协

---

① 南京市规划和自然资源局.南京主城公共空间规划[Z].南京:南京市规划和自然资源局,2019.

调桥下空间与腹地衔接的景观营造,在不影响结构安全的前提下,对可达性不佳、地形地貌条件复杂的桥下空间,宜以生态修复为主;可达性较好、地形较为平整的桥下空间,鼓励因地制宜设置步行道、运动健身场地等公共活动空间。针对城市核心区低效利用的交通站场用地,鼓励通过上盖建设增加立体公共空间,提升空间价值。

9.5.5 相关案例

【黄浦江东岸滨江开放贯通规划】[①]

1. 更新背景

黄浦江滨江地区,特别是东岸沿岸地区作为上海全球城市战略的重要支撑空间,从生态、历史、市民生活等多元化角度反映着城市的面貌,但目前其滨江城市公共空间仍在功能、品质、开发建设等方面存在问题,其空间品质亟待提升。

2. 更新策略

东岸公共空间的更新旨在"还江于民",创建上海绿色开放的滨水区、历史文化的展示区、市民活动的综合区、互动的体验区、转型的示范区,打开黄浦江滨江第一界面,打造属于人民的公共空间,健身、旅游、休闲的生活岸线,具有魅力的市民舞台与城市客厅。关于东岸公共空间的更新,这里提出五项更新策略。

(1)铺绿。以自然为本底,融入地区生态格局,构建亲水宜人的绿色岸线。

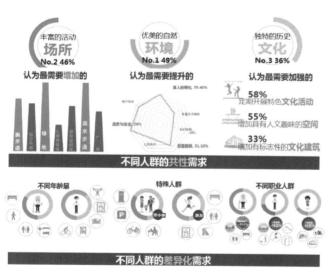

图9-21 更新需求分析
资料来源:杨伊萌.城市公共空间更新的探索与实践——以黄浦江东岸滨江开放贯通规划为例[J].上海城市规划,2017(2):47.

图9-22 更新空间策划
资料来源:杨伊萌.城市公共空间更新的探索与实践——以黄浦江东岸滨江开放贯通规划为例[J].上海城市规划,2017(2):49.

---

① 杨伊萌,城市公共空间更新的探索与实践——以黄浦江东岸滨江开放贯通规划为例[J].上海城市规划,2017(2):46-51.

（2）穿线。在东岸公共空间中嵌入慢行休闲步道体系，同时考虑水上和陆域公共交通，将亲水漫步道、林间跑步道、堤上骑行道、江上游船和陆上空轨五条纵向线路织入公共空间。

（3）镶嵌。开放公共绿地，重塑具有活力的城市公共空间，以布局均衡为原则配置节点广场，为多样活动的开展提供舒适宜人的场地。

（4）点缀。完善未来公共空间的服务功能，在充分利用周边现有设施的同时，适量新增具有特色的滨江公共服务设施，与象征东岸地区的特色构筑物相结合，形成代表该区域的景观标识。

（5）提亮。营造东岸沿线多个区域亮点，通过绿色、智慧和具有创意的方案设计，形成滨江特色主题区段和活力聚集的重要节点。

黄浦江东岸城市公共空间的更新用创新的思路，解决难点问题，强化沿江的整体协调，推进公共空间的绿色、开放、共享。通过控规的局部调整将更新内容纳入法定规划，确保了规划目标和理念贯穿项目设计和建设实施，可以为其他地区城市公共空间的更新提供经验借鉴。

现行的城乡规划、国土空间规划管理体系主要为增量年代以土地开发为核心的新增建设而设计，不能完全适应以存量提质增效为核心任务的城市更新实际需求。现行的建筑设计规范均以新建建筑为对象，其规定的日照要求、消防间距、节能标准等，无法适应老旧城区建筑年代久远、类型纷繁复杂的实际，现有产权登记方面的有关规定也无法满足复杂的更新诉求。如何通过规划、建筑设计手法创新以及日照间距、公共配套的适度折让，兼顾城市更新的经济可行性和相关管理规范刚性要求，实现可持续性的存量更新，是规划管理制度必须做出的改革创新。

图 10-1　中国建筑气候区划图
资料来源：根据《建筑气候区划标准》（GB50178—93）改绘

10.1　日照管理与建筑间距

10.1.1　关注日照的意义及相关概念

日照是指太阳光照射在物体表面上的时间和强度。阳光直接照射到建筑地段、建筑外围护结构表面和房间内部的现象，称为建筑日照。日照可促进生物的新陈代谢，阳光中的紫外线能够预防和治疗一些疾病，充足的日照能提高室内的舒适度，具有杀菌消毒的卫生作用，同时利于建筑的节能采暖。

第十章　城市更新重点管理政策创新

日照间距指前后两排南向房屋之间,为保证后排房屋在冬至日(或大寒日)底层获得不低于两小时的满窗日照而保持的最小间隔距离。一般经验参考日照间距系数。随着计算机的普及,计算方法已经改进为计算机日照分析。

10.1.2 相关日照规范制度

建筑日照标准指的是根据建筑物(场地)所处的气候区、城市规模和建筑物(场地)的使用性质,在日照标准日的有效日照时间带内阳光应直接照射到建筑物(场地)上的最低日照时数。新中国成立以来,我国分别于1980年、1986年、1994年、2002年、2018年制订和补充了住宅日照等相关规范和标准,从照搬苏联模式逐步调整完善形成了现今的日照规范性要求。

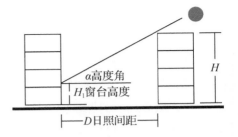

图10-2 日照间距示意图
资料来源:作者自绘
[H——前幢房屋女儿墙顶面至地面高度;
H₁——后幢房屋窗台至地面高度。
(根据现行设计规范,一般 H₁ 取值为0.9米,
H₁>0.9米时仍按照0.9米取值)
实际应用中,常将 D 换算成其与 H 的比值,
即日照间距系数(即日照系数 =D/H),
以便于根据不同建筑高度算出相同地区、
相同条件下的建筑日照间距。]

从20世纪50年代起,国家开始关注建筑日照间距问题,起初沿用苏联日照规范,由于中苏日照条件和地理纬度不同,导致日照间距较大、布局松散、用地浪费、忽视住宅朝向等问题。20世纪60—70年代,进入反思、改进阶段,全国各地开展大量实际调查,结合调研成果,设置推荐日照时间指标,供建筑日照设计参考。

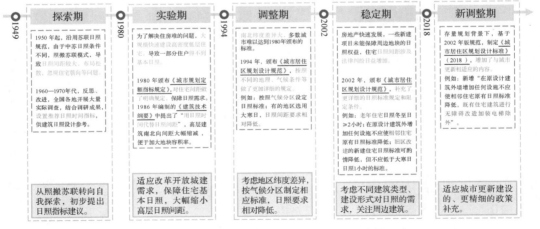

图10-3 我国不同时期有关日照管理规定变化
资料来源:作者自绘

1980年国家颁布了《城市规划定额指标规定》,对住宅间距做了明确性规定,要求保障日照需求,但是为了适应改革开放初期大量城市建设与用地的矛盾,解决城市住房难的问题,各地大规模快速建设了一批高密度低层住宅,大幅缩小了日照间距,导致一部分

住户得不到基本日照保障。1986年编制的《建筑技术纲要》中提出了"用日照时间代替日照间距",此后,为了加大地块容积率,各地很多高层建筑南北向间距大幅缩减。

由于我国国土面积辽阔,南北纬度、东西高差、局部气候具有较大差异和分区特征,以及各地生活习惯的不同,多数城市难以达到1980年《城市规划定额指标规定》的日照要求。1994年,国家进一步颁布了《城市居住区规划设计规范》,按照不同的地理、气候条件等对日照及建筑间距做了更加详细的规定。

进入新千年,各地房地产业持续蓬勃发展,由于有些地产项目一味追求高容、高密带来的商业收益,导致部分新建建筑未能保障周边地块的日照权益,住宅日照间距涉及法律纠纷日益增加。2002年,更新后的《城市居住区规划设计规范》补充了更详细的日照标准规定和限定条件,考虑了不同建筑类型、建设形式对日照的需求,以及关注建设项目周边地块内建筑的日照保障。例如:老年住宅日照冬至日≥2小时;在原设计建筑外增加任何设施不应使相邻住宅原有日照标准降低;旧区改建的新建住宅日照标准可酌情降低,但不应低于大寒日日照1小时的标准。

2018年,在存量更新类项目逐渐增多的趋势下,旨在适应中国经济由高速增长阶段转向高质量发展阶段的新要求,以高标准支撑和引导我国城市建设、工程建设高质量发展,住建部进一步颁布了《城市居住区规划设计标准》,增加了与城市更新相适应的内容。例如:"在原设计建筑外墙增加任何设施不应使相邻住宅原有日照标准降低,既有住宅建筑进行无障碍改造加装电梯除外"。

1.《城市居住区规划设计标准》(GB50180—2018)相关规定

4.0.7 居住街坊内集中绿地的规划建设,应符合下列规定:"3.在标准的建筑日照阴影线范围之外的绿地面积不应少于1/3,其中应设置老年人、儿童活动场地";

4.0.8 住宅建筑与相邻建、构筑物的间距应在综合考虑日照、采光、通风、管线埋设、视觉卫生、防灾等要求的基础上统筹确定,并应符合现行国家标准《建筑设计防火规范》

表10-1　住宅日照建筑标准

建筑气候区划	Ⅰ、Ⅱ、Ⅲ、Ⅶ气候区		Ⅳ气候区		Ⅴ、Ⅵ气候区
城区常住人口/万人	≥50	<50	≥50	<50	无限定
日照标准日	大寒日			冬至日	
日照时数/小时	≥2		≥3		≥1
有效日照时间带 (当地真太阳时)	8时—16时			9时—15时	
计算起点	底层窗台面				
注:底层窗台面时指距室内地坪0.9米高的外墙位置					

资料来源:《城市居住区规划设计标准》(GB50180—2018)

（GB 50016）的有关规定；

4.0.9 住宅建筑的间距应符合表4.0.9的规定；对特定情况，还应符合下列规定："1.老年人居住建筑日照标准不应低于冬至日日照时数2小时；2.在原设计建筑外增加任何设施不应使相邻住宅原有日照标准降低，既有住宅建筑进行无障碍改造加装电梯除外；3.旧区改建项目内新建住宅建筑日照标准不应低于大寒日日照时数1小时。"

2.《住宅设计规范》（GB50096—2011）相关规定

7.1.1 每套住宅应至少有一个居住空间能获得冬季日照；

7.1.4 卧室、起居室（厅）、厨房的采光系数不应低于1%；当楼梯间设置采光窗时，采光系数不应低于0.5%。

3.《民用建筑设计统一标准》（GB50352—2019）相关规定

4.2.3 新建建筑物或构筑物应满足周边建筑物的日照标准；

7.1.1 建筑中主要功能房间的采光计算应符合现行国家标准《建筑采光设计标准》（GB 50033）的规定；

7.1.2 居住建筑的卧室和起居室、医疗建筑的一般病房的采光不应低于采光等级IV级的采光系数标准值，教育建筑的普通教室的采光不应低于采光等级III级的采光系数标准值，且应进行采光计算。

采光应符合下列规定：1.每套住宅至少应有一个居住空间满足采光系数标准要求，当一套住宅中居住空间总数超过4个小时，其中应有2个及以上满足采光系数标准要求；2.老年人居住建筑和幼儿园的主要功能房间应有不小于75%的面积满足采光系数标准要求。

10.1.3 各地区日照分析技术的探索

随着人们对居住环境的要求不断提高，日照采光权的纠纷问题成为社会热点，各个地方都在不断出台有关日照分析的技术规程，早在上个世纪八十年代国内日照计算就已经应用日照间距系数的方式进行手工估算，使用计算机精确逐点分析计算在2000年左右也已经逐渐普及开来并得到广泛应用。但是，日照分析当时还存在诸多问题，其中一个突出问题就是我国当时还没有正式颁布实施专门针对日照分析的相关标准，日照分析依据的条文多来自规划和建筑设计类标准，其中国家标准中关于日照计算相关的规范条文过于笼统，很难适应各地具体情况[1]。

2014年，为精细化建筑日照管理，强化技术手段的支持，住建部颁布了《建筑日照计算参数标准》（GB/T50947—2014），除了明确了计算参数外，还针对性地涉及和日照相关的多方面内容，比如数据要求、建模要求、计算方法和计算结果误差的条文。一般在国家

---

① 王会一，姜立，张志远，等.《建筑日照计算参数标准》中几个问题的讨论[J]. 土木建筑工程信息技术，2014，6（3）：108.

发布一项标准后，各省地市会进行标准、严格的细化，以便解决国家标准不明确或无量化的情况。

在地方法规标准层面，最早可追溯到1990年，开始对建筑物采光间距进行了规定。如今，在我国的34个省级行政区、600多个城市中，共有6省、103市结合了当地的气候条件和城市环境等因素，对建筑日照法规进一步进行编制与管理，主要包括了城市规划管理条例、建筑间距管理办法、建筑日照技术标准、日照分析技术管理规定等方面。[①]

1.浙江省《城市建筑工程日照分析技术规程》

2016年，浙江省住建厅修订了《城市建筑工程日照分析技术规程》（DB33/1050—2016），对日照分析基准面做了局部调整，使其更具有可操作性；日照计算参数中新增日照基准年；明确了日照分析被遮挡建筑的计算范围。

在规划地块的日照分析要求中明确了如下内容：

为维护相邻地块的开发权益，拟建建筑周边为尚未进入实施阶段但已编制详细规划的规划地块时，应进行模拟日照分析。

拟建建筑北侧的规划用地属日照分析对象时，应对规划地块做等时线分析，其标准的日照等时线不应超越当地规划管理部门要求的满足日照标准的规划控制线。

拟建建筑为日照分析对象且其南侧为规划高层地块时，应对规划地块按控制性详细规划或规划条件要求做模拟方案，并作为遮挡建筑对拟建建筑进行日照分析。

拟建日照分析对象的东、西两侧为规划高层地块时，应对规划地块按控制性详细规划或规划条件要求做模拟方案，作为遮挡建筑对拟建建筑进行日照分析；规划高层地块为日照分析对象时，应对其模拟方案进行外轮廓沿线分析。

被遮挡的规划地块和受模拟建筑影响的被遮挡建筑的日照分析结果，仅供规划管理部门参考。当规划地块实施时，应重新进行日照分析。

2.《江苏省日照分析技术规程》

2019年发布的《江苏省日照分析技术规程》（DB32/T 3702—2019），在适用范围相关内容中，明确了对于低、多层住宅，部分城市施行建筑日照间距控制，部分城市施行建筑日照间距控制和建筑日照分析控制，根据各地的经验，应由当地的城乡规划主管部门确定具体项目的控制要求。

在相邻地块的日照分析要求中，考虑到地块开发过程中，先建设地块占用相邻的后建设地块的日照资源，从而影响土地使用效益的现象比较普遍，为尽可能地避免相邻地块因开发建设时序不同而造成的日照资源、土地开发强度的分配不公，明确了相邻地块

① 刘韬.我国建筑日照法规的编制、执行与优化研究——基于日照权相关司法案件的统计分析［J］.城市建筑，2022，19（17）：129.

的日照分析要求：

拟建建筑的相邻地块为现状建筑时，应根据建筑实测图或档案资料建立现状模型与拟建建筑进行组合分析。

拟建建筑的相邻地块为规划地块时，应按下列规定进行模拟日照分析：

a）拟建建筑北侧的规划地块位于日照分析范围内时，可使用多点区域分析或等时线分析方法进行计算；

b）拟建建筑南侧的规划地块位于日照分析范围内时，应根据详细规划或规划条件要求做模拟方案，作为遮挡建筑进行日照分析；

c）拟建建筑东、西两侧地块位于日照分析范围内时，应根据详细规划或规划条件要求做模拟方案，作为遮挡建筑或被遮挡建筑参与日照分析；

d）当规划地块实施开发时，应重新进行日照分析。

3.《深圳市建筑设计规则》

2019年，深圳市规划和国土资源委员会修订完善了《深圳市建筑设计规则》，对建筑间距和建筑日照进行了明确规定。

在建筑间距要求中，在满足国家、省、市要求的内容外，与自然景观资源或重要的公共空间（如居住区级及以上规模用地配建的城市广场、公园等）直接相邻一侧的建筑物，建筑高度不超过24米的建筑，建筑间距不得少于12米；建筑高度超过24米的建筑，建筑间距不得少于18米。

非住宅建筑位于高层、超高层住宅建筑北侧，建筑间距如下：当建筑主朝向平行布置，高度不大于24米时其间距不应小于非住宅建筑高度的0.7倍，且不得小于13米；高度大于24米不大于100米时其间距不得小于18米；高度大于100米时，其间距不得小于24米。当两幢建筑主朝向的夹角小于或等于30度时，其最窄处间距应按平行布置的间距控制，其他情况下非住宅建筑与住宅建筑间距按住宅建筑间距控制。

在建筑日照要求中，明确了需要进行日照分析的情形，包括：（1）拟建建筑对用地内其他拟建日照需求建筑产生日照遮挡影响。（2）拟建建筑对周围已建、在建或已通过方案核查待建日照需求建筑产生日照遮挡影响。（3）周围已建、在建或已通过方案设计核查待建的建筑对拟建日照需求建筑产生日照遮挡影响。（4）因建筑设计方案调整，致使日照需求建筑的位置、外轮廓、户型、窗户等改变，或日照遮挡建筑的位置、外轮廓改变的，应对调整后的方案重新进行日照分析。

4.《上海市日照分析技术规范》

2021年，上海市规划和自然资源局印发了《上海市日照分析技术规范》，明确了地块之间日照资源均衡使用的相关要求：

拟建项目周边有待开发但尚未审定建筑设计方案的相邻地块，为维护相邻地块权益,应预留日照资源。

未审定建筑方案的地块,如在控制性详细规划编制阶段已有模拟方案的,在项目审批阶段可按照控制性详细规划中的模拟方案进行日照分析;没有模拟方案的,在项目审批阶段应按照控制性详细规划确定的相邻地块的用地性质、容积率、控制高度、退界、间距等要求,进行模拟方案分析。

模拟建筑属于客体建筑范围的,应确保模拟建筑满足日照要求;模拟建筑属于主体建筑范围的,应确保拟建建筑满足日照要求。

5.《南京市日照影响分析规划管理办法》

2024年1月,南京市政府发布了《南京市日照影响分析规划管理办法》,延续了原南京市规划局发布的《南京市日照影响分析规划管理办法》(宁规规范字〔2017〕9号)的整体框架,对部分条款进行了优化完善。主要包括了调整日照分析软件的要求、完善养老类建筑的日照要求、明确幼儿园有日照要求的用房、明确绿地的日照要求、增加租赁住房的日照要求、明确异形公共建筑空间的日照主朝向,以及结合实际完善现状建筑数据来源要求,完善装饰柱、干挂等突出物建模要求,细化原有住宅建筑的日照要求等。

在相邻地块的日照分析要求中,明确了为维护相邻地块的开发权益,拟建建筑周边为尚未进入实施阶段但已编制控制性详细规划的规划地块时,应进行模拟日照计算。具体范围由规划资源主管部门确定。当规划地块正式实施时,应重新进行日照分析。

同时,对于民生保障、地区发展具有重要作用的建设工程项目,因地块形态等因素限制确实难以满足日照要求的,规划许可前建设单位应组织专家专项论证并经区政府同意。

10.1.4　城市更新中日照要求面临的主要问题

存量规划背景下的城市更新,面对更多元的主体、更复杂的建成环境,面临更多的新需求、新变化、新问题,现行日照规范和技术标准大多是针对新建建设项目提出的日照间距要求,无法完全适用于存量改造的项目。

城市更新中日照方面面临的主要问题归结于两点:一是,更新建筑自身日照时长不足,老旧城区因建成时间较早、缺少科学规划和相应的审批,日照无法达到现行标准和规范的要求。若按既有规范标准,无法通过相关项目审批流程。二是,城市更新类的项目大多在既有城市建成环境中,更新时,不光要考虑地块内部的日照要求,还要兼顾周边地块的日照权益,加上大多数改造项目周边的建筑本身不满足当地日照要求,改造地块即便是按照原有的建筑经济技术指标建设,仍然无法满足周边地块的日照要求。

10.1.5　各地改革探索

在城市更新过程中,针对日照间距未满足现行规范标准的问题,很多地区进行了相关探索,一般采取"一事一议""按不低于现状水平控制""适当放宽指标"三类措施,实行特殊的日照管理标准。

表10-2　城市更新中日照管理相关政策一览表

序号	类型与措施	政策规范名称	出台时间	层级
1	一事一议	《关于全面推进城镇老旧小区改造工作的指导意见》	2020年	国家
2		《福建省老旧小区改造实施方案》	2020年	省级
3		《沈阳市城市更新管理办法》	2021年	市级
4	按不低于现状水平控制	《支持城市更新的规划与土地政策指引》(2023版)	2023年	国家
5		《江苏省城镇老旧小区改造技术导则》(试行)	2022年	省级
6		《杭州市人民政府办公厅关于全面推进城市更新的实施意见》	2023年	市级
7		《北京市城市更新条例》	2022年	省级
8		《厦门市实施城市更新行动的指导意见》	2022年	市级
9		《北京市人民政府关于实施城市更新行动的指导意见》	2021年	省级
10		《广州市城市更新条例》(征求意见稿)	2021年	市级
11		《重庆市城市更新管理办法》	2021年	省级
12		《天津市老旧房屋老旧小区改造提升和城市更新实施方案》	2021年	省级
13	适当放宽指标	《济宁市支撑城镇老旧小区改造十条措施》	2020年	市级
14		《开展居住类地段城市更新的指导意见》(南京市)	2020年	市级
15		《居住类地段城市更新规划土地实施细则》(南京市)	2021年	市级
16		《关于大力推进城镇老旧小区改造工作的指导意见》(江苏省)	2022年	省级

资料来源：作者整理

1. "一事一议"

国家层面，住建部《关于全面推进城镇老旧小区改造工作的指导意见》(2020)提出要完善适应改造需要的标准体系，要求各地要抓紧制定本地区城镇老旧小区改造技术规范，提出因改造利用公共空间新建、改建各类设施涉及影响日照间距的，可在广泛征求居民意见基础上一事一议予以解决。

省级层面，《福建省老旧小区改造实施方案》(2020)提出因改造利用公共空间新建、改建各类设施涉及影响日照间距的，可在广泛征求居民意见基础上一事一议予以解决。

市级层面，《沈阳市城市更新管理办法》(2021)第三十条提出，因历史风貌保护、旧住房更新需要，建筑间距等无法达到标准和规范的，有关部门应当按照环境改善和整体功能提升的原则,通过规划设计方案确定规划效力,按照一事一议原则,制定适合的标准和规范。

也有的城市提出在征求相关利益相关方意见基础上,对于日照影响较大的现状建筑所有人给予一定经济补偿作为辅助手段,以取得日照要求与社会综合效益之间的平衡。

部分城市已出台日照损害赔偿相关政策,主要基于被遮挡的时间、建筑面积等不同因素,新建建筑建设单位对受影响的现状建筑所有人给予一次性经济赔偿。如《沈阳市居住建筑间距和住宅日照管理规定》第二十九条规定,确因用地条件限制,新建建筑遮挡周边原有住宅,达不到大寒日日照时长2小时标准的,在办理规划审批手续前,建设单位可与被遮挡户协商按市场评估价格进行货币购买住宅或房屋换住安置;协商不成的,可根据规定标准按房屋建筑面积给予一次性经济补偿。

2.“按不低于现状水平控制”

自然资源部出台《支持城市更新的规划与土地政策指引》(2023)提出鼓励根据实际情况,结合城市更新需求,完善地方规划和建设技术标准,在保障公共安全的前提下,尊重历史、因地制宜,在城市更新中对建筑间距、建筑退距、日照标准等无法达到现行标准和规范的情形,可通过技术措施以不低于现状条件为底线进行更新,并鼓励对现行规划技术规范进行适应性优化完善。

成都市规划和自然资源局等5部门联合发布的《关于以城市更新方式推动低效用地再开发的实施意见》(2024年5月1日起施行)规定:结合城市更新需求,在满足安全、消防、环保、卫生等要求的前提下,尊重历史、因地制宜,对危旧住房成套化改造项目和历史文化街区核心区内的城市更新项目,在改造中对建筑间距、建筑退距、建筑面宽、建筑密度、日照标准、绿地率、机动车停车位等无法达到现行标准和规范的情形,可通过技术措施以不低于现状条件为底线控制。

《江苏省城镇老旧小区改造技术导则》提出:老旧小区改造不应造成相邻托儿所、幼儿园、中小学教学楼及养老院等有日照要求的建筑日照标准低于国家及地方标准,若相邻建筑物原日照标准低于国家标准,则改造不应使其日照条件继续恶化。如南京市玄武区卫巷更新,现状满足日照2小时仅有28户,改造更新后满足日照增加到38户,现状日照条件差、不足0.5小时的有20户,改造后减少到仅有1户。

《北京市人民政府关于实施城市更新行动的指导意见》(2021)提出:在按照《北京市居住公共服务设施配置指标》等技术规范进行核算的基础上,满足消防等安全要求并征询相关权利人意见后,部分地块的间距等可按不低于现状水平控制。《北京市城市更新条例》(2022)第四十四条规定:在保障公共安全的前提下,城市更新中建筑间距、日照时间等无法达到现行标准和规范的,可以按照改造后不低于现状的标准进行审批。

《重庆市城市更新管理办法》(2021)第三十二条规定:在原有建筑轮廓线范围内的更新改造,建筑间距按照不小于现状水平控制;超出原有建筑轮廓线的,原则上按照0.5

倍间距控制；加装电梯、消防设施（含消防电梯、消防楼梯、消防水池等）的，满足消防间距即可。

《广州市城市更新条例》（征求意见稿）（2021）第三十六条规定：建筑间距可以按照现行规划技术规定折减百分之十，或者不低于原有建筑的建筑间距。受条件限制确有困难的，可以综合运用新技术、新设备、加强性管理等保障措施，经行业主管部门会同相关部门组织专家评审论证通过后实施。

《天津市老旧房屋老旧小区改造提升和城市更新实施方案》（2021）提出：老旧房屋改造提升改建类和城市更新综合整治类项目建筑退线应与周边建筑退让协调，日照、消防不应低于现状水平，且应符合国家和本市规定的有关采光、通风、防灾等要求。历史文化街区内，非保护性的老旧房屋进行改建、重建时，间距、退让、日照等指标按照不低于现状水平控制。

《厦门市实施城市更新行动的指导意见》（2022）提出：对于保护传承类、提升改造类城市更新项目，在满足房屋安全、消防安全、历史文化保护等要求的前提下，拆除重建、改扩建地块的建筑退界和间距、日照间距等要求，依法可按不低于现状水平进行控制。

《杭州市人民政府办公厅关于全面推进城市更新的实施意见》（2023）提出：对于文化传承及特色风貌塑造类、居住区综合改善类、产业区聚能增效类等用地条件有限的城市更新项目，间距、日照等指标要求，可按不低于现状水平进行控制。

3."适当放宽指标"

江苏《关于大力推进城镇老旧小区改造工作的指导意见》（2022）提出，允许确实难以满足现行技术规范的项目，在满足相关要求的前提下，适当放宽相关技术指标，同时鼓励各地通过探索特定项目的规划许可豁免制度、建立设计方案联合审查制度等。

南京市《开展居住类地段城市更新的指导意见》（2020）明确在保障公共利益和安全的前提下，可有条件突破日照、间距、退让等技术规范要求，放宽控制指标。

南京市《居住类地段城市更新规划土地实施细则》（2021）明确涉及危房消险和位于历史地段、历史城区的更新项目，在满足消防、安全等要求的前提下，地块的建筑间距等可根据审定方案确定。项目对周边现状不符合日照标准的建筑不得进一步恶化其日照条件，在征得相关权利人同意后，可适当降低标准。维修整治类项目依据老旧小区改造相关规定执行。如南京市鼓楼区城河村更新项目，通过优化建筑布局方案、征求相关利益人意见，日照间距按照1∶1的要求执行。

10.1.6　创新建议

一定时间的日照能提高室内的舒适度，日照环境对居民身心健康和城市生态化发展具有重要意义。阳光权目前作为一项重要的物权，日益得到居民的重视。日照的相关要求作为影响人居环境品质的重要因素被写入了《中华人民共和国民法典》。因此，科学适当的日照间距是日照权益和城市建设综合效益的有效保障。

城市更新项目对象多是年代久远的建筑,建筑的间距狭窄,按照现行的规划管理技术规定,通风、采光等涉及生活舒适度的指标更加无法达到标准,若增设、改建一些配套项目,即便能有针对部分项目的技术管理规定进行适当的折减间距、退让、高度,相邻的利害关系人也难以同意进行改造,阻碍项目的推进[①]。

为推进城市更新工作,城乡规划管理部门可以依据我国不同地区、不同类型、不同年代的城市更新项目,把握"更新后优于更新前"的原则。在规划设计、建筑设计的审批标准与流程上适度弹性,可以在条件允许的范围内,对包括建筑间距、采光等方面进行合理折减。微改造项目在保持城市肌理和传统风貌的前提下,建筑退让、退界标准不低于现状。建筑间距可以按照现行规划技术规定进行一定程度的折减,或者不低于原有建筑的建筑间距。

对于能够显著提升公共福利、有效加强生态环境与自然资源保护的城市更新项目,准许适当提升开发强度。当然,这种折减和奖励带来的不完美感需要相关利益主体的协调认同,可以通过利益补偿等措施促进一些特殊情况的妥协,以保障相关项目的顺利推进。

10.2　消防防灾等方面

10.2.1　相关法律规范要求

1.《中华人民共和国消防法》与更新规划相关内容

第八条 地方各级人民政府应当将包括消防安全布局、消防站、消防供水、消防通信、消防车通道、消防装备等内容的消防规划纳入城乡规划,并负责组织实施。

城乡消防安全布局不符合消防安全要求的,应当调整、完善;公共消防设施、消防装备不足或者不适应实际需要的,应当增建、改建、配置或者进行技术改造。

第九条 建设工程的消防设计、施工必须符合国家工程建设消防技术标准。建设、设计、施工、工程监理等单位依法对建设工程的消防设计、施工质量负责。

第十条　对按照国家工程建设消防技术标准需要进行消防设计的建设工程,实行建设工程消防设计审查验收制度。

第十一条　国务院住房和城乡建设主管部门规定的特殊建设工程,建设单位应当将消防设计文件报送住房和城乡建设主管部门审查,住房和城乡建设主管部门依法对审查的结果负责。

前款规定以外的其他建设工程,建设单位申请领取施工许可证或者申请批准开工报

[①]　秦虹,苏鑫等.中国城市更新论坛白皮书(2020)[R].北京:中国人民大学国家发展与战略研究院城市更新研究中心,2021:25.

告时应当提供满足施工需要的消防设计图纸及技术资料。

第十九条　生产、储存、经营易燃易爆危险品的场所不得与居住场所设置在同一建筑物内，并应当与居住场所保持安全距离。

生产、储存、经营其他物品的场所与居住场所设置在同一建筑物内的，应当符合国家工程建设消防技术标准。

第二十六条　建筑构件、建筑材料和室内装修、装饰材料的防火性能必须符合国家标准；没有国家标准的，必须符合行业标准。

人员密集场所室内装修、装饰，应当按照消防技术标准的要求，使用不燃、难燃材料。

第二十八条　任何单位、个人不得损坏、挪用或者擅自拆除、停用消防设施、器材，不得埋压、圈占、遮挡消火栓或者占用防火间距，不得占用、堵塞、封闭疏散通道、安全出口、消防车通道。人员密集场所的门窗不得设置影响逃生和灭火救援的障碍物。

第二十九条　负责公共消防设施维护管理的单位，应当保持消防供水、消防通信、消防车通道等公共消防设施的完好有效。在修建道路以及停电、停水、截断通信线路时有可能影响消防队灭火救援的，有关单位必须事先通知当地消防救援机构。

2.《建筑防火通用规范》(GB 55037—2022)与更新规划相关内容

1.0.4　城镇耐火等级低的既有建筑密集区，应采取防火分隔措施、设置消防车通道、完善消防水源和市政消防给水与市政消火栓系统。

1.0.5　既有建筑改造应根据建筑的现状和改造后的建筑规模、火灾危险性和使用用途等因素确定相应的防火技术要求，并达到本规范规定的目标、功能和性能要求。城镇建成区内影响消防安全的既有厂房、仓库等应迁移或改造。

2.1.3　建筑防火应符合下列功能要求：……4 建筑的总平面布局及与相邻建筑的间距应满足消防救援的要求。

2.2.1　建筑的消防救援设施应与建筑的高度（埋深）、进深、规模等相适应，并应满足消防救援的要求。

3.1.1　建筑的总平面布局应符合减小火灾危害、方便消防救援的要求。

3.1.3　甲、乙类物品运输车的汽车库、修车库、停车场与人员密集场所的防火间距不应小于50米，与其他民用建筑的防火间距不应小于25米；甲类物品运输车的汽车库、修车库、停车场与明火或散发火花地点的防火间距不应小于30米。

3.3.1　除裙房与相邻建筑的防火间距可按单、多层建筑确定外，建筑高度大于100米的民用建筑与相邻建筑的防火间距应符合下列规定：1. 与高层民用建筑的防火间距不应小于13米；2. 与一、二级耐火等级单、多层民用建筑的防火间距不应小于9米；3. 与三级耐火等级单、多层民用建筑的防火间距不应小于11米；4. 与四级耐火等级单、多层民用建筑和木结构民用建筑的防火间距不应小于14米。

3.4.1 工业与民用建筑周围、工厂厂区内、仓库库区内、城市轨道交通的车辆基地内、其他地下工程的地面出入口附近,均应设置可通行消防车并与外部公路或街道连通的道路。

3.《城市消防规划规范》(GB 51080—2015)与更新规划相关内容

3.0.1 城市消防安全布局应按城市消防安全和综合防灾的要求,对易燃易爆危险品场所或设施及影响范围、建筑耐火等级低或灭火救援条件差的建筑密集区、历史城区、历史文化街区、城市地下空间、防火隔离带、防灾避难场地等进行综合部署和具体安排,制定消防安全措施和规划管制措施。

3.0.3 城市建设用地内,应建造一、二级耐火等级的建筑,控制三级耐火等级的建筑,严格限制四级耐火等级的建筑。

3.0.4 历史城区及历史文化街区的消防安全应符合下列规定:1. 历史城区应建立消防安全体系,因地制宜地配置消防设施、装备和器材;2. 历史城区不得设置生产、储存易燃易爆危险品的工厂和仓库,不得保留或新建输气、输油管线和储气、储油设施,不宜设置配气站,低压燃气调压设施宜采用小型调压装置;3. 历史城区的道路系统在保持或延续原有道路格局和原有空间尺度的同时,应充分考虑必要的消防通道;4. 历史文化街区应配置小型、适用的消防设施、装备和器材,不符合消防车通道和消防给水要求的街巷,应设置水池、水缸、沙池、灭火器等消防设施和器材;5. 历史文化街区外围宜设置环形消防车通道;6. 历史文化街区不得设置汽车加油站、加气站。

4.4.1 消防车通道包括城市各级道路、居住区和企事业单位内部道路、消防车取水通道、建筑物消防车通道等,应符合消防车辆安全、快捷通行的要求。城市各级道路、居住区和企事业单位内部道路宜设置成环状,减少尽端路。

4.4.2 消防车通道的设置应符合下列规定:1. 消防车通道之间的中心线间距不宜大于160米;2. 环形消防车通道至少应有两处与其他车道连通,尽端式消防车通道应设置回车道或回车场地;3. 消防车通道的净宽度和净空高度均不应小于4米,与建筑外墙的距离宜大于5米;4. 消防车通道的坡度不宜大于8%,转弯半径应符合消防车的通行要求。举高消防车停靠和作业场地坡度不宜大于3%。

4.4.3 供消防车取水的天然水源、消防水池及其他人工水体应设置消防车通道,消防车通道边缘距离取水点不宜大于2米,消防车距吸水水面高度不应超过6米。

10.2.2 城市更新中消防安全的主要问题

待更新地区一般为高密度建成区,包括城中村、老旧住区、旧厂区、历史城区、历史地段等,存在的消防问题主要有:

一是,普遍存在建设强度、密度高,人口集中疏散难、灭火救援条件差、建筑空间的毗邻关系复杂,消防间距不能够满足规范等现实隐患。很多待改造地块主要道路通道宽度只有3—4米,街巷空间1—2米,而规定要求按照建筑耐火等级,建筑消防间距要达到6—9米,要求消防车道的净宽度和净空高度均不应小于4米;转弯半径应满足消防车转弯半径9米;尽头式消防车道还应设置回车道或回车场,回车场的面积不应小于12米×12米,这些都是在目前以"留、改、拆"为手段的存量更新项目中难以实现的。

特别是在历史城区、历史文化街区、文物和历史建筑的保护更新中,消防与保护的矛盾很难协调。2000年以前,有些地方机械地套用消防规范,为保障消防间距、消防通道,出现了拆房拓路改变历史格局的问题。为满足建筑耐火等级,出现了将传统木构建筑改变为混凝土结构,破坏历史风貌和建筑原真性的问题,等等。直到《中国文物古迹保护准则》《城市消防规划规范》等的出台才有所缓解。

二是,建筑耐火等级较低,居住类地段房屋砖木结构居多,耐火等级偏低,砖木建筑耐火等级普遍低于四级;建筑功能混杂,建筑消防设施不足(消火栓、应急照明等)。相关规范要求根据建筑的用途及其重要性、火灾危险性、火灾特性和环境条件等因素综合确定消防给水和消防设施的设置,主要包括火灾自动预警系统、消防水系统、气体灭火设施、泡沫灭火设施、分隔防火设施、排烟送风设施、火灾应急照明与疏散指示标识系统。这些内容以往在建筑设计层面才会予以涉及,传统控制性详细规划中在消防布局上配置相对粗放(消防站覆盖率低、消防通道被占用),规划更关注土地使用和功能安排,不重视消防设施的用地保障和设施的系统化配置,与消防防灾等专项规划衔接存在不同步、不配套的问题。

三是,更新中涉及建筑使用功能和性质的转变,如居住功能转变为文化、商业等公共建筑功能。建筑功能性质的转变不能满足现行的疏散规范要求,部分居住建筑要更新为商业等公共建筑,而规定要求公共建筑内每个防火分区或一个防火分区的每个楼层,其安全出口的数量应经计算确定,且不应少于2个。特殊情况下可设置1个安全出口或1部疏散楼梯。

四是,现行的消防技术规范,强调底线保障性,灵活度不足,难以适应存量更新时代(特别是文物密集地区)消防规划的新要求。加之,消防更新改造涉及产权问题,多方权益协调,难度较大。因而旧区改造项目的改造方案,往往存在消防间距不足、建筑密度过高等问题,难以符合目前标准或规范的要求。

10.2.3 各地区更新中消防问题相关的实践和探索

现行消防管控的要求和主要依据主要有:《中华人民共和国消防法》、《建筑防火通用规范》(GB 55037—2022)、《城市消防规划规范 GB51080—2015》等。为适应新时期城市更新的需要,国家进行了多方面的探索和试点,出台了《关于全面推进城镇老旧小区改造工作的指导意见》(国办发〔2020〕23号)、住建部《关于开展既有建筑改造利用消防设计审查验收试点的通知》(2021)、《建设工程消防设计审查验收管理暂行规定》

（2022），要求各地探索既有建筑改造利用消防设计审查验收管理的简化、优化路径，形成可复制可推广的经验。

1. 江苏省级和南京市级的实践与探索

2022年出台的《江苏省城镇老旧小区改造技术导则》提出："6.0.1　结合小区实际，规范建设消防通道，合理设置微型消防站，确保消防安全。6.0.2　改造后的消防通道应符合国家现行有关标准的规定，当确有困难时不应降低其原有设计标准。"

2023年修订实施的《江苏省消防条例》第三十八条规定：既有建筑改造利用，应当执行现行国家工程建设消防技术标准。受空间、结构等客观条件限制，执行现行国家工程建设消防技术标准确有困难的，应当符合省住房和城乡建设主管部门会同有关部门制定的消防技术要点，消防技术要点不得低于建筑物建成时的消防安全水平。历史文化街区改造确实无法满足前款规定要求的，设区的市、县（市、区）人民政府应当按照管理权限组织编制防火安全保障方案，作为审批、管理的依据。

2022年《江苏省住宅物业消防安全管理规定》第二十五条：乡镇人民政府、街道办事处应当在总建筑面积超过十万平方米、总居住人口超过五千人或者消防安全条件较差的住宅小区推动建立微型消防站，配备必要的灭火救援器材和防护装备，并根据需要在消防安全重点部位和远离微型消防站的适当位置设置灭火逃生器材配置点。其他住宅小区根据需要建立微型消防站。

南京市2020年4月印发了《南京市既有建筑改造消防设计审查工作指南》，解决了既有建筑改造时的新老规范适用难题，完善了既有建筑消防审验的技术依据。5月发布了江苏省首个市级历史建筑防火设计指南，为既有建筑改造消防设计审查打通了技术路径，重点内容有：（1）建筑整体改造：改造建筑与其他相邻建筑的防火间距不满足现行标准的，应在防火间距不足的改造建筑相邻面外墙设置防火墙、甲级防火门窗等防火加强措施。（2）功能未改变的建筑局部改造：改造区域的平面布置、安全疏散距离、所用材料、供电电源及消防线路应执行现行标准，其他内容可适用原标准。（3）功能改变的建筑局部改造：设置疏散楼梯间、新增自动喷水灭火系统、增加消防用水量等部分改造内容可执行原标准。实施以来，指导了1100余个既有建筑改造项目开展消防设计并取得了消防手续，累计建筑体量达280.8万平方米。

2022年出台的《南京市深化"放管服"改革优化城市更新项目消防审验管理的实施意见（试行）》提出要加快建立健全与城市更新相适应的消防审验政策机制。重点改革内容和措施有：

（1）保护修缮项目：历史文化街区、历史建筑、历史风貌建筑、历史街巷等历史地段建筑开展更新改造工程，确实无法满足现行国家工程建设消防技术标准要求的，由改造主体编制保护对象防火安全保障方案并报市级各相关主管部门会审，共同确认后，作为历史地段施工图设计审查及消防设计审查验收工作的技术依据。

（2）改建扩建项目：确有困难无法满足现行国家工程建设消防技术标准要求的，根据不同情况，遵照《南京市既有建筑改造消防设计审查工作指南》、《关于印发〈既有建筑改变使用功能规划建设联合审查办法〉的通知》（宁规划资源规〔2021〕2号）办理。

（3）拆除复建项目：确受条件限制导致无法满足现行国家工程建设消防技术标准要求的，建设单位应制定科学合理的消防实施方案，对照国家工程建设消防技术标准排查梳理薄弱环节并进行性能化补偿，不得降低并确保改善、提升原建筑物消防安全水平。

2022年出台的《南京市历史文化街区及历史建筑改造利用防火加强措施指引》指出，针对历史文化街区、历史建筑改造确实无法满足现行国家工程建设消防技术标准要求的，通过防火替代性、补偿性技术措施为开展消防设计、编制防火安全保障方案及论证工作提供技术指引，从更大层面控制潜在的火灾风险的区域蔓延。该指引明确了适用范围、改造利用原则以及开展改造利用之前的必要前提，提出了防火控制区、室外疏散集散区、防火组团等概念，对改造后的功能业态进行了一定的限制。

（1）防火控制区：5.1.1 历史文化街区的改造利用应设置防火控制区以防止火灾的蔓延，利用自然边界、保护更新改造建设边界、城市道路、消防道路进行防火分隔，防火控制区占地面积不宜超过20 000平方米。

5.1.3 采用防火隔离带进行防火分隔时，防火控制区之间及防火控制区与相邻建筑物、构筑物之间的防火间距不应小于6米，且需满足《建筑防火通用规范》5.2.2的要求。

（2）防火组团：5.2.1 在防火控制区内对于高密度的连片历史建筑，当建筑层数不超过五层、功能较为单一、耐火等级不低于二级、各建筑占地面积总和不大于2 500平方米时，可采用成组布置，形成防火组团。组团内建筑之间的间距不宜小于2米。以"防火组团"代替"单一建筑"。

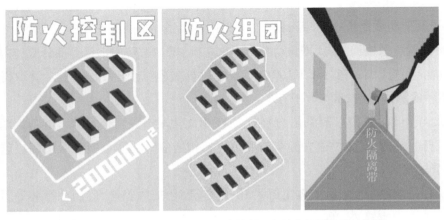

图10-4 南京市历史文化街区防火控制区与防火组团关系示意图

资料来源：《南京市历史文化街区及历史建筑改造利用防火加强措施指引》

（3）提出防火补偿性技术措施：建筑防火加强措施——6.1业态的设置,6.2火灾危险源的控制,6.3防火间距,6.4防火分隔,6.5安全疏散,6.6建筑构件防火,6.7建筑内部装修……

2. 其他地区的实践与探索

北京市采取"处方式"规范与"性能化"设计结合,填补既有建筑改造消防设计空白。2021年3月,北京市规划和自然资源委员会发布了《北京市既有建筑改造工程消防设计指南（试行）》,研究和归纳了民用建筑改造工程常见消防技术问题的解决方法,从维持现状、满足原标准、性能补偿三个维度提出了42条设计要求。

（1）维持现状类条款：受周围环境和建筑自身条件限制、无法改造的,可维持现状,如防火间距、消防车道、消防水池等,此类条款共20条。

（2）满足原标准类条款：使用功能不改变、火灾危险性和人员不增加的情况,原标准有规定,但按照现行标准改造确有困难的,可按原标准执行,如消防电梯通至地下室底层、自然排烟窗有效面积难以满足等,此类条款共10条。

（3）性能补偿类条款：对于使用功能发生改变、火灾危险性或人员增加的情况,在某一方面执行现行标准确实有困难时,可在其他方面采取相应的技术或管理措施进行消防安全性能补偿,如安全出口数量不够或疏散宽度不足时,可采取增设室外疏散楼梯或人员限流措施等,此类条款共12条。

2021年12月,北京市住房城乡建设委、市规划自然资源委、市消防救援总队制定了《北京市关于深化城市更新中既有建筑改造消防设计审查验收改革的实施方案》,要求动态优化《北京市既有建筑改造工程消防设计指南（试行）》,并探索建立"处方式"规范和"性能化"设计相结合的审查模式,根据改造工程使用功能、火灾危险性等自身特点精准施策,分类实施消防设计审查。主要包括三种类型：

一是,与现行规范标准一致,作为明确执行尺度和要求的条文,共16条。如,建筑高度、建筑面积、使用功能发生变化的改造工程,应按照现行消防技术标准进行核对,并确定建筑分类和耐火等级。

二是,在维持现状和旧版规范标准的基础上进行性能补偿、提升既有建筑消防安全性能的条文,共38条。如,改造工程与相邻既有建筑之间的防火间距不满足现行消防技术标准要求时,建筑相邻外墙的耐火极限之和不应低于3小时。

三是,对消防安全影响不大,在确有困难情况下允许维持现状的条文,共16条。如,当确因现状条件困难时,改造工程保留的防火分区面积不应大于现行消防技术标准规定的防火分区允许最大面积值的5%。

广州自2019年起,持续出台了一系列地方性规程和技术指引,包括《广州市关于加强具有历史文化保护价值的老旧小区既有建筑活化利用消防管理的工作方案（试行）》（2019）、《广州市历史建筑消防性能提升策略与技术指引》（2020）、《广州市具有历史文化保护价值的老旧小区既有建筑消防设计指引》（2021）、《历史保护建筑防火技术规程》（2021）、《广州市城中村消防整治提升技术指引》（试行）等。其在解决历史建筑活化利用消防安全问题方面有着较多的探索和创新。

如《广州市关于加强具有历史文化保护价值的老旧小区既有建筑活化利用消防管理的工作方案（试行）》（2019）的发布，使具有历史文化保护价值的既有建筑活化项目自此有据可依。在该文件指导下，永庆坊一期、二期顺利完成消防审批，被列为全国历史文化街区消防审批经典案例，永庆坊二期在规划技术层面，综合运用"物防、技防、人防"等技术补偿性措施缓解消防安全和技术审查的问题，提出《调整使用功能正负面清单》，通过在规划设计阶段对经营业态合理布局，降低火灾荷载和火灾危险性。针对消防车道不足的问题，提出设置小型消防通道和增加微型消防站、室外消火栓、区域消防水池和消防水泵房予以解决。针对防火间距不足的问题，通过划分防火分区组团、加强消防喷淋、提高构件耐火等级等方式缓解。针对疏散通道不足的问题，通过连通相邻屋面、设置外挂楼梯、控制使用人数等予以解决。同时，辅之以更为严格的火灾自动报警、水灭火、防排烟等消灭火系统措施。在管理实施层面，形成"一案一审"的论证机制，参照《建设工程消防监管管理规定》（公安部令第119号）的有关规定，组织专家评审论证，并以规划手续和专家论证意见为依据，以"绣花功夫"破解历史文化街区消防审批、设计、审查难题。

深圳市以"组"代替单一建筑，解决城中村消防改造问题。2014年，深圳市公安局消防监督管理局制定发布了《深圳市农村城市化历史遗留违法建筑消防监督管理办法》《深圳市农村城市化历史遗留违法建筑消防安全评价规则》《深圳市农村城市化历史遗留违法建筑消防技术规范》，提出住宅建筑可成组布置，组内建筑物间距不限，组的占地面积原则不宜大于2 500平方米，确有困难可按能通行小型消防车的道路分组等适度放宽现行标准的适应性规则。

四川《城镇老旧小区改造消防设计指南（试行）》中规定，城镇老旧小区消防改造应坚持实事求是的原则，充分尊重改造建筑的现状与历史，在技术和经济可行的前提下，以不降低原住宅建筑消防安全水平为底线，力求实现消防安全性能整体提升和改善。鼓励综合运用物防、技防、人防等措施满足消防安全需要，统筹兼顾消防安全性、技术合理性和工程经济性。

2022年，成都市出台的《成都市既有建筑改造工程消防设计指南》，实质性解决了既有建筑改造受实际场地或建筑本身等条件限制时，一律套用现行消防规范和标准，可能会出现的改造成本过高、结构安全受损，甚至大量建筑无法实施改造的问题。将既有建筑改造形式分为四类（内部装修、立面改造、整体改造、局部改造），明确不同改造形式下的新老消防标准适用原则。在消防间距等执行国家现行标准确有难度时，提出不低于指南相关技术要求和相应的消防性能补偿措施。

重庆《渝中区城市更新既有建筑改造工程消防设计审查验收适用技术标准的工作指引》提出，条件确不具备时，不得低于原建筑建成时的消防安全水平，应尽量根据实际情况，在原状基础上进行加强。

10.2.4　城市更新中消防问题的措施和建议

在保障公共安全的前提下，按照尊重历史、因地制宜的原则，相关行业主管部门可按照环境改善和整体功能提升的原则，制定适合城市更新既有建筑改造的标准和规范。相关行政主管部门可根据城市更新要求，制定相适应的既有建筑改造消防技术标准或方案审查流程。充分应用空间阻隔，以建筑组群为管理对象，采取现代建设材料、建筑技术等方式，最大化地优化更新项目的消防、安全等条件。

（1）针对街巷宽度狭窄、消防通道宽度不满足《建筑防火通用规范》要求的问题，一般采用规划环形消防车道、采用小型消防车、增加室外消火栓数量、缩小间距、增大水压，以及强化与相关规划（市政给水）等的衔接、增加消防水源等措施缓解。

具体措施：① 在改造项目地块周围市政大街设置环形消防车道，以便于消防车抵近现场扑救。结合改造方案设置消防车道（4×4米）、小型消防车道（4×3.5米）、微型消防车道（3×3米）、消防步道（2×2.5米）等多种消防通道。② 对于沿街长度超160米或周边长度超过220米的街区，消防车必须深入扑救的，可以采用小型消防车，此类小型消防车体积小，乘员一般4人，车上携带水带、水枪等基本的灭火器材，可以在宽度为2米左右的狭窄街巷中穿行。③ 突破室外消火栓的现行设置原则，增设微型消防站，缩小室外消火栓的设置间距，增大室外消火栓的水压。④ 在市政消防水压水量不能满足的情况下，设置消防水泵和消防水池。由于历史保护类建筑物多为多层，建筑高度较低，一旦发生火灾，可通过在室外消火栓上接水带、水枪的方式直接扑救。

（2）针对防火间距不足、易火烧连营等问题，规划上一般采取设置防火分隔或独立防火墙、改造形成有效的防火间距，拆除违章、违法或不具备保护价值的建筑物，将《建筑防火通用规范》中关于建筑间防火间距的规范要求放宽至"防火组团"层面去考虑等措施来防止或缓解。通过划分防火分区组团、加强消防喷淋、提高构件耐火等级等措施，适度缩减防火间距。

具体措施：① 利用旧建筑的山墙作为防火分隔或设置独立的防火墙。若建筑单体间不存在设置防火墙的条件，应针对建筑的保护价值来采用其他"物防+技防"措施，如安装固定防火门窗、在相应门窗上设防火水幕带等。② 形成有效的防火间距，对需要保护的历史街巷（其两侧建筑间距一般只有2—4米），在改造中应考虑街巷两侧建筑的门窗洞口不正对开设，且建筑内燃烧构件的安装尽量保持在6—8米的距离。拆除经综合评估不具备保护价值的陈旧建筑物或违章、违法建筑，以扩大防火间距。将《建筑防火通用规范》中关于建筑间防火间距的规范要求放宽至防火组团层面去考虑。

（3）针对人员密集、消防疏散难的问题，规划上一般采取以下措施：① 拆除违法建筑，打通院落或建筑间的间隔，合理规划避难走道等。② 对保留历史风貌的小街巷两侧，可按现行消防规范要求设置应急照明和疏散指示标志，提供清晰的消防疏散方向指示，避免形成死胡同，当发生火警时引导街上游人可以尽快离开窄巷，直接跑到主疏散通道、市政大街或主集散区等安全区域。③ 规划室外疏散集散区，选择公园、广场、学校操场等开阔区域作为防灾避难场所。避难场所划分为三个等级：紧急避难场所、固定避难场所和中心避难场所。

（4）针对建筑及其构件耐火等级低的问题，建议：① 提高建筑构件的阻燃性能，如对所有木构件如木楼板、木梁、木屋架等全部进行阻燃处理；对建筑原有承重构件进行不燃加固处理。② 室内改造装修中，尽量使用阻燃或难燃材料，如石膏板、矿棉板等。③ 在建筑内增设必要的自动消防设施，可参考现行的消防规范并结合建筑的实际情况，增设火灾自动报警系统、自动灭火系统、消火栓系统，增配一定数量移动式灭火器材等。④ 通过设置小型消防通道和增加微型消防站、室外消火栓、区域消防水池和消防水泵房，以方便快速出动，便于对街区初期火灾进行灭火救援。

（5）针对老旧片区建筑安全疏散问题，建议：① 增加自动报警、自动灭火系统等消防设施保护。② 设置外挂楼梯直通地面等进行疏散，可作为不同功能分区的共同疏散楼梯，且应满足现行规范要求。③ 当历史建筑安全出口不足，且因保护规划、保护方案要求无法增设其他安全出口或者疏散措施时，或当历史建筑内疏散楼梯、平面布局等为价值保护要素，无法进行安全性改造时，应当限制业态以及使用人数，且应根据建筑物耐火等级、业态功能、现状疏散条件、消防保护措施等综合考虑。④ 挡烟垂壁主要用于延滞部分进入楼梯间的烟气向上层蔓延，为上层人员的安全疏散提供时间。

（6）针对适应性政策制度建设滞后的问题，建议① 整合经验，分类施策，形成"菜单式"政策指引；② 实现火灾防控的"人防、技防"相结合，构建智能化消防管理平台。

表10-3　主要城市消防问题"政策包"一览表

城市	制度创新	说明	相关政策
广州	"一案一审"组织专家论证	采用"一案一审"的原则组织专家评审论证，并以规划手续和专家论证意见为依据，开展消防设计审查、验收和备案	《广州市关于加强具有历史文化保护价值的老旧小区既有建筑活化利用消防管理的工作方案(试行)》(2019)
			《广州市具有历史文化保护价值的老旧小区既有建筑消防设计指引》(2021)
			《历史保护建筑防火技术规程》(2021)

续表

城市	制度创新	说明	相关政策
北京	探索建立"处方式"规范和"性能化"设计相结合的审查模式	针对既有建筑改造无法满足《建筑防火通用规范》要求，提出可根据改造工程特点，按维持现状、满足原标准、性能补偿三类设计要求执行	《北京市既有建筑改造工程消防设计指南（试行）》(2021)《北京市关于深化城市更新中既有建筑改造消防设计审查验收改革的实施方案》(2021)
成都	分类明确新老消防标准的适用规则，并提出相应的消防性能补偿措施	将既有建筑改造形式分为四类（内部装修、立面改造、整体改造、局部改造），明确不同改造形式下的新老消防标准适用原则。消防间距等执行国家现行标准确有难度时，提出消防性能补偿措施（物防+技防）	《成都市既有建筑改造工程消防设计指南》(2022)
深圳	以"组"代替单一建筑，组内建筑间距不限	提出"组"的概念，住宅建筑可成组布置，组内建筑物间距不限，组的占地面积原则不宜大于2 500平方米，确有困难可按能通行小型消防车的道路分组等适度放宽《建筑防火通用规范》等现行标准	《深圳市农村城市化历史遗留违法建筑消防技术规范》(2014)《深圳市农村城市化历史遗留违法建筑消防监督管理办法》

资料来源：作者整理

10.3　建筑用途转换

在"用途"方面，城市更新对已有空间的"用途（或功能）"进行变更常常导致更新前后的空间收益变化。当前制度创新调节的重点表现在用途转变后的补缴地价、控制性详细规划的相应认定要求、允许功能混合与转换的特殊约定、过渡期政策优惠等方面。

10.3.1　建筑用途转换许可

针对城市更新项目历史上审批不规范、法定允许功能和实际使用功能不吻合度较高、城市更新项目经济平衡难度大等问题，国土空间规划管理部门应当制定具体规则，明确用途转换和兼容使用的正负面清单、比例管控等政策要求和技术标准，区别于以新区建设为主时期制定的土地用途管理制度。对于城市更新项目的具体使用功能给予更大的弹性，不因使用功能或审批、登记功能变化而要求产权人或实际使用人补缴土地性质变更地价款。

城乡建设、市场监管、税务、卫生健康、环保、消防等部门应当按照工作职责为建筑用途转换和土地用途兼容使用提供政策和技术支撑，办理建设、使用、运营等相关手续，加强行业管理和安全监管。

10.3.2　建筑用途转换的分类施策

建筑用途转换符合正面清单和比例管控要求的，允许土地用途兼容，按照不改变规划用地性质和土地用途管理。

超过比例管控要求的，应当变更土地用途，按照转换后的主用途管理。变更土地用途的，按照主用途确定建设用地使用权配置方式、使用年期，结合兼容用途及比例确定综合地价。主用途可按照不同建筑用途的建筑规模比例或功能重要性确定。

对零星更新项目，在提供公共服务设施、市政基础设施、公共空间等公共要素的前提下，可以按照相关规定，采取转变用地性质、按比例增加经营性物业建筑量、提高建筑高度等鼓励措施。

10.3.3　建筑用途转换的建议功能

鼓励存量建筑转换为公共服务设施、城乡基础设施、公共安全设施；允许公共管理和公共服务类建筑用途相互转换；允许商业服务业类建筑用途相互转换；允许工业及仓储类建筑在符合控制性详细规划和工业用地管控要求的前提下，转换为其他用途。

对于符合规划使用性质正面清单，保障居民基本生活、补齐城市短板的更新项目，可根据实际需要适当增加建筑规模。增加的建筑规模可不计入街区管控总规模。

可以经参与表决专有部分面积四分之三以上的业主且参与表决人数四分之三以上的业主同意，老旧小区现状公共服务设施配套用房可根据实际需求用于市政公用、商业、养老、文化、体育、教育等符合规划使用性质正面清单规定的用途。

在满足相关规范的前提下，可在商业、商务办公建筑内安排文化、体育、教育、医疗、社会福利等功能。

在符合规划使用性质正面清单、确保结构和消防安全的前提下，地下空间平时可综合用于市政公用、交通、公共服务、商业、仓储等用途，战时兼顾人民防空需要。

10.4　土地登记和产权重划分割

10.4.1　基本概念

房屋产权包括房屋所有权（永久）和土地使用权（限期）。房屋所有权即房屋所有者对该房屋财产的占有、使用、收益和处分的权利。对于集体土地来说，则是宅基地使用权：农村居民对集体建设用地的占有和使用，自主利用该土地建造住房及其附属设施，以供居住的用益物权。

按房屋所有权分类，住宅类房屋按产权可划分为：国家所有住宅；劳动群众集体所有住宅；公民私人所有住宅；其他经济组织（如中外合资企业等）所有住宅。非住宅类房屋主要是全民所有制（国家房产）和集体所有制的房产，其他经济组织所有房产只是少量的。

表10-4 南京市颐和路历史文化街区不同产权院落统计

院落分类	数量/个	面积/公顷	占比/%
部队权属院落	15	1.57	10.1
省属院落	18	1.36	16.5
市属院落	29	2.96	25.7
区属院落	37	2.95	33.9
私人权属	15	0.88	13.8
总计	114	9.72	—

资料来源：作者整理

直管公有住房：指由政府接管、国家出租、收购、新建、扩建的住房，大多数由政府房地产管理部门直接管理出租、修缮，少部分免租给单位使用的住房。

系统公有住房：指由国家以及国有企业、事业单位投资兴建、销售的住宅，在住宅未出售之前，住宅的产权（拥有权、占有权、处分权、收益权）归国家所有。

居民租用的公有住房，按房改政策分为两大类：一类是可售公有住房，一类是不可售公有住房。按照产权性质，分为单位自管产，指全民所有制和集体所有制等单位所有的住房，俗称企业产；公产房，即行政事业单位作为产权人，分配或出租给单位员工居住使用的房屋。

南京市颐和路历史文化街区内存在多种产权属性的，规划更新

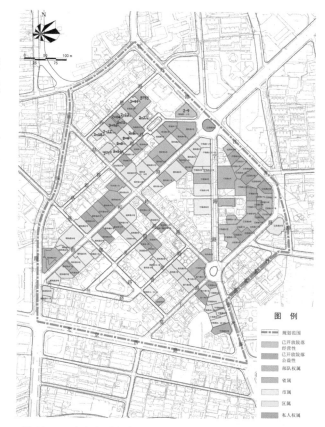

图10-5 南京市颐和路公馆区更新开放院落不同产权分布图
资料来源：《南京颐和路历史文化街区保护利用项目更新实施政策研究》

开放院落147个（其中已开放33处），公房比例占到86.2%。虽都是公房，但还涉及省属、市属、区属和部队等不同管理和产权主体，而且各类公房中还涉及代管产，承租公租房租户、经营商户等不同使用主体。

产权是各主体间利益博弈的关键,明晰的产权可以清晰地界定各主体间的"责权利"关系,便于各项资本参与更新。

10.4.2　城市更新中产权涉及的主要问题

多样的产权类型和复杂的产权主体使责权难以厘清,导致城市更新面临复杂的协调工作和利益统筹。主要原因有:

1. 产权边界混乱复杂

历史上见缝插针式的加建扩建,未能妥善安排各单位用地的独立产权边界,再加上当时规划管理和审批制度不完善,导致用地产权边界犬牙交错。

2. 产权类型多样

尤其是居住空间内,存在同一小区或住宅楼内多个产权单位并存的情况,如居住类历史地段存在公房私房混合的情况;存在住宅户内已出售,但楼道、公用设施设备等公共部分仍为售房单位或房管部门所管辖的状况。复杂的产权构成使得协商共建相对棘手。房、地关系复杂,同一地存在多个房产对象,直接影响产权手续办理。

3. 产权关系界定模糊

近60年的城市土地产权制度变迁使得原本清晰的城市土地产权关系变得模糊而复杂,使协商难以进行(例如:产权单位与房产所有者均无法也无权单独决定用地产权的变更)。

4. 产权主体协调困难

政府追求公共利益最大化、综合效益最大化,而产权主体追求个人利益最大化,实施主体则追求经济利益最大化,相互之间矛盾协调难度大。

10.4.3　产权调查与登记

产权调查与登记问题,是城市更新中较为复杂的问题,一是在现状调查确权阶段存在大量产权不清晰,甚至违章建筑问题,需要明确产权确认规则,二是更新后新增空间资源如何登记也是涉及产权和利益分配的重大问题。

1. 更新实施前的产权调查与登记

由于历史遗留问题及管理滞后,现状更新对象存在多种权证情况,有土地证、产权证双证齐全的,也有只有一个证的,还有不少无证的。产权类型也多样,既有私房,也有公房(系统公房、直管公房),还有工企等。不动产登记机构配合实施主体对列入政府计划的城市更新范围的地块进行权籍调查。依据参考自然资源部《关于加快解决不动产登记若干历史遗留问题的通知》(自然资发〔2021〕1号),对已登记的不动产(土地、房屋)查清土地使用权人、房屋所有权人;对城市更新范围内未经登记或者改变用途、结构的房屋由区政府组织建设、规划资源、房产城市管理等有关部门进行调查、认定和处理。对于单位公房,补办用地手续,申请不动产登记。对于由政府主导的安置房、棚改房、经济适用房等项目,可按照划拨、协议出让等方式补办用地手续;对于国家机关、企事业单位利用自有土地建设房改房、集资房的,可按划拨方式补办用地手续。对于无证房产,各区因地制宜按照独自制定产权认定标准和比例政策补办手续。

2. 更新过程中的产权登记

更新后产权再分配与登记也有很多问题需要研究探索。一般而言,城市更新涉及国有土地使用权及房屋所有权变动的,可通过协议搬迁、房屋征收、房屋买卖、资产划转、股份合作等方式实施。

城市更新不涉及国有土地使用权及房屋所有权变动的,可通过市场租赁方式取得原建筑使用权。城市更新既不涉及国有土地使用权及房屋所有权变动,也不需要取得原建筑使用权的,经充分征求原建筑权利人意见后依法实施。例如南京石榴新村、小西湖风貌区等,采取“以房易房”模式,按照《开展居住类地段城市更新的指导意见》《居住类地段城市更新规划土地实施细则》等相关规定执行,办理相关权利登记。对于拆除重建增量空间权属的登记,在满足安置需求后,剩余空间可以归政府所有,也可以归实施主体所有,或者共有。

2021年11月南京市出台的《居住类地段城市更新规划土地实施细则》提出,以招拍挂方式供地的更新项目按规定程序办理不动产登记手续,其他情况按以下程序办理:

(1)原毛地出让且范围未变的:实施主体与出让合同主体一致的,拆除完成后提供出让合同及补充协议、相关税费缴纳凭证、收回国有土地使用权公告,申请国有建设用地使用权登记;实施主体与原出让合同主体不一致的,搬迁完成后提供改变受让方的批准文件、出让合同及补充协议、相关税费缴纳凭证、收回国有土地使用权公告,申请国有建设用地使用权登记。

(2)原登记的宗地范围内拆除重建的:由宗地内的原权利人共同委托代理人,在房屋拆除后,持相关城市更新的批准文件,申请变更登记(由国有建设用地使用权及房屋所有权变更为国有建设用地使用权登记),土地使用权可约定为共同共有或按建成后房屋的建筑面积比例按份共有。

(3)原已登记部分与周边国有存量土地一并改造的:对规划用地范围内原已登记的产权人,如选择异地置换或货币补偿的,或产权已由实施主体收购的,其原产权的份额归实施主体所有,并申请相应的不动产登记;已登记的房屋,如选择原地置换的,原权利人应与实施主体签订安置协议,协议中应明确原地安置面积;因历史原因形成的未登记房屋,参照相关规定,经过认定后,由实施主体进行更新,选择原地置换的,建成后的房屋均视为安置房。

3. 产权归集

城市更新中的产权调整方式,一般分为:(1)产权归集:把分属不同产权人的房屋归集为单一产权人或少数产权人所有,或把房地产权利让渡给更新实施主体,使产权人人数减少,便于更新工作实施和提高推进效率。产权归集不一定归集给政府,也没有统一的补偿标准,归集以后房屋也不一定会拆除。(2)土地整备:土地整备的主要工作有收回土地使用权,房屋征收及房屋拆迁,城市划转(收)地收尾和土地遗留问题处理,土地置换,对零散地进行整合、归并,以及储备用地管理和拆迁。房屋征收是指将片区内所有的房屋按照统一的补偿标准征收归国有,征收后拆除原建筑。(3)其他变更:包括产权人通过市场交易买卖产权;置换、拆分、长期租赁;单一产权变为共有产权。

产权归集是城市更新工作中重要的环节,是实施更新项目的重要制度性基础。产权归集的方式有多种,不少城市做了探索。

《深圳经济特区城市更新条例》(2021年3月1日起实施)明确产权归集路径如下:

(1)拆除重建类城市更新单元规划经批准后,物业权利人可以通过协议方式将房地产相关权益转移到同一主体,形成单一权利主体。

(2)如有市场主体参与实施的,由市场主体与物业权利人签订搬迁补偿协议。

(3)搬迁补偿可以采用产权置换、货币补偿或者两者相结合等方式,由物业权利人自愿选择。

(4)已签订搬迁补偿协议的专有部分面积占比或者物业权利人人数占比不低于百分之九十五时,市场主体与未签约业主经充分协商仍协商不成的,可以向项目所在地的区人民政府申请调解,区人民政府也可以召集有关当事人进行调解。

(5)旧住宅区已签订搬迁补偿协议的专有部分面积和物业权利人人数占比均不低于百分之九十五,且经区人民政府调解未能达成一致的,为了维护和增进社会公共利益,推进城市规划的实施,区人民政府可以依照法律、行政法规及本条例相关规定对未签约部分房屋实施征收。

(6)被征收人对征收决定或补偿决定不服的,可以依法申请行政复议或者提起行政诉讼。被征收人在法定期限内不申请行政复议或者提起行政诉讼,又不履行征收决定确定的义务的,区人民政府可向人民法院申请强制执行。

(7)区人民政府征收取得的物业权利,由相关部门按照有关规定与市场主体协商签订搬迁补偿协议。

深圳路径的特点是自下而上,采用"实施主体与权利主体平等协商"+"个别征收"的方式实施产权归集。以"更新单元"为基本单位,主动申报更新。主动归集方式有协议产权转移、搬迁补偿、产权置换、货币补偿,被动归集方式有(专有部分面积占比或物权人人数占比≥95%)政府调解、政府征收、依法强制执行。

《上海市城市更新条例》(2021年9月1日起实施)规定,先由区人民政府划定城市更新区域,选择该更新区域的"更新统筹主体"后,由更新统筹主体负责推进,故上海城市更新中产权归集的主体就是更新统筹主体。该条例规定了公有房屋的产权归集规则,私有房屋按照公有房屋规定执行,产权归集路径如下:

(1) 拆除重建类:拆除重建方案应当充分征求公房承租人意见,并报房屋管理部门同意。公房产权单位应当与公房承租人签订更新协议,并明确合理的回搬或者补偿安置方案;签约比例达到百分之九十五以上的,协议方可生效。

(2) 非拆除重建类:对于需保留并采取成套改造方式进行更新,经房屋管理部门组织评估需要调整使用权和使用部位的,调整方案应当充分征求公房承租人意见,并报房屋管理部门同意。公房产权单位应当与公房承租人签订调整协议,并明确合理的补偿安置方案。签约比例达到百分之九十五以上的,协议方可生效。

(3) 公房承租人拒不配合拆除重建、成套改造的,公房产权单位可以向区人民政府申请调解;调解不成的,为了维护和增进社会公共利益、推进城市规划的实施,区人民政府可以依法作出决定。公房承租人对决定不服的,可以依法申请行政复议或者提起行政诉讼。在法定期限内不申请行政复议或者不提起行政诉讼,在决定规定的期限内又不配合的,由作出决定的区人民政府依法申请人民法院强制执行。

上海路径的特点是自上而下,实施主体即为归集主体,以"公房"产权归集为主,采用协商安置等措施。政府划定更新区域(零星项目除外)。主动归集方式为拆除重建类——回签或补偿安置,非拆除重建类——评估产权调整需要,协议补偿安置;被动归集(签约比例≥95%):政府调解,依法强制执行。

《广州市城市更新条例(征求意见稿)》(2021年7月7日公布)规定,区人民政府组织实施城市更新项目征收、补偿工作,可以在确定开发建设条件前提下,将征收搬迁工作及拟改造土地的使用权一并通过公开方式确定实施主体,可见,广州实施产权归集的主体,有可能是政府,也有可能是政府确定的市场主体。广州的产权归集路径如下:

(1) 签订国有土地上房屋搬迁补偿协议的专有部分面积和物业权利人人数占比达到百分之九十五,市场主体与未签约物业权利人经过充分协商仍协商不成的,可以向项目所在地的区人民政府申请调解。

(2) 经过区人民政府调解未能达成一致的,为了维护和增进社会公共利益,推进城市规划的实施,区人民政府可以按照《国有土地上房屋征收与补偿条例》相关规定对未签约部分房屋实施国有土地上房屋征收。

(3) 被征收人对征收、补偿决定不服的,可以依法申请行政复议或者提起行政诉讼。被征收人在法定期限内不申请行政复议或者提起行政诉讼,又不履行征收决定确定的义务的,区人民政府可以向人民法院申请强制执行。

(4) 区人民政府征收取得的物业权利,由相关部门按照有关规定与市场主体协商签订搬迁补偿协议。

广州路径可以概括为自上而下+自下而上，"平等协商"+"个别征收"。政府划定更新区域，再确认实施主体分项目实施。主动归集方式为：回签或补偿安置，协议搬迁补偿，被动归集方式有（专有部分面积占比或物权人人数占比≥95%）：政府调解，政府征收，依法强制执行。

10.4.4　策略建议

在"产权"方面，因经年累月的物业流转、主体变化和政策革新等所导致的复杂产权归属与产权期限情况，很大限度上影响甚至决定着更新行动能否得以开展。空间产权的更新规则设定，已成为当前我国城市更新制度创新突破点，其背后折射的是利益在不同主体间进行分配的关系与诉求。相应制度的创新主要表现在产权收拢或分割的政策设计、历史问题地块等的确权、产权期限和类型约定、土地产权"招拍挂"或"协议出让"的途径要求等措施上。

针对产权主体协调难、利益平衡难的问题，一是采取"城市更新单元"的更新管控和开发模式，细化产权单元，减小产权协调沟通成本。"深圳华强北上步工业区更新规划"充分尊重产权、尊重该地区业主的意见，探讨了更新改造的投入产出关系与建设增量等权益分配方式，最早提出了"城市更新单元"的更新管控和开发模式，显著加强了更新实施的可操作性。通过反复沟通，将自下而上的地方诉求与自上而下的规划管控嫁接在一起，形成多方共同协商的规划机制。深圳市创新的"单元规划"技术，其重要的功能之一是对分散土地利益的整合，这种整合体现了政府在城市更新中对促进公共利益和个体利益相互平衡所发挥的积极作用。二是通过承租改造、渐进式微更新，实现多元协同参与，共建共治共享。"深圳福田区水围柠盟公寓项目"探讨了由区住建局牵头、地方国企统一承租村民楼实施改造，再出租给区有关部门作为人才公寓使用的低成本人才用房供给模式。"南头古城渐进式更新项目"，面向历史文化保护，通过纳入"深港城市/建筑双城双年展"展场等制度框架外的柔性更新机制，一些在现行更新政策下难以推动的历史街区整治项目在"政府主导、企业实施、村民参与、公众监督"的多方协同模式下，以"绣花功夫"实现了由点及面的渐进式激活。

针对私有住宅产权变更与归集难以一步到位的问题，一是采取自下而上，分阶段、累积式更新。"上海田子坊累积式更新的产权变更"，推动地区建设的主体依据个人理性从产权限定的行为集合中做出较优选择，各种行为对地区空间结构又起到了累积式的更新作用。二是将主导权交给市场和产权权利主体，建立多种协作机制，加强公共产品供给，从产权重构向保留物权转变。重点加强公共产品的供给，鼓励产权主体提供公共空间供给，并建立权利转移等相应激励机制。

针对私搭乱建严重、权属关系复杂、产权人诉求不一的问题，一是梳理历史建筑遗存，摸底产权类型分布，征求居民搬迁意愿。"南京小西湖微更新改造"项目片区占地面积不足5公顷，包含216个相对独立的产权地块和800多个产权人，个人去留意愿不一，涉及多种主体，各方诉求均有不同。且片区内有历史街巷7条、区文物保护单位2处、历史建筑7处，明清时期建筑院落用地占比约40%。二是一户一策。"南京小西湖微更新改造"平衡居民意愿与可实施性，设计单位采取了"一户一策"的针对性改造策略，针对居民的不同诉求，包括愿意搬迁、不愿意搬迁、愿意接受改造更新、愿意整体租赁等，通过自下而上与自上而下相结合的方式形成动态设计机制，逐步实施征收计划与改造更新。产权归属多元化，产权归集采用原地安置、平移安置房、整体租赁等模式。三是采用共享庭院、平移安置、整体租赁改造等多元产权模式，实现"绣花式"微更新。"南京小西湖微更新改造"项目以"共生院"为概念设计改造。一方面将释放出的园内公共空间增设厨卫设施，增加功能性建设，改善居住条件；另一方面，院内引入文创工作室等新型文化业态，使设计师、创业者和原住居民共处同一屋檐下，共守公约，和谐共生。对院落内生活困难、故土难离的部分公房居民，集中改造加固现有建筑，对他们进行平移安置。改造后的安置房全部拥有完整独立的配套设施，成为小西湖片区改善和提高片区居民生活质量的一种方式。根据小楼所处的位置和商业价值，以及产权人的想法和希望，确定对房屋采用整体私房租赁的方式进行更新改造，实施主体与业主协商搬迁，妥善安置。

　　更新项目可依法以划拨、出让、租赁、作价出资（入股）等方式办理用地手续。代建公共服务设施产权移交政府有关部门或单位的，以划拨方式办理用地手续。经营性设施以协议或其他有偿使用方式办理用地手续。更新项目采取租赁方式办理用地手续的，土地租金实行年租制，年租金根据有关地价评审规程核定。租赁期满后，可以续租，也可以协议方式办理用地手续。在不改变更新项目实施方案确定的使用功能前提下，经营性服务设施建设用地使用权可依法转让或出租，也可以建设用地使用权及其地上建筑物、其他附着物所有权等进行抵押融资。抵押权实现后，应保障原有经营活动持续稳定，确保土地不闲置、土地用途不改变、利益相关人权益不受损。

第十一章 城市更新实施体制机制和政策支持

我国的城市更新工作整体上处于起步阶段,虽然各地城市更新的实践不断增多,但是相关各项制度建设整体上看仍不完善。既有的土地规划、建筑设计、投资、用途管制政策大多基于以城市扩张为主的时期制定的,对于存量空间改造为主的城市更新涉及的空间管控、建筑设计标准规范以及相关政策法规出现很多不适应,有必要借鉴发达国家和先进城市的经验,按照现代治理体系和治理体系现代化的要求,优化创新既有法律法规体系和技术经济政策,逐步形成支撑城市更新的法规政策体系。

11.1 城市更新工作责任主体

城市更新作为主要针对存量空间改造的活动,涉及多元的利益主体和复杂的利益关系,也涉及复杂的经济社会和管理问题。在中国的行政管理体制下,需要发挥政府的引导者、协调者和监督者等角色,建立市政府统筹领导、牵头部门主抓、市区分工各有侧重的领导体制和市级主策、区级主责的协调联动推进机制,才能有效推动这些工作健康有序发展。

11.1.1 市级城市更新工作推动机制

作为城市更新工作的具体组织实施主体,市政府的组织协调推动起到关键作用。为顺利推进城市更新进程,很多城市采取了建立一个统筹机构统一协调各部门管理的方式。其具体做法主要有两种。

一种是设置较高级别的协调机构。如由不同部门成员组成的城市更新委员会负责协调市级相关部门,同时协调下一级政府的相关部门。目前上海、广州、深圳等城市都采用这种做法。现行上海市城市更新法规中规定,市一级设立城市更新工作领导小组,成员由上海市政府及相关管理部门组成,负责全市更新工作涉及的重大事项的统筹、协调与决策,审定城市更新规划、计划和城市更新资金使用安排,审定城市更新片区策划方案及更新项目实施方案;领导小组下设办公室,办公室设在市规划资源主管部门,负责牵头具体起草更新计划、工作任务、配套政策等。另一种是通过部门联席会议制度协调城市更新工作,明确牵头部门与协办部门,由同级政府赋予牵头部门明确的权力和责任,代表同级政府协调各部门工作。例如,北京在城市更新专项机制出台前曾以北京历史文化名城领导小组作为牵头部门,代表市政府负责统筹城市更新项目。

关于确定哪个部门作为主抓牵头部门,国内各个城市做法不一,但由于更多涉及利益协调、条块统筹、人员安置、项目运作、经济平衡等工作,大部分城市将城市更新牵头部门设置在市级城乡建设主管部门。作为城市更新原则和指引的落地部门,牵头部门既承担着协调者的角色又承担着监管者的角色,能够更好地保证城市更新工作沿着既定的轨道推进。由市住房城乡建设主管部门负责城市更新日常工作,负责拟订城市更新政策、拟定城市更新规划、组织编制城市更新项目计划和资金安排使用计划;指导和组织编制城市更新片区策划方案,审核城市更新项目实施方案;多渠道筹集资金,运用征收和协商收购等多种方式;统筹城市更新政府安置房的管理和复建安置资金监管,加强城市更新项目实施监督和考评;建立维护城市更新信息系统。

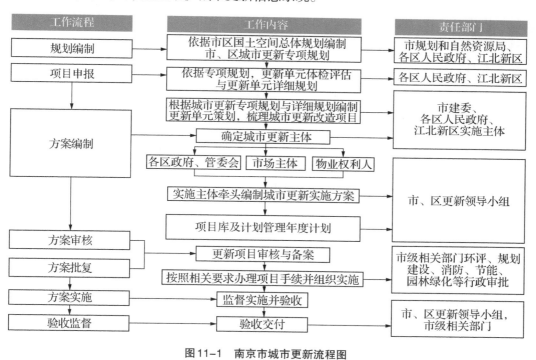

图11-1 南京市城市更新流程图
资料来源:作者自绘

也有的城市以自然资源和规划主管部门主抓这项工作,但不管哪个部门主抓这些工作,空间规划主管部门在整个城市更新工作中起到非常关键的作用。市规划和自然资源管理部门负责组织编制市级城市更新专项规划,按照职责研究制定城市更新有关规划、土地政策。作为核心部门在规划方案审查、建筑改扩建方案审批等方面发挥主管部门作用,负责组织城市更新范围内的土地整合归宗、土地整备,推进成片连片更新改造规划设计工作,是城市更新工作中最为重要的部门之一。市发展改革、财政、交通、消防、环保、民政、教育、卫生等部门,按照各自法定职责办理城市更新项目的行政审批和服务工作。

11.1.2　明确市区工作责任分工

一般要按照"市级主策,区级主责"的思路,建立市级部门间协同联动机制,有效衔接相关工作程序,完善配套政策、管理制度、技术规范。在行政架构方面,一般采取市、区级政府两级分工,市级政府主要负责制定政策和计划,负责审批监督,针对城市更新重点、难点问题,研究具体政策措施和管理办法,在资金上进行引导扶持;区级政府一般作为城市更新项目的实施主体,负责谋划推动所在区城市更新地块的更新工作,其职责是指定组织实施机构、审批更新评估报告和实施计划、定期评估城市更新项目实施情况等,以及制定城市更新年度计划。

一般来说,区人民政府应当明确本区城市更新主管部门,其他相关职能部门应当按照职能分工推进实施城市更新工作。街道办事处、乡镇人民政府应当负责统筹、支持、配合辖区内街区更新,梳理整合辖区资源,组织本辖区城市更新改造计划和相关方案编制,依法组织开展拆迁安置、建设管理等工作,搭建政府、居民、市场主体共建共治共享平台,调解更新项目纠纷。居民委员会、村民委员会在街道办事处、乡镇人民政府的指导下开展具体工作,了解居民、村民更新需求,组织居民、村民参与城市更新工作。

城市更新因项目性质、规模以及投入主体的不同,分为政府主导、政府引导及市场化运作、市场主导、社会自发四种不同类型。在不同类型中,政府的角色作用与治理模式各有不同。但就实践发展的趋势看,除了着重于公共利益、长远利益、社会利益的项目通常由政府主导外,在大多数更新项目中,政府的作用越来越多地体现在顶层设计的过程,市场化运作、公众参与以及社区自组织在城市更新中的主导性越来越强。

11.2　确定城市更新项目实施主体

在城市更新实践中,还有特别重要的参与者就是城市更新实施机构或者实施主体。这个主体一般由所在区政府经过一定程序选择确定。也有少量的实施主体是权利人自身或其委托的市场开发经营主体,但因为涉及复杂的利益协调、土地产权调整、空间方案调整以及大量复杂的行政管理许可问题,在中国大部分情况下都是由政府牵头组织,选择实施主体推动城市更新工作。

一般而言,更新项目实施主体分为市场主体、政府指定的相关部门、其他有利于城市更新项目实施的主体三类。其中市场主体可以为物业权利人,或者经法定程序授权明确的权利主体,包括多个物业权利人联合成立平台公司、物业权利人授权城市运营主体进行建设等多种情形。项目主体明晰有利于其在城市更新工作中的权利和义务。

但是,城市更新项目因其复杂性、系统性以及部分涉及社会民生、保护等问题,在很多的城市,尤其是初期,一般多按照"政府引导,市场运作;多级主体,共同参与"的模式进行。而在实际操作过程中,由于回报率低,甚至需要政府财政支持,大多城市更新项目以国有实施主体为主,市场化主体与社会主体无法在前期介入。

城市更新项目产权清晰的,产权单位可作为实施主体,也可以协议、作价出资(入股)等方式委托专业机构作为实施主体;产权关系复杂的,由区政府依法确定实施主体。确定实施主体应充分征询相关权利人或居民意见,做到公开、公平、公正。涉及国有产权的,要按照国有资产管理。要充分发挥各类主体优势,鼓励政府平台公司与专业化企业开展合作,加大资源整合力度,实现高水平策划、专业化设计、市场化招商、企业化运营。

此外,实施主体资格确认也不是一个由政府简单确定的事情,它既涉及程序问题,也是各种利益主体协商决策的过程。一是权利主体的确认问题,二是实施主体的认定问题。深圳在城市更新办法实施细则中指出,城市更新单元内拆除范围存在多个权利主体的,所有权利主体通过几种方式将房地产的相关权益移转到同一主体后,形成单一主体。具体包括以房地产作价入股成立或者加入公司、与搬迁人签订搬迁补偿安置协议,房地产被收购方收购等。但在此过程中都面临着如何认定项目拆除范围内"权利主体"这一基础问题。且在一些旧城与历史街区范围内还存在着产权确权、无法确认权利主体的问题;同时针对有机更新微循环的部分,公房也存在着产权确权与实施主体的关系复杂等问题。

在确定更新项目实施主体后,要明确城市更新项目主体的推进责任。其工作重点包含协调各方利益,督促更新义务落实,推动城市更新项目开展[①]。城市更新项目主体要依据更新评估报告,参与编制实施计划,并按照实施计划进行更新改造和公共要素的建设实施。实施主体应进行意向摸底调查,编制更新项目实施方案,包括更新范围、对象、内容、方式、建筑规模及使用功能、土地利用方式、投融资方案、运营管理及项目建设计划等内容。方案应在征求相关权利人或居民意见基础上,由专业规划设计团队提供专业指导与技术服务。产业类的更新改造方案应重点围绕城市功能完善、业态优化、经济发展的需求,推进城市功能定位建设;居住类的更新改造方案应重点围绕"一刻钟便民生活圈",提高居民生活便利性和舒适度,提升公共空间品质。

城市更新项目,大部分资金难以平衡,而且涉及复杂的社会问题和城市风貌,带有一定的公益性,对社会资本没有多大吸引力,这种情况下要发挥国资企业的主体地位和社会责任,引导鼓励国有企业参与城市更新项目建设。鼓励国企作为市场主体积极参与城市更新工作。建立国企与属地政府自有房屋土地台账信息共享机制,有序推动闲置房

---

① 秦虹,苏鑫.城市更新[M].北京:中信出版集团,2018.

产、低效用地等资源盘活利用,更好地提升民生服务保障水平。加强对国企土地和房屋资源的管理和使用评估,建立年度评估机制。规范利用国企自有土地,加强政策性住房保障和改善民生。

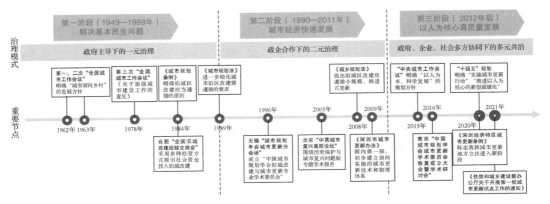

图 11-2 我国不同时期城市更新的主要治理模式
资料来源:作者自绘

11.3 完善相应的法律法规体系

虽然我国部分城市对城市更新立法进行了有益的探索,但目前的城市更新的法律法规不够完善。当前城市更新的相关法律法规主要包含《民法典》(2020)、《不动产登记暂行条例》、《国有土地上房屋征收与补偿条例》、《城市房地产管理法》(2019)、《城乡规划法》(2019)、《城镇国有土地使用权出让和转让暂行条例》、《土地管理法》(2019)、《土地管理法实施条例》等。

可以看出,虽然我国很多国家层面的相关法律法规都和城市更新相关,但是目前我国并未针对城市更新制定专门的法律法规,城市更新的实际操作过程的合法合规性判断主要参照地方政府规章及规范性文件,缺乏国家层面的法律法规支撑。首先,地方政府规章和规范性文件效力较低,且可能存在与上位法的冲突。城市更新往往涉及现有规划、土地、税收、住房等政策的限制,不做适当调整完善难以适应城市更新工作的管理需要。其次,现有基于增量规划的技术和管理标准无法适应存量更新的需求,理想化的用地规划、控制指标与现有用地性质、土地用途、土地权属混杂的现状无法匹配,缺乏实施操作性。此外,城市更新业务涉及一系列新型且复杂的法律关系:在主体上涉及政府、土地房屋所有人、开发商等多主体;在程序上涉及更新范围划定,启动条件设定,申请,批准,规划和容积率调整,土地征收、征用、流转、转性,土地开发,建造等若干环节;在权利义务内容上,不仅涉及民法上的财产权保护和处置,还涉及基于行政行为所产生的权利义务关系变动。在存量用地上,土地出让不再是获取建设用地的唯一方式。城市更新可能有征收—出让、租地、协议出让、存量补地价等多种土地变动方式。除了交给政府以外，原土地使用者还可能自行进行开发，或者定向转移给新的土地使用者。政府不一定参与土地变动，可能只是其监督者[①]。

　　完善的法律法规体系是推进城市更新的重要保障，这也是国际先进地区的成功经验。在二战后至今70余年间，世界各国通常会根据不同时期国家的社会经济态势与综合发展需求颁布相应的城市更新政策，以此引导和创造与时俱进的城市更新模式与行动，也取得了相应的进展和成效[②]。尽管大部分欧洲国家实行土地私有，但在福利国家思想和法制体系的保障下，国家依然能够通过直接投资及法律规定等对私有财产进行有力的公共干预。例如：高税收制使得一些西欧国家拥有相对强劲的财政实力对城市更新进行补贴，国家也可依法介入私有财产领域来推行必要的强制性更新。随着城市更新工作的推进，急需城市更新的法律法规的顶层设计进行支持规范引导，努力建立包括法律、规章、地方法规到实施细则的多层次法律制度体系，研究《城市更新法》立法，为城市有机更新提供法律保障[③]。

　　在此基础上，加强相关配套政策文件和标准的研究制定工作，统筹推进规划、土地、金融、财税、建设、经营、管理等方面的配套政策及标准规范，研究制定城市更新相关标准、规程、指引、导则等内容，打通政策机制、标准规范、审批流程的瓶颈堵点。经过多年的城市更新实践，不少城市遗留的未更新地块多是存量用地中"难啃的骨头"，实际情况远比具体的法规条款复杂。城市有机更新是在原有建筑基础上的更新，很可能涉及原有用途的改变，如厂房更新为办公楼、工厂更新为商业中心等。现有更新管理制度大多为城乡规划、国土资源管理系统制定的管理政策，而推动城市更新实施的主要还是经济利益，加上实际更新项目中产权组成复杂，缺乏物权、财税等方面的政策支持，这些都是导致实施困难的核心制约因素。因此，在多年城市更新实施的经验之下，整合自然资源、建设、财政和建筑管理等相关政策，逐步建立以规划土地政策为基础、以财税优惠为激励的更新制度顶层设计。

　　在国家尚没有进行立法之前，应鼓励一线城市和省会城市、计划单列市进行地方立法，规范和引导城市更新工作。针对更新实践中普遍涉及的重点、难点、痛点，充分总结各地实践经验并将其规范化、制度化，出台适应地方实际的地方性法规，为城市更新实施提供法律保障。2020年底，深圳在原《深圳城市更新办法》基础上发布了具备更高法律地位的《深圳经济特区城市更新条例》，创造了我国城市更新制度建设的新里程碑；2021年，《广州市城市更新条例》（征求意见稿）征求意见；2021年，上海市十五届人大常委会

①　周显坤.城市更新区规划制度之研究[D].北京：清华大学，2017：255.
②　唐燕.我国城市更新制度建设的关键维度与策略解析[J].国际城市规划，2022，37（1）：3.
③　秦虹，苏鑫.城市更新[M].北京：中信出版集团，2018.

第三十四次会议表决通过《上海市城市更新条例》。这些城市基本明确了城市更新从规划编制到实施落地的具体流程和要求，通过多主体（政府、业主、开发商等）申报等程序来确定更新项目，并探索划分"旧城—旧厂—旧村""全面改造—微改造—混合改造"或"拆除重建—综合整治"等类别，差异化引导推进实践项目的审批管理和实施建设。其间，容积率奖励和转移、公益用地上交、保障性住房和创新产业用房提供等单项创新举措也不断出台[①]。

为打通城市更新瓶颈堵点，北京市出台了针对性的《北京市既有建筑改造工程消防设计指南》（试行）开展消防设计审批工作，参照《关于实施城市更新行动的指导意见》，以及《关于老旧小区更新改造工作的意见》《关于开展老旧厂房更新改造工作的意见》《关于开展老旧楼宇更新改造工作的意见》《关于首都功能核心区平房（院落）保护性修缮和恢复性修建工作的意见》《关于危旧楼房改建项目审批工作有关问题的通知》等政策文件，进行更新项目审批。

2019年以来，南京市相关部门出台了相对系统的政策文件，主要是针对低效用地改造、居住类地段更新等领域的相关政策，为城市更新管理工作提供依据支撑。全市性的指导政策有：《市政府办公厅关于深入推进城镇低效用地再开发工作实施意见》（试行）（2019）、《开展居住类地段城市更新的指导意见》（2020）、《居住类地段城市更新规划土地实施细则》（2021）、《南京市城市更新试点实施方案》（2022）。技术支撑政策有：《南京市深化建设工程消防审验审批改革的实施意见》（试行）（2020）（试行期1年）、《南京市既有建筑改造消防设计审查工作指南》（2021）、《南京市建设工程消防验收技术指南》（试行）（2021）（试行期1年）、《南京市建设工程消防审查、验收（备案）申报指引》（2022）、《南京市深化"放管服"改革优化城市更新项目消防审验管理的实施意见》（2022）（有效期1年）、《南京市深化建设工程消防设计审查验收改革工作实施意见（2.0版）》（2022）（有效期2年）、《南京市历史文化街区及历史建筑改造利用防火加强措施指引》（2022）、《既有建筑改变使用功能规划建设联合审查办法》（2021）、《关于制定南京市历史文化保护对象防火安全保障方案的衔接办法》（2021）。

11.4 确立协商式城市更新决策机制

城市更新中存在着多元利益主体，这是城市更新过程较为复杂的原因之一。从城市更新参与的不同时期分，更新主体可分为更新前在位者，如原街区的居民、业主或商家、机构等；更新的主动推动者，如开发商、建筑商等；更新的主导者，一般为政府等；更新后的运营者，如商户、新居民、持有产权的基金等；以及更新的监督者和参与者，如专家、社

① 唐燕.我国城市更新制度建设的关键维度与策略解析［J］.国际城市规划,2022（1）:5.

会公众及各种公益性的社团组织等。

面对城市更新中的多元利益主体和不同利益诉求，为了更好地推进城市更新工作，须充分发挥政府、市场与社会的集体智慧，建立政府、市场、社会等多元主体参与的城市更新治理体系，加强公众引导和搭建多方协作的常态化沟通平台，明确不同主体的相应职责、权利和相互间的关系[①]。应在符合城市规划和高质量发展目标的情况下，通过多方协商，平衡好政府、市场主体和公众三者之间的关系，以实现多方共赢。政府是更新项目的规划者与主要发起者、总体推动者、政策保障者、管理监督者，为城市更新提供主要资金投入的开发商及建筑商等是城市更新的实施主体，公众是参与者和受益者。在大多数情况下，更新前原街区的居民、业主或商家、机构等是城市更新项目的主要受益者。更新后的运营者，如商户、新居民、持有产权的基金等是城市更新后资源的支配者，也是新的城市发展推动力。重点关注更新过程中的公平补偿和公众参与两个核心环节，以取得最广泛的社会认同和支持，促进城市更新有序、和谐。如存量用地的再开发再利用涉及土地增值收益的再分配，需要兼顾原土地权利人、市场开发主体、政府多方主体的利益诉求，协商的本质是一场利益的谈判。

从国内先发城市来看，广州、深圳、上海等城市早期的城市更新基本采用自上而下的运作模式，力度较大、操作性强。过去无论是以改善居住环境为目标的旧区改造，还是以"退二进三"提升城市功能为目标的工业区存量更新，都是在国家经济快速发展的背景下产生的城市更新需求，因此政府参与力度大，在政府的全程统筹指挥下，国资企业和私人企业借助雄厚的资金，快速完成"政治任务"。随着政治经济背景的变化，开发商由于更新成本压力大，往往趋向建设高级商务商办楼宇、高级住宅，使得资金回流，这样粗放式物质更新以获取经济利益为目标，边缘化了本地居民需求，不符合当下城市更新的主流，已有更新机制也随着更新难度的增加显现出弊端。

城市更新需要构建由下至上、上下共建、共享共赢的多主体共同参与机制。在国家强调建立现代治理体系和治理能力现代化的要求下，贯彻以人民为中心的发展思想和决策民主化原则，体现产权人的充分的自主权和收益权，充分保障物权人的权益，未来我国城市更新的发起、谋划、决策、实施等多个环节都要充分听取和发挥物权人、社区公众的意见[②]。在实施计划阶段，编制意向性建设方案强化公众参与和公众意愿调查，明确更新行动诉求。在更新评估阶段，就地区发展需求、民生诉求广泛开展调查、征求意见。要求发挥项目所在街道（镇）、居委会、业委会、园区管委会的主体作用，充分听取居民、企业意

---

① 阳建强.转型发展新阶段城市更新制度创新与建设[J].建设科技,2021（6）：11.
② 马强，朱丽芳，梁菁，等.1894—2016：香港城市更新规划体系进程研究[G]//共享与品质——2018中国城市规划年会论文集（02城市更新）.

愿[①]。发挥街道和社区的作用,组织居民、实施主体、管理部门等多方共同参与,借助责任规划师"陪伴式"服务,充分盘点在地文化、人口、空间、设施资源,形成地区画像,摸底居民、辖区单位等各主体的核心需求和愿景,形成需求清单和愿景清单。

城市更新是涉及多个利益相关者的项目,应发动广泛而深入的公众参与。在公众参与方式上,建议建立以正式公众参与为主、非正式公众参与为辅的更新参与机制,细化公众参与法律框架,制度化、规范化正式公众参与的流程,正式公众参与仍以政府为主导,但是要充分发挥社区自组织、非正式公众参与作用。例如,通过城市更新片区策划方案、实施方案公示、征求利害关系人意见、相关意愿征询、组织专家论证等多种形式,在各个环节实现城市更新的公众参与,引入公众咨询委员会和居(村)民理事会制度,充分保障权利人的知情权、参与权,减少规划管理成本。

例如,根据南京市《开展居住类地段城市更新的指导意见》《居住类地段城市更新规划土地实施细则》,南京居住类地段城市更新就地安置更新方式需要满足更新物业权利人同意比例分阶段可以有所不同:第一轮意见征询。可行性研究方案征询相关权利人。更新范围内同意实施更新的物业权利人比例达到90%及以上的,方可启动后续流程。第二轮意见征询。通过公示、座谈等多种公众参与形式,征询物业权利人及利益相关人对更新方案的意见。原则上项目范围内80%以上的物业权利人应同意推荐的更新方案。涉及控详调整的,调整方案按相关规定一并公示。实施主体与相关权利人签订委托代建协议、置换补偿协议阶段,签约率达到95%以上协议生效,可以启动搬迁腾让等工作。如签约率达不到95%且经区政府调解未能达成一致的,区政府可依照法律、法规以及征收与补偿相关规定,对未签约部分房屋实施征收。

坚持居民主体地位,激发居民参与改造的主动性和积极性。鼓励不动产产权人自筹资金用于更新改造,是保证我国城市更新可持续发展的必由之路。政府可以出台相应政策,提供一定的财务支持,引导居民合理承担改造费用,引导业主对房屋进行主动的微更新。优先对居民改造意愿强、参与积极性高的老旧小区实施改造,以"任务制"与"申报制"相结合的方式推进老旧小区改造。应该强调各利益主体的合作与协商,通过微更新实践打开社区层面自发进行城市更新的通道和路径,使居民、社区等城市空间实际使用者和基层管理者的诉求有可能得到更加直接的体现。例如南京市秦淮区石榴新村片区位于秦淮区新街口商圈,常住户籍510户,居住人口1 500余人。实施方案明确了原地回迁、异地置换、货币回购、优先购买原地商用房屋等多种安置方式。其中人均建筑面积仍小于15平方米的本市中低收入困难家庭和其他符合保障情况的,可申请南京市住房保障。

---

① 唐义琴.制度设计视角下的上海城市更新实施机制研究[D].北京:清华大学,2018.

11.5 强化资金保障和项目实施运作

城市更新不能只是政府公共资金的一方投入,还需要市场和社会资本的广泛参与。如何吸引政府外资金积极投入城市更新实践,尤其是参与获利少的"投入型"更新项目,往往成为相关制度建设的核心挑战[①]。

11.5.1 国外经验

从20世纪80年代以来,虽然市场力量对城市更新的影响日趋强烈,但欧洲城市更新的基本理念并未变动,自上而下的城市更新行动基本成为普遍共识。新自由主义的冲击使得曾经在城市更新中步调相似的西欧国家迈出了不同的步伐。在城市更新领域,英国发生了大量以房地产开发为导向的城市更新。荷兰的城市更新也受到较大冲击,新政策更多支持倚靠市场力量来实施城市更新。但是,西欧国家除了主要依靠市场力量来推动城市更新外,还通过公共资金支持保障城市更新项目的开展和目标达成。

例如在法国,在中央权力下放的同时,城市更新依然保持了较强的国家财政资助和政策干预力度。法国的"国家城市更新计划"得到了社会经济促进住房联盟的高度支持,该联盟从20世纪50年代以来负责征收房产税。仅在2011年,法国就有高达6.15亿欧元的房产税收被分配给国家城市更新计划。

德国城市更新的政府干预依然较为明显。德国《基本法》第104b条规定,联邦政府负责为16个联邦州的城市更新和建设提供财政支持;联邦、州和地方政府根据"1/3原则"各提供1/3的城市更新资金[②]。根据《建设法典》第164条,市和镇政府主要负责制定城市更新措施和编制更新规划;州政府负责确定城市更新公共资金分配的优先等级,然后以州为单位向联邦政府申请城市更新的资金支持;联邦政府和州政府之间通过制定行政管理协议来监管城市更新目标和实施效果。2008年以来,每个接受联邦和州城市发展资金的城市都可以设立"社区合作性基金",这些基金直接用于小尺度更新项目的开展。社区合作性基金实质上是更新资金的筹集工具,资金的50%来自联邦、州和地方政府,50%来自企业、房地产市场和社会企业;个别情况下,社区合作性基金全部由政府提供。也就是说,社区合作性基金的每一欧元私人投入都将获得来自城市发展预算(联邦、州和地方)相同金额的补贴,大大提升了社会资本投入的积极性。社区合作性基金加强了多元公私主体的合作,鼓励私人和社会主体的自组织更新,为本地主体(居民、商家、业主、基金会等)提供服务,便于开展具有灵活性和因地制宜的在地更新策略,提升街区的环境和空间质量。

---

① 唐燕.我国城市更新制度建设的关键维度与策略解析[J].国际城市规划,2022,37(1):8.
② 谭肖红,乌尔·阿特克,易鑫.1960—2019年德国城市更新的制度设计和实践策略[J].国际城市规划,2022(1):45.

11.5.2 政府资金投入和社会资本导入

由于城市更新项目周期长、资金压力大、收益平衡难,有些城市更新项目更新周期为5—8年,甚至10年以上,社会资本参与的积极性大大降低[①]。高投入低回报的特点决定很多城市更新项目很难实现投入产出的平衡,需要政府提供系统性的政策资金支持,以增强市场积极性。充分发挥财政资金的撬动作用,通过在公共预算、土地收入、政府债券三个方面统筹调度和安排资金,推动城市更新工作启动。发挥财政资金的杠杆作用,探索应用公私合营模式,通过公私合作、利益共享、风险共担,降低政府负担,同时也减小社会主体的风险,从而提高社会资本参与的主动性和积极性[②]。

在城市更新项目中,一些地方政府有时会通过金融机构发放一定政策性补贴。比如2018年上海市出台的《上海市历史风貌保护及城市更新专项资金管理办法》规定,对于社会资本参与成片历史风貌保护地块改造项目给予一定期限的利息补贴,补贴时间不超过5年。如中央财政对老旧小区改造有明确的专项财政支持政策;北京市曾针对首批历史街区进行了资本金注入的专项补贴;广州的财政支持主要针对老旧小区微改造,市财政每年安排不少于10亿元城市的更新资金专项用于老旧小区微改造补助,小区公共部分由市财政全额补助,房屋建筑本体部分市财政资金的补助不少于50%;税收减免政策的运用上,广东出台了《广东省"三旧"改造税收指引》(2019),针对现行两大类九种典型的"三旧"改造模式制定了明确的税务优惠规定,其中包括了6类的税收优惠政策。

城市更新类项目是对原有物业进行的功能改变以及升级改造,目前缺乏一套与城市更新对标的融资支持体系。在传统融资模式受限的情况下,各级政府应该出台相应政策大力发展新型融资模式来帮助企业拓宽融资渠道、降低融资成本。借鉴部分国内城市已有的经验,可设立城市更新发展基金,发挥城市更新发展基金的引导推动作用。城市更新发展基金是由政府发起、对社会资本投资起到引导作用的基金。具体来说,政府引导基金的资金来源是中央或地方政府,同时吸纳银行、非银金融机构及民间资本等社会资金。这种基金利用相关政府部门的资源,通过投资机构进行市场化运作,其主要作用是利用政府资金撬动社会资本,发挥政府资金的杠杆放大效应,引导资本投资方向,以达到招商引资、促进当地相关产业发展等目的[③]。由政府引导基金与金融机构、市场化投资公司共同发起设立子基金对城市更新项目进行投资。这个阶段可采取投资基金化的方式

---

① 秦虹,苏鑫,等.中国城市更新论坛白皮书(2020)[R].北京:中国人民大学国家发展与战略研究院城市更新研究中心,2021:22.

② 秦虹,苏鑫.城市更新[M].北京:中信出版集团,2018:270.

③ 秦虹,苏鑫,等.中国城市更新论坛白皮书(2020)[R].北京:中国人民大学国家发展与战略研究院城市更新研究中心,2021.

融资,以股权或者债权的形式为项目筹集资本金。政府投入通过基金的放大机制会为城市更新项目引进大量优质的社会资本,化解前期融资难点。

　　建设信贷化是指在更新改造过程中的建设资金更多依靠银行贷款支持。在城市有机更新的建设过程中充分利用债权融资的杠杆作用也很重要。将城市有机更新贷款从房地产开发贷款中分离单列,或建立政策性贷款支持政策;加大公募REITs在城市更新领域的应用,拓宽投融资渠道等方面[1]。信贷融资主要包括银行贷款、信托贷款与政策性金融贷款。

　　运营证券化是指在城市更新项目进入成熟阶段,能够产生稳定的现金流之后,把产权以证券化的方式在资本市场上卖出,以实现前期投资人的退出。这类金融工具主要包括房地产投资信托基金(REITs)、抵押贷款证券化(CMBS)和收益权资产证券化(ABS)。

　　有些城市更新项目采用包租模式来获取物业并进行更新改造。在运营成熟时,这类项目可通过未来租金收益权资产证券化的方式实现融资。比如经营长租公寓的企业魔方公寓就通过租赁一、二线城市的非住宅物业,将其改造包装成公寓进行出租的方式运营。这种运营模式也属于城市有机更新项目。

　　由于经济社会发展正在从"高速度"向"高质量"转型,城市更新在这个阶段也在逐步结束过去40年来"资本型"的城市建设阶段,转型进入"运营型"的城市建设阶段。在以存量改造为主的城市化阶段,城市更新常常面对比增量扩张阶段更多、更大的难题[2]。政府需要制定灵活的激励政策,鼓励多方利益主体积极参与,例如引导落实税费优惠,细化不同类型更新项目实施主体的税费减免政策,降低资产持有运营成本。对于那些无法引入政府或社会投资者的更新单元或项目来说,要建立制度或相应机制鼓励市场主体以自有资产盘活、重资产收购、轻资产运营、更新资本引入等多种渠道进入。鼓励市场主体以多种方式参与老旧小区改造,包括提供专业化物业服务、"改造+运营+物业"、作为实施主体参与等途径。鼓励市场主体通过存量资产的功能转型和设计提升,提升物业价值后销售或持有运营实现资金平衡。鼓励市场主体通过合作、租赁等途径开展存量资产的轻资产运营,通过专业化运营提升资产品质和盈利能力,实现可持续增长。

11.5.3　产权激励

　　产权激励的内涵就是将政府在空间资源上的垄断性利益转化为以利润和公共利益等变量为表征的经济及社会收益。这种激励可以帮助市场主体消除在城市空间资源再配置过程中对于收益预期的不确定性,使各参与主体能够更加公平、有效地享有再配置

①　秦虹,苏鑫,等.中国城市更新论坛白皮书(2020)[R].北京:中国人民大学国家发展与战略研究院城市更新研究中心,2021.
②　秦虹,苏鑫,等.中国城市更新论坛白皮书(2020)[R].北京:中国人民大学国家发展与战略研究院城市更新研究中心,2021.

带来的经济社会效益。目前,基于产权激励的制度创新主要涉及:对历史产权的整理;对土地采取差异化的供应方式;设立原产权人自主更新中物业自持比例的最低限制;合理调整产权地块边界与产权年限。

《深圳市城市更新办法》(2022)通过产权细分,将土地开发权进行一定程度的赋予与分离,重新整合不同利益主体之间的利益分配模式,实现主体间的利益协调。深圳的一般做法是:土地贡献要求提供道路、公共服务设施等需要独立占地的公共用地,在规模上应大于3 000平方米且不小于拆除范围用地面积的15%,主要用于保障公共利益所需的独立占地用地比例,并平衡更新单元内经营性用地与非经营性用地的数量关系。空间贡献要求提供一定比例的建筑面积,用于建设政策性用房(包括居住类和产业类)以及非独立占地的公共设施(包括社区管理用房、社区服务中心、文化活动室、社区老年人日间照料中心等),用于满足居住保障、产业发展和公共配套等多种情形。深圳结合广大城市更新地区土地权属特点建立了"20-15"利益分享机制。具体为:城市更新范围合法用地和原农村历史上违建用地比例控制在7∶3以内,针对30%违建用地建立利益共享机制,其中20%由政府收回纳入储备,80%由市场主体开发,且80%用地中,须另外贡献15%土地优先用于建设公共基础设施。

容积率是城市更新中直接影响投资回报的因素。我国目前城市更新的激励政策与控制体系尚处于尝试探索过程,比较常见的行为是在更新过程中要求调整配套设施、提高地块容积率等。当城市更新主要依赖市场资金推动时,实施控制必然要实现市场与政府之间利益关系的平衡[①]。在占地面积一定的存量更新改造中,提高土地容积率就能够有效增加投资回报。在国际经验中,提高容积率也是对城市更新投资主体最常用的激励手段。近年来,我国很多城市都在积极探索与容积率相关激励政策。政府通过容积率奖励的方式可以有效平衡市场投资主体在城市更新中对公共利益部分的投入。容积率激励的方式主要有四个方面:一是容积率奖励;二是容积率转移;三是设定容积率的上限管控;四是公共项目的不计容鼓励。

[①] 秦虹,苏鑫,等.中国城市更新论坛白皮书(2020)[R].北京:中国人民大学国家发展与战略研究院城市更新研究中心,2021.

1. 易志勇.城市更新效益评价与合作治理研究：以深圳为例[D].重庆：重庆大学,2018.

2. 王一鸣.城市更新过程中多元利益相关者冲突机理与协调机制研究[D].重庆：重庆大学,2019.

3. 刘伯霞,刘杰,程婷,等.中国城市更新的理论与实践[J].中国名城,2021(7)：1-10.

4. 张春英,孙昌盛.国内外城市更新发展历程研究与启示[J].中外建筑,2020(8)：75-78.

5. 唐燕,范利.西欧城市更新政策与制度的多元探索[J].国际城市规划,2022(1)：9-15.

6. 张兴.英国规划管理体系特征及启示：基于规划许可制度视角[J].中国国土资源经济,2021(2)：56-63.

7. 李经纬,田莉.价值取向与制度变迁下英国规划法律体系的演进、特征和启示[J].国际城市规划,2022,37(2)：97-103.

8. 赵勇健.国土空间管制体系的国际比较与经验借鉴：以美、英、日为例[J].城乡规划,2024(2)：66-74.

9. 范冬阳,李雯骐.地方治理目标的呈现与实现：法国市镇联合体空间规划的传导与实施[J].国际城市规划,2022,37(5)：37-46.

10. 杨辰,周嘉宜,范利,等.央地关系视角下法国城市更新理念的演变和实施路径[J].上海规划资源,2022(6)：97-103.

11. 冯萱.1999年—2000年法国城市规划改革及其启示[J].规划师,2012(5)：110-113.

12. 刘健.注重整体协调的城市更新改造：法国协议开发区制度在巴黎的实践[J].国际城市规划,2013,28(6)：57-66.

13. 林锦屏,张豪,冯佳佳,等.德国国土空间规划发展脉络与贡献[J].云南大学学报（自然科学版）,2022,44(5)：956-967.

14. 李锴,张溱,金山.德国框架性更新规划对上海城市更新的启示[J].上海城市规划,2022(3)：129-137.

15. 姚之浩,曾海鹰.1950年代以来美国城市更新政策工具的演化与规律特征［J］.国际城市规划,2018,33(4):18-24.

16. 唐燕,杨东,祝贺.城市更新制度建设:广州、深圳、上海的比较［M］.北京:清华大学出版社,2019.

17. 王世福,卜拉森,吴凯晴.广州城市更新的经验与前瞻［J］.城乡规划,2017(6):80-87.

18. 杨东.城市更新制度建设的三地比较:广州、深圳、上海［D］.北京:清华大学,2018.

19. 杨阳.深圳市城市更新绩效分析与反思［D］.深圳:深圳大学,2018.

20. 李江.转型期深圳城市更新规划探索与实践［M］.南京:东南大学出版社,2020.

21. 李震,赵万民.国土空间规划语境下的城市更新变革与适应性调整［J］.城市问题,2021(5):52-60.

22. 叶林,彭显耿.城市更新:基于空间治理范式的理论探讨［J］.广西师范大学学报(哲学社会科学版),2022(4):15-27.

23. 韩杨.中国粮食安全战略的理论逻辑、历史逻辑与实践逻辑［J］.改革,2022(1):43-56.

24. 阳建强.转型发展新阶段城市更新制度创新与建设［J］.建设科技,2021(6):8-11+21.

25. 陈群弟.国土空间规划体系下城市更新规划编制探讨［J］.中国国土资源经济,2022(5):55-62.

26. 胡鞍钢.中国实现2030年前碳达峰目标及主要途径［J］.北京工业大学学报(社会科学版),2021(3):1-15.

27. 杨慧祎.城市更新规划在国土空间规划体系中的叠加与融入［J］.规划师,2021(8):26-31.

28. 戴小平,许良华,汤子雄,等.政府统筹、连片开发:深圳市片区统筹城市更新规划探索与思路创新［J］.城市规划,2021(9):62-69.

29. 唐义琴.制度设计视角下的上海城市更新实施机制研究［D］.北京:清华大学,2018.

30. 刘迪,唐婧娴,赵宪峰,等.发达国家城市更新体系的比较研究及对我国的启示:以法德日英美五国为例［J］.国际城市规划,2021,36(3):50-58.

31. 刘伯霞,刘杰,程婷,等.中国城市更新的理论与实践［J］.中国名城,2021(7):1-10.

32. 梁城城.城市更新:内涵、驱动力及国内外实践:评述及最新研究进展［J］.兰州财经大学学报,2021(5):100-106.

33. 程则全.城市更新的规划编制体系与实施机制研究：以济南市为例［D］.济南：山东建筑大学,2018.

34. 陈易.转型期中国城市更新的空间治理研究：机制与模式［D］.南京：南京大学,2016.

35. 唐燕.我国城市更新制度建设的关键维度与策略解析［J］.国际城市规划,2022,37（1）：1-8.

36. 高见.系统性城市更新与实施路径研究［D］.北京：首都经济贸易大学,2020.

37. 邓堪强.城市更新不同模式的可持续性评价：以广州为例［D］.武汉：华中科技大学,2011.11.

38. 阳建强.西欧城市更新［M］.南京：东南大学出版社,2012.

39. 秦虹,苏鑫.城市更新［M］.北京：中信出版集团,2018.

40. 陈雪萤,段杰.英国混合用途城市更新的制度支持与实践策略［J］.国际城市规划,2022（2）：11-17.

41. 谭肖红,乌尔·阿特克,易鑫.1960—2019年德国城市更新的制度设计和实践策略［J］.国际城市规划,2022（1）：40-52.

42. 周显坤.城市更新区规划制度之研究［D］.北京：清华大学,2017.

43. 唐斌.新加坡城市更新制度体系的历史变迁（1960年代—2020年代）［J］.国际城市规划,2023,38（3）：31-41.

44. 葛岩,关烨,聂梦遥.上海城市更新的政策演进特征与创新探讨［J］.上海城市规划,2017,136（5）：23-28.

45. 南京市规划和自然资源局,南京市城市规划编制研究中心.南京城市更新规划建设实践探索［M］.北京：中国建筑工业出版社,2022.

46. 王嘉,白韵溪,宋聚生.我国城市更新演进历程、挑战与建议［J］.规划师,2021（24）：21-27.

47. 重庆市住房和城乡建设委员会.重庆市城市更新技术导则［S］.重庆：重庆市住房和城乡建设委员会,2022.

48. 刘生军,陈满光.城市更新与设计［M］.北京：中国建筑工业出版社,2020.

49. 魏良,王世福.城市规划视角下的"三旧"改造公共干预机制研究：以广东省"三旧"改造项目为例［J］.南方建筑,2011（1）：26-9.

50. 王锋,严嘉欢.北上广社区营造的协商治理实践及其启示［J］.湖州师范学院学报,2021,43（1）：69-76.

51. 梁广彦,林晓峰,陈志鹏,等.城市基础设施更新项目投融资模式研究［J］.建筑经济,2022,43（1）：57-62.

52. 韩冬青. 显隐互鉴, 包容共进: 南京小西湖街区保护与再生实践［J］. 建筑学报, 2022（1）: 1-8.

53. 董亦楠. 南京小西湖历史地段保护与再生中的形态类型学方法［D］. 南京: 东南大学, 2018.

54. 樊华, 盛鸣, 肇新宇. 产业导向下存量空间的城市片区更新统筹: 以深圳梅林地区为例［J］. 规划师, 2015, 31（11）: 110-115.

55. 王会一, 姜立, 张志远, 等.《建筑日照计算参数标准》中几个问题的讨论［J］. 土木建筑工程信息技术, 2014, 6（3）: 108-111.

56. 刘韬. 我国建筑日照法规的编制、执行与优化研究: 基于日照权相关司法案件的统计分析［J］. 城市建筑, 2022, 19（17）: 128-132.